21 世纪高职高专规划教材

电工与电子基础

中国机械工业教育协会　组编

主　编　董传岱
副主编　唐之义
参　编　林育兹　李震梅　房华玲　任鲁涌　张连俊
主　审　张丹平

机械工业出版社

本书是作者在多年从事电工电子教学工作的基础上编写而成的。其中电工技术部分包括直流电路、正弦交流电路、电路的暂态分析、铁心线圈电路与变压器、异步电动机及其控制；电子技术部分包括半导体器件的基本知识、放大电路的原理和分析基础、集成运算放大器及其应用、正弦波振荡电路、整流与直流稳压电源、基本逻辑门电路、组合逻辑电路、触发器与时序逻辑电路。本书文字叙述详细，概念阐述清楚、通俗易懂，简化理论推导，突出应用实训内容，可作为高职、高专、夜大、函大等大专层次非电类专业学生电工电子课程的教材，也可作为非电类工程师以及其它有关专业人员的培训教材和参考书。

图书在版编目(CIP)数据

电工与电子基础/中国机械工业教育协会组编.—北京：机械工业出版社，2001.6（2012.1重印）
21世纪高职高专规划教材
ISBN 978－7－111－08372－6

Ⅰ.电… Ⅱ.中… Ⅲ.①电工技术－高等学校：技术学校－教材②电子技术－高等学校：技术学校－教材 Ⅳ.①TM②TN

中国版本图书馆CIP数据核字（2001）第030645号

机械工业出版社(北京市百万庄大街22号 邮政编码100037)
责任编辑：于 宁 王英杰 版式设计：冉晓华 责任校对：张 媛
责任印制：杨 曦
北京圣夫亚美印刷有限公司印刷
2012年1月第1版·第11次印刷
184mm×260mm ·17.25印张·424千字
40001— 43000册
标准书号：ISBN 978－7－111－08372－6
定价：32.00元

凡购本书，如有缺页、倒页、脱页，由本社发行部调换
电话服务　　　　　　　　　网络服务
社服务中心 :(010)88361066　门户网:http://www.cmpbook.com
销 售 一 部 :(010)68326294　教材网:http://www.cmpedu.com
销 售 二 部 :(010)88379649　**封面无防伪标均为盗版**
读者购书热线:(010)88379203

21 世纪高职高专规划教材编委会名单

编委会主任　中国机械工业教育协会　郝广发

编委会副主任（单位按笔画排）

山东理工大学　仪垂杰　　　　　　机械工业出版社　陈瑞藻（常务）

大连理工大学　唐志宏　　　　　　沈阳工业大学　李荣德

天津大学　周志刚　　　　　　　　河北工业大学　檀润华

甘肃工业大学　路文江　　　　　　武汉船舶职业技术学院　郭江平

江苏大学　杨继昌　　　　　　　　金华职业技术学院　余党军

成都航空职业技术学院　陈玉华

编委会委员（单位按笔画排）

广东白云职业技术学院　谢瀚华　　　　　同济大学　孙章

山东省职业技术教育师资培训中心　邹培明　机械工业出版社　李超群　余茂祚（常务）

上海电机技术高等专科学校　徐余法　　　沈阳建筑工程学院　王宝金

天津中德职业技术学院　李大卫　　　　　佳木斯大学职业技术学院　王跃国

天津理工学院职业技术学院　沙洪均　　　河北工业大学　范顺成

日照职业技术学院　李连业　　　　　　　哈尔滨理工大学工业技术学院　线恒录

北方交通大学职业技术学院　佟立本　　　洛阳大学　吴锐

辽宁工学院职业技术学院　李居参　　　　河南科技大学职业技术学院　李德顺

包头职业技术学院　郑刚　　　　　　　　南昌大学　肖玉梅

北京科技大学职业技术学院　马德青　　　厦门大学　朱立秒

北京建设职工大学　常莲　　　　　　　　湖北工学院高等职业技术学院　吴振彪

北京海淀走读大学　成运花　　　　　　　彭城职业大学　陈嘉莉

江苏大学　吴向阳　　　　　　　　　　　燕山大学　刘德有

合肥联合大学　杨久志

序

　　1999 年 6 月中共中央国务院召开第三次全国教育工作会议，作出了"关于深化教育改革，全面推进素质教育的决定"的重大决策，强调教育在综合国力的形成中处于基础地位，坚持实施科教兴国的战略。决定中明确提出要大力发展高等职业教育，培养一大批具有必备的理论知识和较强的实践能力，适应生产、建设、管理、服务第一线急需的高等技术应用性专门人才。为此，教育部召开了关于加强高职高专教学工作会议，进一步明确了高职高专是以培养技术应用性专门人才为根本任务；以适应社会需要为目标；以培养技术应用能力为主线设计学生的知识、能力、素质结构和培养方案；以"应用"为主旨和特征来构建课程和教学内容体系；高职高专的专业设置要体现地区、行业经济和社会发展的需要，即用人的需求；教材可以"一纲多本"，形成有特色的高职高专教材系列。

　　"教书育人，教材先行"，教育离不开教材。为了贯彻中共中央国务院以及教育部关于高职高专人才培养目标及教材建设的总体要求，中国机械工业教育协会、机械工业出版社组织全国部分有高职高专教学经验的职业技术学院、普通高等学校编写了这套《21 世纪高职高专系列教材》。教材首批 80 余本（书目附书后）已陆续出版发行。

　　本套教材是根据高中毕业 3 年制（总学时 1 600～1 800）、兼顾 2 年制（总学时 1 100～1 200）的高职高专教学计划需要编写的。在内容上突出了基础理论知识的应用和实践能力的培养。基础理论课以应用为目的，以必需、够用为度，以讲清概念、强化应用为重点；专业课加强了针对性和实用性，强化了实践教学。为了扩大使用面，在内容的取舍上也考虑到电大、职大、业大、函大等教育的教学、自学需要。

　　每类专业的教材在内容安排和体系上是有机联系、相互衔接的，但每本教材又有各自的独立性。因此各地区院校可根据自己的教学特点进行选择使用。

　　为了提高质量，真正编写出有显著特色的 21 世纪高职高专系列教材，组织编写队伍时，采取专门办高职的院校与办高职的普通高等院校相互协作编写并交叉审稿，以便实践教学和理论教学能相互渗透。

　　机械工业出版社是我国成立最早、规模最大的科技出版社之一，在教材编辑出版方面有雄厚的实力和丰富的经验，出版了一大批适用于全国研究生、大学本科、专科、中专、职工培训等各种层次的成套系列教材，在国内享有很高的声誉。我们相信这套教材也一定能成为具有我国特色的、适合 21 世纪高职高专教育特点的系列教材。

中国机械工业教育协会

前　言

电工与电子基础是面向高职、高专、夜大、函大等大专层次非电类专业学生的一门技术基础课程。通过本课程的学习使学生获得电工技术与电子技术的基本理论、基本知识和基本技能，为学习后续课程和专业知识以及毕业后从事工程技术工作打下理论基础和实践基础。

本教材是 21 世纪高职高专系列教材之一，是根据教育部［2000］2 号文件精神，参考教育部（前国家教育委员会）1995 年颁发的高等工业学校"电工技术（电工学 I）"和"电子技术（电工学 II）"两门课程的教学基本要求编写的。

本书是作者从事多年电工电子教学工作的基础上编写而成的。在本教材编写过程中，我们本着下列原则：精选教学内容、深浅适度、主次分明、详略恰当、处处考虑职业教育特点，在内容的阐述方面，以物理概念为主，突出实践性、实用性，力求做到文字通顺流畅，通俗易懂，以便学生学习。

本书包含电工技术基础和电子技术基础两大部分。电工技术内容有：电路模型和基本定律、电路的基本分析方法、正弦交流电路的基本概念和稳态分析、三相正弦交流电路、电路的暂态分析、磁路和铁心线圈电路、异步电动机及其控制。电子技术内容有：半导体器件的基本知识、放大电路的原理和分析基础、负反馈放大电路、集成运算放大器及其应用、正弦波振荡器、整流与直流电源、数制和码制、逻辑代数、基本逻辑门电路、组合逻辑电路、触发器、时序逻辑电路、定时器电路等。

董传岱组织了本书的编写，制定了详细的编写提纲，并负责了全书的统稿工作。全书共 14 章，其中第 1、2 章由唐之义编写；第 3、6、9 章由李震梅编写；第 4、5、8 章由董传岱编写；第 7、11 章由房华玲编写；第 10 章由张连俊编写；第 12、13 章由林育兹编写；第 14 章由任鲁涌编写。

本书由武汉船舶职业技术学院的张丹平副教授主审，他详细地审阅了编写大纲以及全部书稿，提出了许多宝贵意见和建议。另外，石油大学（华东）的刘润华教授详细地审阅了编写大纲，并提出了许多宝贵意见和建议。编者在这里一并向他们表示衷心的感谢。

本书与闫章修主编的《电工与电子实验》一书配套使用，有些内容如电工测量及有关附录等没有收编于本书。限于编者的水平，本书中不妥和错误之处在所难免，望读者及同行老师们给以批评指正。

编者

目　　录

第1章 直流电路

本章讨论的主要内容是：电路的基本物理量，电路分析所用的基本概念，电路的基本定律和以电阻电路为例介绍的几种常用的电路分析方法：电源变换、支路电流法、节点电压法、叠加原理、戴维南定理等。本章内容是电路分析与计算的基础。

1.1 电路模型

1.1.1 电路的组成部分

电路是为了完成某种功能，将电器元件或设备按一定方式联接起来而形成的系统，通常用以构成电流的通路。从日常生活中使用的用电设备到工农业生产、科学研究中用到的各种生产机械的电气控制部分及计算机、各种测试仪表等，从广义上说，都是实际中的电路。最简单电路如图 1-1a 所示。

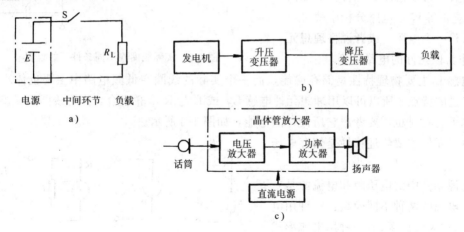

图 1-1 电路模型

实际电路的种类繁多，但就其功能来说，可以概括为两个方面：其一，是进行能量的传输、分配与转换。典型例子是电力系统中的输配电线路及用户负载构成的系统。在这一系统中，由发电机将其它形式的能量转换成电能，再通过变压器、输电线送到用户负载，负载又将电能转换成机械能、光能、热能等其它形式的能量（如电动机、灯、电炉等）；其二，是实现信息的传递与处理。典型的例子有电话、收音机、电视机等，这类电路的作用是将输入信号处理、放大后送到负载，负载将电信号转换成声音或图像等。图 1-1 中的 b、c 分别为这两方面电路的示意图。

电路的简繁不一，但就其组成，大致有以下三个部分：电源（或信号源）、负载和中间环节。对于简单和复杂电路来说，最大的区别就是中间环节的复杂程度。照明灯的中间环节可以是两条导线、一个开关，而收音机、电视机的中间环节就复杂得多。

电源（或信号源）的电压或电流信号通常称为电路的激励，在激励的作用下，电路各部分产生的电压和电流称为响应。讨论在已知条件下，电路激励与响应的关系，是电路分析的

2

主要内容。

1.1.2 电路模型

实际电路中所使用的元件的电磁性能较为复杂，为了便于对实际电路进行分析和数学描述，引出电路模型这一概念。所谓电路模型，是指由一些理想元件组成的电路，是对实际电路进行科学抽象与概括的结果。理想电路元件是在一定条件下突出其主要电磁性

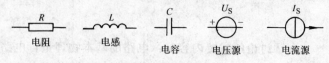

图1-2　元件的基本模型

能，只反映某一种能量转换的元件。理想元件主要有：电阻元件、电感元件、电容元件，这几种为无源的理想元件；此外有源的理想元件，常用到的有电压源和电流源，其电路模型的图形符号如图1-2所示。

电阻 R 这种理想电路元件，只反映电能转换为热能的物理过程。凡是通电流后能将电能转换为热能，而其它能量转换可以忽略的元件（例如白炽灯、电炉等），在电路分析中就可以将其看作一个电阻，或者说将理想元件 R 作为该元件的电路模型。

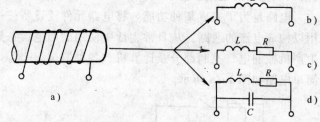

图1-3　实际线圈在不同条件下的模型

电感 L 主要物理特性是储存磁能，而一个实际的线圈在低频电路中主要也体现了储存磁场能量的特点，所以可以用理想元件电感 L，或 L 与 R 串联组合，作为线圈的模型；在高频情况下，有时也需要考虑它所储存的电能，如图1-3所示。

电容元件主要物理特性是储存电场能。

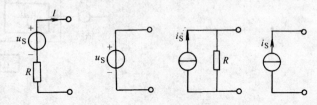

图1-4　电源模型

有源器件中的电压源和电流源是一个实际电源的两种不同模型：一种用电压表示，称为电压源；另一种用电流形式表示，称为电流源。电压源可以看作是理想电压源和电阻串联的组合，电流源可以看作理想电流源和电阻（内阻）并联的组合。所以，理想电压源和理想电流源是实际电源抽象出来的一种模型，如图1-4所示。

此外，还有受控源，这里不作介绍。

今后，所分析的都是实际电路的电路模型，简称电路。在电路图中，各种电路元件用规定的图形符号表示，在没有特别说明的情况下，对联接图中各元件导线的电阻忽略不计。

1.2　电路的基本物理量

1.2.1　电流

1.2.1.1　电流的实际方向

电流是由电荷作定向运动而形成的。金属导体内含有大量自由电子（带负电荷）在电场力作用下作定向移动，如图1-5a所示。

自由电子移动形成电流，其作用效果与等量正电荷在电场力作用下移动是一致的。因此习惯上把正电荷运动的方向定为电流的实际方向，即由电源正端出发回到电源负端，如图 1-5b 所示。

计量电流大小的物理量称为电流强度，简称电流。电流强度的定义为：单位时间 t 内通过导体横截面的电量 Q。如果任一瞬间这个电量是恒定的，则电流强度 I 为

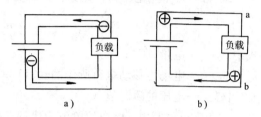

$$I = \frac{Q}{t} \tag{1-1}$$

根据国家标准，将不随时间变化的恒定量

图 1-5　电荷运动示意图

（也称直流量）用大写字母表示，而随时间变化的物理量用小写字母表示：

$$i = \frac{\mathrm{d}q}{\mathrm{d}t} \tag{1-2}$$

i 为某瞬间电流数值，称瞬时值。

在国际单位制中，电流的单位为 A（安培），简称安。表示数量大的电流可用 kA（千安），1kA＝1000A；表示较小的电流可用 mA（毫安）、μA（微安）或 nA（纳安），它们的关系为

$$1A = 10^3 \mathrm{mA} = 10^6 \mu\mathrm{A} = 10^9 \mathrm{nA}$$

1.2.1.2　电流的参考方向

在实际电路分析中，电流的实际方向往往是未知的，特别是在分析复杂电路时，各支路电流的实际方向有时是难以确定的，而对于交流电路中的电流更无法表示电流的实际方向，为此，引出参考方向的概念。

参考方向（也称正方向）就是任意选定某一方向作为电流的方向，所选电流的参考方向不一定与电流的实际方向一致，但不会影响电路分析所得结论的正确性。按参考方向求解得出的电流值有两种可能，得正值，说明参考方向与实际方向一致，若为负值，则说明参考方向与实际方向相反。

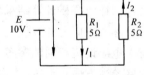

图 1-6　电路的参考方向与实际方向

在图 1-6 中，电流 I_1 和 I_2 分别为 R_1、R_2 中电流的参考方向，由图中给出的电压和电阻值可得：$I_1 = 2\mathrm{A}$，$I_2 = -2\mathrm{A}$，由结果可知 R_1 中电流实际方向与参考方向 I_1 相同，R_2 中电流实际方向与参考方向 I_2 相反。可见有了电流的参考方向，再结合分析结果，就可以确定各支路电流的实际方向。而在电路中，电流未标明参考方向的前提下，讨论电流的正负值是无意义的。

1.2.2　电压与电动势

1.2.2.1　电压

1. 电压的概念　电压是衡量电场力对电荷作功能力大小的物理量。在图 1-5 中正电荷在电场力作用下，从 a 端（电源正极）移到 b 端（电源负极）形成电流使电阻发热，说明电场力作了功。所以，a、b 两点间，电压 U_{ab} 在数值上等于把单位正电荷从 a 点移到 b 点，电场力所作的功，表示为

$$U_{ab} = \frac{W}{Q} \tag{1-3}$$

电压又称为电压降或电位差 U_{ab}，表明电源正极 a 点电位 U_a 高于负极 b 点电位 U_b，故

$$U_{ab}=U_a-U_b \tag{1-4}$$

式（1-4）中，电压为恒定数值，称为直流电压。随时间变化的电压则表示为：

$$u_{ab}=\frac{\mathrm{d}w}{\mathrm{d}q} \tag{1-5}$$

式中　q——电量（C）；

　　　w——电场力移动电荷所作的功（J）；

　　　u_{ab}——电压的瞬时值（V）。

在国际单位制中，电压的单位为伏特，简称 V（伏），将 1C（库仑）正电荷从图 1-5 中 a 端移到 b 端，电场力作功为 1J（焦耳），则 a、b 两点间电压为 1V（伏特），即 $U_{ab}=1V$。各种电压单位间的关系如下

$$1kV=1000V$$

$$1V=10^3 mV=10^6 \mu V$$

2. 电压的实际方向　电压的实际方向规定：由高电位端指向低电位端。表示的方法如图 1-7 所示：

可用箭头表示，由高电位端指向低电位端；或用极性符号，"＋"表示高电位，"－"表示低电位；也可用下标 a 表示高电位，b 表示低电位。

3. 电压的参考方向　与电流一样，各元件电压的实际方向往往也是难以事先判断出来的，所以在电路分析过程中也必须要对其设定参考方向。电压参考方向与实际方向间的关系也同样由分析计算结果确定。结果值为正，说明参考方向与实际方向相同，否则相反。

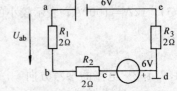

图 1-7　电压及电位的表示

参考方向是任意设定的，但为了分析计算方便起见，对同一个电路的无源元件往往将电流、电压设定相同的参考方向，即所谓关联的参考方向。如图 1-6 中，R_1 中电压与电流即为关联参考方向；而 R_2 中电压与电流即为非关联参考方向。

4. 电位　在电路计算中，电位是一个很重要的概念，引入电位后，可以简化计算、简化电路画法。在电子技术中，电路中电源经常是用电位形式给出的。电路中任一点的电位是指该点对参考点的电压降。所以，提到某点电位，必须首先选定参考点，规定参考点的电位为零，用图符⊥表示，如图 1-7 所示的 d。比参考点高的电位为"＋"，低的电位为"－"。例如，若 c 点设为参考点，则 c 点电位，可表示为 $V_c=0$，其余各点 $V_d=6V$，$V_b=4V$，$V_a=8V$，$V_e=2V$；两点的电位之差即为两点间的电压，如：$U_{ab}=V_a-V_b=4V$，也可选 d 点为参考点，则：$V_d=0V$，$V_b=-2V$，$V_a=2V$，$V_c=-6V$，$V_e=-4V$，$U_{ab}=V_a-V_b=4V$。

可见：参考点改变，各点电位也随之改变；不论参考点如何改变，两点间的电位差（即电压）并不改变，例如 U_{ab} 就是 4 伏，余者可自行验算。

1.2.2.2　电动势

在图 1-5 中电场力作功使电路中有电流通过，为了维持电路中持续不断的电流通过，在电池 E 内部必须要克服电场力把正电荷从低电位移向高电位，即非电场力作功。为了衡量非电场力对电荷作功的能力，引入电动势这一物理量。其定义为：电源电动势 E（E_{ba}）在数值上等于非电场力把单位正电荷 Q 从电源的低电位端 b 经电源内部移到高电位端 a 所作的功 E。

表示为

$$E = \frac{W}{Q} \qquad (1\text{-}6)$$

与式（1-3）比较，可见，其表达式中等号右边是相同的，因此两点间电动势的数值和电压降数值及单位是完全相同的，等号左边则表明了两者方向刚好相反。这是因为在电源内部是非电场力将正电荷从电源负极移到正极作功，是将非电能转化为电能，使正电荷获得电能而电位升高。因此，电动势的实际方向是负极指向正极，即电位升高的方向。电源内部电流从低电位流向高电位，而电源外部即外电路的电流是高电位流向低电位。所以，电源一旦接通，电路中电流就能连续不断。电动势的实际方向在很多情况下是已知的，这时一样可以把它认定为参考方向，如果实际方向未知或是交流电源的电动势，也可以和电压、电流一样设定参考方向，再从分析计算的结果得到实际的方向。

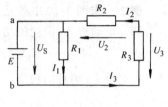

图 1-8　例 1 图

总之，在今后的电路分析中，电流、电压、电动势都要求标明方向。而且，不论已知的还是自己设定的可一律看作参考方向。

例 1　图 1-8 所示电路中，已知电动势 $E = -10\text{V}$，$R_1 = 5\Omega$，$R_2 = R_3 = 5\Omega$。求 E、U、I_1、I_2、I_3、U_2、U_3。

解　按设定参考方向，E 是由低到高，与实际方向相反，故从 a 到 b 为电压降

$E = -10\text{V}$　$U_\text{S} = 10\text{V}$　U 与实际电压极性相同。

$I_1 = 2\text{A}$　与 U_S 参考方向相同，为关联参考方向。

$I_2 = -1\text{A}$　与 U 为非关联参考方向。

$U_2 = -5\text{V}$

$U_3 = 5\text{V}$　$I_3 = I_2 = -1\text{A}$　I_3、U_3 为非关联参考方向。

可见，电阻元件当 I 与 U 取关联参考方向时，结果的符号相同；取非关联参考方向时，U 与 I 的符号相异。

电源的数值可以用电动势 E 表示，也可以用端电压 U 表示。若二者取相同的参考方向时，则 $U = -E$，若取相反参考方向时，则 $U = E$，这是因为电动势 E 的参考方向表示电位升高，而端电压 U 的参考方向表示电位降低的缘故。这两种表示对外电路的作用是等效的。

1.2.3　电功率

一个元件的电功率等于该元件两端的电压与通过该元件电流的乘积。元件上的电功率有的是发出的，有的是吸收的，如何确定是哪种呢？以图 1-9 电路为例来分析，由此了解确定和计算的方法。图示为简单电路，很容易确定两个元件（电源与负载电阻 R）上电压与电流的实际方向。可以看出，消耗功率的元件 R 上 U 与 I 实际方向相同，其乘积大于 0；而发出功率的电源 E，U 与 I 实际方向相反，其乘积小于 0。

但通常在进行电路分析时，U 与 I 均采用参考方向（正方向），这时，可按下面的两点规定来确定元件的功率：

1. 由 U、I 的参考方向确定公式的符号：

（1）当 U 与 I 选相同（关联）正方向时

$$P = UI \quad (\text{或 } p = ui) \qquad (1\text{-}7)$$

图 1-9　电路功率
计算图示

（2）若 U 与 I 选不同（非关联）正方向时

$$P=-UI（或 p=-ui）\tag{1-8}$$

式中　R——功率（W）；

　　U——电压（V）；

　　I——电流（A）。

2. 将已知电压 U（u）和电流 I（i）的数值及符号代入式（1-7）或式（1-8）中得到计算结果。

若计算结果 $P>0$，表明该元件是吸收（或消耗）功率的元件；若 $P<0$，则该元件是发出功率的元件。

例 2　求图 1-10 中各元件消耗的功率。

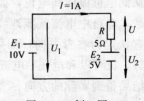

图 1-10　例 2 图

解　电动势 E_1 消耗的功率

$$P_{E_1}=-U_1I=-10V\times1A=-10W<0$$

电动势 E_2 消耗的功率

$$P_{E_2}=U_2I=5V\times1A=5W>0$$

电阻 R 消耗的功率

$$P_R=-IU \text{ 而 } U=-IR=-1A\times5\Omega=-5V$$

故　　　　　　　$$P_R=-IU=-1A\times（-5）V=5W>0$$

结果表明：电动势 E_1 消耗功率为 $-10W$，即发出 $10W$ 功率，是电路中的电源（电能的施主）；电动势 E_2 消耗功率 $5W$，是电路负载（电能的得主）；电阻 R 消耗功率 $5W$。可以看出：

（1）消耗功率 $5W+5W=10W$，发出功率也为 $10W$，此谓功率平衡。可以此检验电路计算结果是否正确。

（2）电阻上消耗功率总是大于 0，计算时可以按下式进行

$$P=UI=\frac{U^2}{R}=I^2R$$

1.3　欧姆定律

欧姆定律（OL）是电路的基本定律之一，是用于描述线性电阻伏安特性的关系式。所谓线性电阻是指其阻值不随两端电压或流过其中的电流数值而变化的电阻。今后，如果没有特殊说明，电阻均认为是线性的。

欧姆定律表明，流过电阻 R 的电流与电阻两端电压 U 成正比。其数学表达式为：

$$I=\frac{U}{R}$$
$$U=IR$$
$$R=\frac{U}{I}\tag{1-9}$$

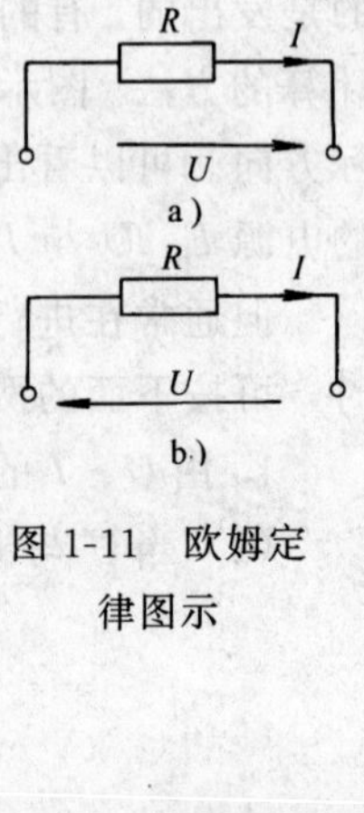

对于图 1-11b，则欧姆定律应表示为

$$I=-\frac{U}{R}\tag{1-10}$$

图 1-11　欧姆定律图示

即当电阻上电压与电流取关联参考方向时，欧姆定律形式为式(1-9)，电压与电流取非关联参考方向时应写作式（1-10）。

在国际单位制中，电阻的单位为欧姆（Ω），简称欧，若电阻两端加上 1V 的电压，流过其中的电流是 1A，则表明该电阻的阻值为 1Ω。经常使用的电阻单位及其关系为

$$1M\Omega = 10^3 k\Omega = 10^6 \Omega$$

例3 已知图 1-12 电路中，电阻 $R = 10\Omega$，电压 $U = 20V$，（1）求 I；（2）若电流参考方向如虚线箭头所示，则求电流 I。

图 1-12 例 3 图

解 （1）U 与 I 参考方向相反（非关联）

$$I = -U/R = -20V/10A = -2A$$

（2）U 与 I 参考方向相同（关联）

$$I = U/R = 20V/10\Omega = 2A$$

1.4 电路的工作状态

电源、负载通过中间环节接成电路，由于中间环节的控制作用，电路可能处于通路（有载）、开路和短路三种不同的工作状态。

1.4.1 有载工作状态

当开关闭合，电源与负载接通，称电路处于有载工作状态，此时电路中有电流通过，如图 1-13a 所示。

电路中 E 为电源电动势，R_0 为电源的内电阻，通常内阻 R_0 很小，R_L 为负载电阻。此时，电路中，也是负载中的电流 I 可由下式决定

$$I = \frac{E}{R_0 + R_L} \tag{1-11}$$

负载的端电压　　　　　　　　　$$U_L = IR_L = E - IR_0 \tag{1-12}$$

可见，负载端电压与电源内阻有关，内阻越大、负载电流越大，则负载端电压 U_L 就越低。将式（1-12）两边同乘以电流 I，则得到各部分功率的关系：

$$U_L I = EI - I^2 R_0$$

即　　　　　　　　　　　　　　$$P_{R_L} = P_E - P_{R_0} \tag{1-13}$$

其中　P_{R_L} 为负载消耗的功率，与内阻 R_0 上消耗功率之和应与电源发出的功率相平衡。

总之，在有载工作状态下，电路中电流 $I \neq 0$，负载端电压 $U_L < E$，电源产生的功率取决

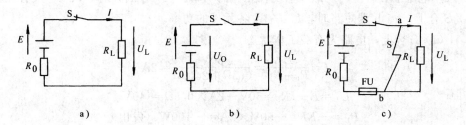

图 1-13 电路工作状态

a）负载　b）开路　c）短路

于负载电流的大小。这是电路经常保持的工作状态。

1.4.2 开路

当 S 断开，电源未与负载接通，称电路所处的状态为开路状态，也称空载状态，如图 1-13b 所示。

由于电路未构成闭合回路，电路中电流 $I=0$，负载端电压 $U_L=0$，电源端电压 U_O 称为开路电压，$U_O=E$，即电源的开路电压等于电源的电动势 E，此时，电路中各元件上的功率均为 0。

1.4.3 短路与短接

1.4.3.1 短路

若电源 a、b 端不经负载 R_L 而直接由导线连接构成回路称为短路，如图 1-13c 所示。短路是非正常的工作状态，通常是由负载或电路某部分故障所致。由于 a、b 端导线的电阻值极小（可看作 0），通过电源的电流

$$I=\frac{E}{R_0}=I_{SC} \tag{1-14}$$

I_{SC} 称为短路电流，一般电源内阻 R_0 也很小，所以短路电流很大，会在短时间内烧毁设备。电路对此所采取的保护措施是在电源的开关后安装熔断器。在电路出现短路故障时，熔断器熔断，以迅速切除故障点，保护电源设备。

短路时，短路电流 $I_{SC}=E/R_0$；负载端电压 $U_L=0$，故负载端功率 $P_{RL}=0$，电源产生的功率全部消耗在内阻上，即

$$P_E=EI=I^2R_0 \tag{1-15}$$

1.4.3.2 短接

短接通常不是故障，是为了某种需要人为地将某元件的两端或部分予以短接，见图 1-14。

图 1-14a 将 R_1 短接，相当将 R_1 去掉。而图 1-14b 是通过移动箭头位置改变 R_1 大小，从而使电路 I 可调。这种通过短接其中一部分或全部，使其成为一个阻值可调的电阻，称为电位器。

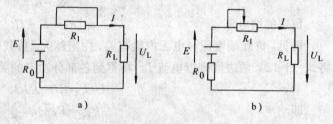

图 1-14 短接全部或部分电阻

a）全部 b）部分

例 4 电路如图 1-15 所示，已知 $E=50V$，$R_0=0.5\Omega$，$R_L=24.5\Omega$。

求 （1）电路中 S 合上时，I、U_L 及各元件的功率。（2）S 断开时，I、U_L 及各元件的功率。（3）S 合上，a、b 端短路时，I、U_L 及各元件的功率。

解 （1）S 合上，电路为有载工作状态

$$I=\frac{E}{R_0+R_L}=\frac{50V}{0.5\Omega+24.5\Omega}=2A$$

$$U_L=E-IR_0=50V-2A\times0.5\Omega=49V$$

$$P_E=-EI=-50V\times2A=-100W\ （发出）$$

$$P_{RL}=IU_L=2A\times49V=98W\ （吸收）$$

$$P_{R_0}=I^2R_0=（2A）^2\times0.5\Omega=2W\ （吸收）$$

（2）S 断开，电路为空载状态

$$I=0 \quad U_L=0 \quad U_0=E=50V$$

$$P_E=P_{R_L}=P_{R_0}=0$$

（3）电路为短路状态

$$U_L=0 \quad P_{RL}=0 \quad I'=I_S=-E/R_0=50V/0.5\Omega=100A$$

$$P_E=-EI_S=-50V\times100A=-5000W$$

$$P_{R_0}=I_S^2R_0=(100A)^2\times0.5\Omega=5000W$$

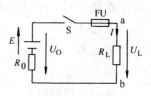

图 1-15　例 4 图

但是，在电路中，安装了熔断器 FU，当 a、b 端短路时，过大的电流 I_S 将熔断 FU，使电源与短路点断开，而成为断路状态。

1.5　基尔霍夫定律

基尔霍夫定律曾称克希荷夫定律。该定律包括基尔霍夫电流定律（KCL）和基尔霍夫电压定律（KVL）两部分。这两个定律既适用于线性直流电路、交流电路，也适用于非线性电路。与欧姆定律一起成为电路分析的三个主要定律。在具体介绍定律之前，先解释几个有关名词及术语。

1．支路　二端元件或若干二端元件串联组成的不分岔的一段电路称为支路。在图 1-16 中，三条支路分别为 acd、abd 和 ad，前两条为有源支路，ad 为无源支路。

2．节点　三条或三条以上支路的连接点称为节点。图 1-16 中，a、d 为节点。

3．回路　由支路构成的闭合路径称为回路。在图 1-16 中，有 acdba、acda、abda 三个回路。

4．网孔　内部不含有其它支路的回路称为网孔。上面三回路中的 acda、abda 为网孔。

1.5.1　基尔霍夫电流定律（KCL）

1.5.1.1　内容

基尔霍夫电流定律是确定（或约束）电路中节点处各支路电流之间关系的定律。该定律指出：任一瞬间，流入电路任一节点的电流之和等于流出该节点的电流之和。可写作

$$\Sigma I_入=\Sigma I_出 \qquad (1-16)$$

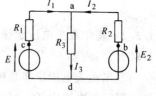

图 1-16　基尔霍夫电流定律

如果将节点各支路电流中流入和流出的分别设定为"＋"和"－"，则该定律也可以叙述为：任一时刻，电路任一节点电流的代数和为 0。其数学表达式为

$$\Sigma I=0 \qquad (1-17)$$

两种表示方法显示节点的电流间关系是一致的，即是电流连续性原理的体现。

在图 1-16 中节点 a 按 $\Sigma I_入=\Sigma I_出$

有

$$I_1+I_2=I_3$$

或按 $\Sigma I=0$

则有

$$I_1+I_2-I_3=0$$

1.5.1.2　应用时注意的问题

（1）从 KCL 内容的数学描述中可以看出：表达式中电流要有确定的方向。所以在应用

KCL 时，必须首先对各支路电流设定参考方向。按参考方向确定代数和中的正、负号，再按在设定参考方向前提下得到的每个电流值代入，详见例 5。

（2）KCL 不仅适用于电路的节点，也可以推广到任意假设的封闭面（也称广义节点）。

在图 1-17 中，虚线框内为一封闭面，对节点 A、B、C 分别列出 KCL 方程。

节点 A $I_a = I_{ab} - I_{ca}$

节点 B $I_b = I_{bc} - I_{ab}$

节点 C $I_c = I_{ca} - I_{bc}$

将三式相加后 $I_a + I_b + I_c = 0$ 由分析结果可证明上述结论。

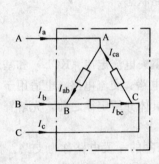

图 1-17　广义 KCL

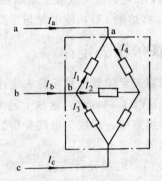

图 1-18　例 5 图

例 5　在图 1-18 电路中，已知 $I_1 = 2A$，$I_2 = -3A$，$I_3 = -4A$，$I_4 = 5A$。求：I_a，I_b，I_c。

解　对相应节点及封闭面应用 KCL 方程

对节点 a 由 $I_a + I_1 - I_4 = 0$ 得

$$I_a = I_4 - I_1 = 5A - 2A = 3A$$

对节点 b 由 $I_b - I_1 - I_2 + I_3 = 0$ 得

$$I_b = I_1 + I_2 - I_3 = 2A + (-3)A - (-4)A = 3A$$

对封闭面（虚线框）$I_a + I_b + I_c = 0$ 得

$$I_c = -I_a - I_b = -3A - 3A = -6A$$

1.5.2　基尔霍夫电压定律（KVL）

1.5.2.1　内容

基尔霍夫电压定律是确定（或约束）回路中各元件上电压之间关系的定律。该定律指出：任一瞬间，电路中任一回路内,各段电压的代数和等于 0，即

$$\Sigma U = 0 \tag{1-18}$$

图 1-19 为电路中某一回路，其 KVL 方程如下

$$U_{AB} + U_{BC} + U_{CD} + U_{DA} = 0$$

$$I_1 R_1 + I_2 R_2 - I_3 R_3 + E_1 - E_2 - I_4 R_4 = 0 \tag{1-19}$$

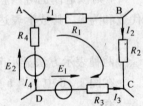

图 1-19　基尔霍夫
电压定律

由式（1-19）可见，电压的代数和指的是回路各元件的电压降与绕行方向一致的取"＋"而与绕行方向相反的取"－"。如将式（1-19）中电阻压降和电动势分写等号两边则有

$$I_1 R_1 + I_2 R_2 - I_3 R_3 - I_4 R_4 = E_2 - E_1$$

$$\Sigma IR = \Sigma E \qquad (1\text{-}20)$$

因此,KVL 又可表述为:在任一回路内,电阻上电压降的代数和等于电动势的代数和。电压降与电动势代数和中的各符号确定与式(1-19)确定方法相同。即凡与绕行方向相同的电压降或电动势符号取"+",反之,为"-"。

1.5.2.2 应用 KVL 时应注意的问题

1. KVL 方程中的两套符号　在应用 KVL 列回路方程时,必须首先对每个元件设定电压降的参考方向(对电阻元件来说也可用其中电流方向表示设定元件电压降方向),再设定沿回路绕行方向。由电压参考方向与绕行方向的同或异确定式(1-18)中各项的符号。如应用式(1-20)列方程,电源应取电动势方向,其余两者相同。至于每个电压降(或电动势)数值的正、负符号则由元件上设定电压降的参考方向与实际方向的关系而定。两套符号不能混为一谈,详见例6。

2. 基尔霍夫定律还可以推广应用于开口电路　如图 1-20 所示。图中 a、b 端开口,但两端用电压 U_{ab} 联接,可假想 a、b 端有一个元件,其上电压为 U_{ab},这样与 R、E 就构成一个假想回路——广义回路。

由 KVL　$U_{ab} + IR_0 - E = 0$ 得

$$U_{ab} = E - IR_0$$

据此,可求得一段含源支路两端的电压。

又由上式得
$$I = \frac{E - U_{ab}}{R_0} \qquad (1\text{-}21)$$

称该式为一段含源支路的欧姆定律。

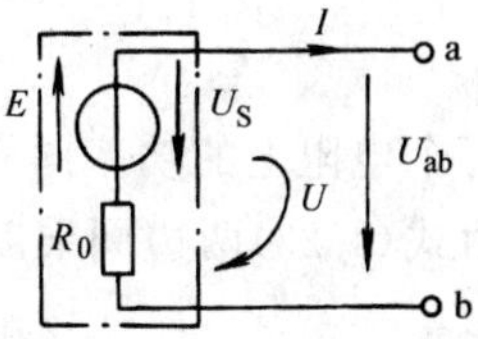

图 1-20　KVL 用于广义回路

例6　电路如图 1-21 所示,已知:$I_1 = 2A$,$I_2 = -4A$,$I_3 = -3A$,$U_{CD} = 10V$,$R_1 = R_2 = R_3 = R_4 = 5\Omega$,$E_2 = 20V$。求 E_1,I_4,U_{AD}。

解　在回路 I 中,由式(1-18)得
$$R_1 I_1 - R_2 I_2 + U_{CD} - E_2 - R_4 I_4 = 0$$
即　$5\Omega \times 2A - 5\Omega \times (-4)A + 10V - 20V - 5\Omega I_4 = 0 \qquad I_4 = 4A$

在回路 II 中,由式(1-20)$\Sigma I R = \Sigma E$ 得
$$R_3 I_3 + U_{CD} = E_1$$
$$E_1 = 5\Omega \times (-3)A + 10V = -5V$$

在回路 III 中　$-U_{AD} + I_4 R_4 + E_2 = 0$
$$U_{AD} = I_4 R_4 + E_2 = 4A \times 5\Omega + 20V = 40V$$

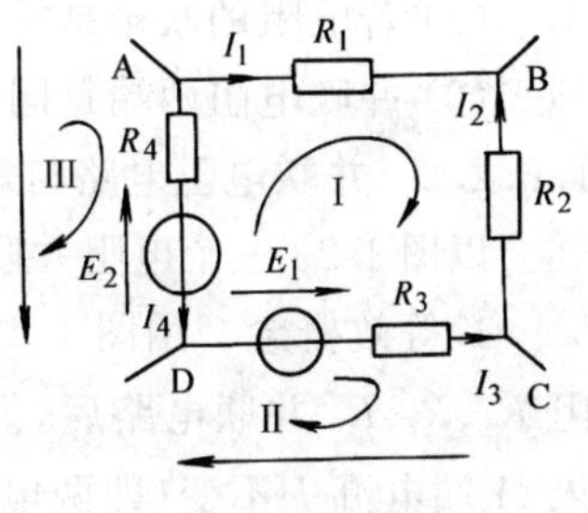

图 1-21　例6图

1.6　电阻的联接方式及其转换

在电路中,电阻的联接形式很多,大致可分为以下几种:串联、并联、串并联、丫形联结,△形联结等。各种联结经过变换最终都可以用一个电阻 R_{eq} 来等效代替,R_{eq} 称等效电阻。这样代替后,可以简化电路而又不影响电路的总电压、总电流及总功率。

1.6.1　电阻的串联

确定电阻是否串联可有以下两点判断依据:

(1) 若联接的各电阻均为首尾相连,即为串联。

(2) 通过所有串联电阻的电流是同一个电流,这一点非常关键。

串联电阻电路的分析,以图 1-22 三电阻串联电路为例。

由 KVL $\qquad U = U_1 + U_2 + U_3 \qquad$ (1-22)

$$U = IR_1 + IR_2 + IR_3 = I(R_1 + R_2 + R_3)$$

$$(1-23)$$

图 1-22b 中 $\qquad U = IR_{eq}$

则 $\qquad R_{eq} = R_1 + R_2 + R_3 \qquad$ (1-24)

即串联电阻的等效电阻为串联各电阻之和,故 R_{eq} 大于每个串联电阻。

每个电阻上的电压与其阻值成正比,见式(1-25),此式也称分压比公式。

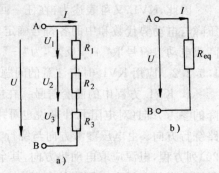

图 1-22 电阻的串联与等效电路

$$U_1 = \frac{R_1}{R_{eq}} U$$

$$U_2 = \frac{R_2}{R_{eq}} U$$

$$U_3 = \frac{R_3}{R_{eq}} U \qquad (1-25)$$

每个电阻上的功率同样与电阻成正比,且各电阻功率之和为总功率。

由式(1-23)两边同乘以 I 得

$$UI = I^2 R_1 + I^2 R_2 + I^2 R_3$$

即 $\qquad\qquad P = P_1 + P_2 + P_3$

$$P_1 = IU_1 = I^2 R_1$$

$$P_2 = IU_2 = I^2 R_2$$

$$P_3 = IU_3 = I^2 R_3 \qquad (1-26)$$

1.6.2 电阻的并联

1.6.2.1 并联判定 用以下两点确定电阻的联接是否为并联:

(1)若电阻的联接是首首相联、尾尾相联,即为并联。

(2)并联电阻两端是同一个电压。

1.6.2.2 并联电阻电路与等效电路的伏安及功率的对应关系

以图 1-23 三个电阻并联电路为例说明。

1.等效概念 用图 1-23b 中 R_{eq} 代替图 a 三个电阻 R_1、R_2、R_3 并联电路后,仍保持 AB 端电压 U 和流入 A 端电流 I 不变(即两电路对 AB 端来说,具有相同的伏安关系),这两个电路对 AB 端来说,作用和效果是相同的,两个电路等效,将图 1-23b 称为图 1-23a 的等效电路。

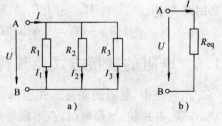

图 1-23 并联电阻及等效电路

2. R_{eq} 的计算

对图 1-23a,由 KCL 得 $\qquad I = I_1 + I_2 + I_3 \qquad$ (1-27)

由欧姆定律 $\qquad I = \dfrac{U}{R_1} + \dfrac{U}{R_2} + \dfrac{U}{R_3} = \left(\dfrac{1}{R_1} + \dfrac{1}{R_2} + \dfrac{1}{R_3} \right) U \qquad$ (1-28)

$$\frac{U}{I} = \frac{1}{\dfrac{1}{R_1} + \dfrac{1}{R_2} + \dfrac{1}{R_3}}$$

由图 1-23b 可知

$$\frac{U}{I} = R_{eq}$$

$$R_{eq} = \frac{1}{\dfrac{1}{R_1} + \dfrac{1}{R_2} + \dfrac{1}{R_3}}$$

或

$$\frac{1}{R_{eq}} = \frac{1}{R_1} + \frac{1}{R_2} + \frac{1}{R_3} \tag{1-29}$$

式(1-29)表明:几个电阻并联时,等效电阻的倒数等于各电阻倒数之和,其阻值一定小于并联电阻中最小的一个电阻值。

3. 每个支路电流与总电流的关系

$$I_1 = \frac{R_{eq}}{R_1} I$$

$$I_2 = \frac{R_{eq}}{R_2} I$$

$$I_3 = \frac{R_{eq}}{R_3} I \tag{1-30}$$

可见,各支路电流与该支路电阻成反比。

4. 功率

由式(1-28) $I = \dfrac{U}{R_1} + \dfrac{U}{R_2} + \dfrac{U}{R_3}$ 两边乘以 U 得

$$UI = \frac{U^2}{R_1} + \frac{U^2}{R_2} + \frac{U^2}{R_3}$$

$$P = P_1 + P_2 + P_3 \tag{1-31}$$

即电路总功率等于各支路功率之和。

5. 两个电阻并联电路的分析:

图 1-24 为两个电阻并联的电路,其等效电阻为

$$R_{eq} = \frac{1}{\dfrac{1}{R_1} + \dfrac{1}{R_2}} = \frac{R_1 R_2}{R_1 + R_2} \tag{1-32}$$

$$I_1 = \frac{R_2}{R_1 + R_2} I$$

$$I_2 = \frac{R_1}{R_1 + R_2} I \tag{1-33}$$

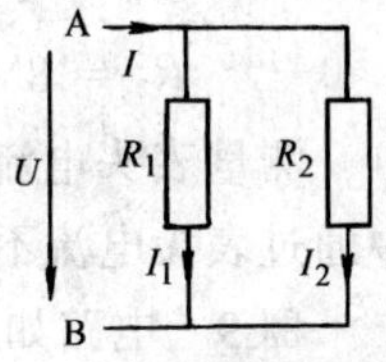

图 1-24 两个电阻
并联的电路

式(1-33)也称为分流公式,是电路分析的常用公式。

例 7 图 1-25 是一个电阻串并联电路,求 AB 两点间的等效电阻 R_{eq}

解 化简时要逐步简化电路,首先将 CB 压缩到一点,如图 1-25b 所示,可看出 R_2、R_3 为并联,得到图 1-25c,从 AB 端看,R_2 与 R_3 并联与 R_4 串联后再与 R_1 并联

$$R_{eq} = \frac{\left(\dfrac{R_2 R_3}{R_2 + R_3} + R_4\right) R_1}{\dfrac{R_2 R_3}{R_2 + R_3} + R_4 + R_1}$$

代入数据 $\qquad\qquad\qquad R_{eq} = 3\Omega$

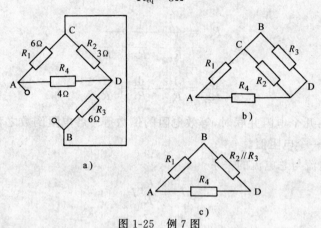

图 1-25 例 7 图

例 8 图 1-26 是用微安计与电阻相串联组成的多量程电压表。已知微安计量程为 $50\mu A$，内阻 $R_0 = 1k\Omega$，要求电压表的量程分为 10V、100V、500V 三档。试确定 R_1、R_2、R_3 的阻值。

解 $\qquad U_{10} = I \times R_0$

$\qquad\qquad = 50 \times 10^{-6}A \times 1 \times 10^3 \Omega$

$\qquad\qquad = 0.05V$

$\qquad U_{20} = I(R_0 + R_1)$

故 $\qquad R_1 = \dfrac{U_{20}}{I} - R_0$

$\qquad\qquad = \dfrac{10V}{50 \times 10^{-6}A} - 1 \times 10^3 \Omega$

$\qquad\qquad = 199000\Omega = 199k\Omega$

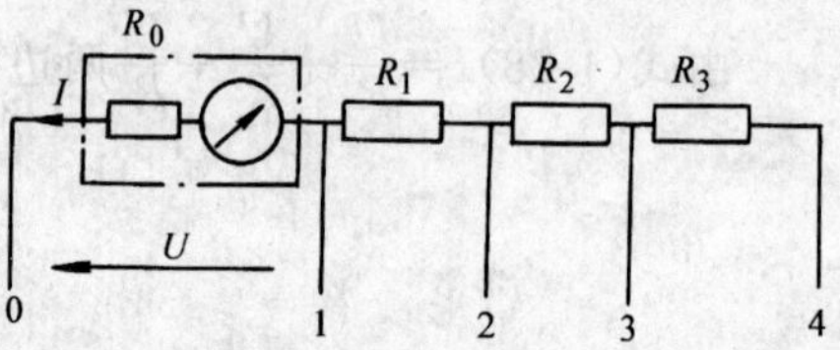

图 1-26 例 8 图

同理 $\qquad U_{30} = I(R_0 + R_1 + R_2)$

得 $\qquad R_2 = 1800k\Omega = 1.8M\Omega$

$\qquad\qquad U_{40} = I(R_0 + R_1 + R_2 + R_3)$

$\qquad\qquad R_3 = 8M\Omega$

测量表头电流是一定的，要增大测量电压的范围，必须与表头串联电阻，以保证测量过程中通过表头电流不大于规定值。由上面电路分析可知，测量电压越高，需串联电阻值越大。

例 9 电路如图 1-27 所示。(1)求电流 I_1、I_2 及 I_3。(2)如在 a、b 端再并一电阻 R_4，求 I_4。

解:(1)

$$I_1 = \frac{E}{R_1 + \dfrac{R_2 R_3}{R_2 + R_3}} = \frac{30V}{5\Omega + \dfrac{15\Omega \times 30\Omega}{15\Omega + 30\Omega}} = 2A$$

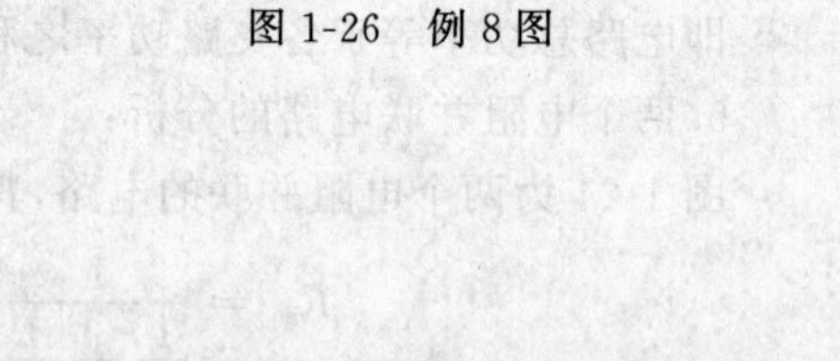

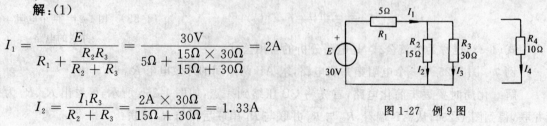

图 1-27 例 9 图

$$I_2 = \frac{I_1 R_3}{R_2 + R_3} = \frac{2A \times 30\Omega}{15\Omega + 30\Omega} = 1.33A$$

$$I_3 = \frac{I_1 R_2}{R_2 + R_3} = \frac{2A \times 15\Omega}{15\Omega + 30\Omega} = 0.67A$$

(2) 可将 R_2 和 R_3 先合并，电路依然与图 1-27 类似。

$$I_1 = \frac{E}{R_1 + \dfrac{1}{\dfrac{1}{R_2} + \dfrac{1}{R_3} + \dfrac{1}{R_4}}} = \frac{30V}{5\Omega + \dfrac{1}{\dfrac{1}{15\Omega} + \dfrac{1}{30\Omega} + \dfrac{1}{10\Omega}}} = 3A$$

$$I_4 = \frac{I_1 \dfrac{R_2 R_3}{R_2 + R_3}}{\dfrac{R_2 R_3}{R_2 + R_3} + R_4} = 1.5A$$

1.6.3 电阻丫联结与△联结的等效变换

1.6.3.1 两种联结特点

1. 丫联结 3 个电阻的一端共同联结在一个节点上，而它们的另一端分别接到 3 个不同的端钮上，如图 1-28a 所示。

2. △联结 3 个电阻分别接到每两个端钮之间，如图 1-28b 所示。电路中如有这种电阻的联结方式，则不能用前面提到的串并联方法进行化简。

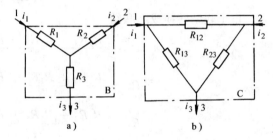

1.6.3.2 丫—△等效变换

利用两端钮间等效的概念来实现两种联结电路的转换。在图 1-28a 中，

图 1-28 电阻的丫—△联结

a) 丫形联结 b) △形联结

由 KCL $\qquad i_3 = i_1 + i_2$ $\qquad$ (1-34)

由 KVL $\qquad u_{12} = u_{13} - u_{23}$ $\qquad$ (1-35)

$$u_{13} = R_1 i_1 + R_3 i_3, u_{23} = R_2 i_2 + R_3 i_3$$

将式(1-34)代入得 $\qquad u_{13} = (R_1 + R_3) i_1 + R_3 i_2$ $\qquad$ (1-36)

$$u_{23} = R_3 i_1 + (R_2 + R_3) i_2 \qquad (1\text{-}37)$$

由图 b 据 OL、KCL 有 $\qquad i_1 = \dfrac{1}{R_{13}} u_{13} + \dfrac{1}{R_{12}} u_{12}$

$$i_2 = \frac{1}{R_{23}} u_{23} - \frac{1}{R_{12}} u_{12}$$

将式(1-35)代入上式得

$$i_1 = \left(\frac{1}{R_{13}} + \frac{1}{R_{12}}\right) u_{13} - \frac{1}{R_{12}} u_{23} = \frac{R_{12} + R_{13}}{R_{12} R_{13}} u_{13} - \frac{1}{R_{12}} u_{23}$$

$$i_2 = -\frac{1}{R_{12}} u_{13} + \left(\frac{1}{R_{23}} + \frac{1}{R_{12}}\right) u_{23} = -\frac{1}{R_{12}} u_{13} + \frac{R_{12} + R_{23}}{R_{12} R_{23}} u_{23}$$

解上式得

$$u_{13} = \frac{R_{13}(R_{12} + R_{23})}{R_{12} + R_{23} + R_{13}} i_1 + \frac{R_{23} R_{13}}{R_{12} + R_{23} + R_{13}} i_2 \qquad (1\text{-}38)$$

$$u_{23} = \frac{R_{13} R_{23}}{R_{12} + R_{23} + R_{13}} i_1 + \frac{R_{23}(R_{12} + R_{13})}{R_{12} + R_{23} + R_{13}} i_2 \qquad (1\text{-}39)$$

比较式(1-36)与式(1-38),式(1-37)与式(1-39)得

$$R_1 + R_3 = \frac{R_{13}(R_{12} + R_{23})}{R_{12} + R_{23} + R_{13}}$$

$$R_3 = \frac{R_{13}R_{23}}{R_{12} + R_{23} + R_{13}}$$

$$R_2 + R_3 = \frac{R_{23}(R_{12} + R_{13})}{R_{12} + R_{23} + R_{13}} \tag{1-40}$$

由式(1-40)得丫—△转换公式,

由△联结转换成丫形联结

$$R_1 = \frac{R_{13}R_{12}}{R_{12} + R_{23} + R_{13}}$$

$$R_2 = \frac{R_{12}R_{23}}{R_{12} + R_{23} + R_{13}}$$

$$R_3 = \frac{R_{13}R_{23}}{R_{12} + R_{23} + R_{13}} \tag{1-41}$$

由丫联结转换成△联结

$$R_{12} = \frac{R_1R_2 + R_1R_3 + R_2R_3}{R_3} = R_1 + R_2 + \frac{R_1R_2}{R_3}$$

$$R_{23} = \frac{R_1R_2 + R_1R_3 + R_2R_3}{R_1} = R_2 + R_3 + \frac{R_2R_3}{R_1}$$

$$R_{13} = \frac{R_1R_2 + R_1R_3 + R_2R_3}{R_2} = R_1 + R_3 + \frac{R_1R_3}{R_2} \tag{1-42}$$

在特殊情况下,若丫电路的 3 个电阻相等,即 $R_1 = R_2 = R_3 = R_\curlyvee$,则换成△联结后:$R_{12} = R_{23} = R_{31} = R_\triangle = 3R_\curlyvee$。由△转换成丫时:则 $R_\curlyvee = 1/3R_\triangle$。

例 10 电路如图 1-29 所示,已知:$R_{12} = 2\Omega, R_{23} = 4\Omega, R_{13} = 6\Omega, R_4 = 7/3\Omega, R_5 = 4\Omega, U_S = 18V$。求各支路电流。

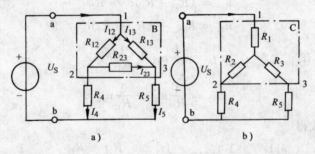

图 1-29 例 10 图

解 首先将△联结的部分转换成丫联结

$$\triangle = R_{12} + R_{23} + R_{31} = 2\Omega + 4\Omega + 6\Omega = 12\Omega$$

由△—丫变换公式:

$$R_1 = \frac{R_{12}R_{13}}{\triangle} = \frac{2\Omega \times 6\Omega}{12\Omega} = 1\Omega$$

$$R_2 = \frac{R_{12}R_{23}}{\triangle} = \frac{2\Omega \times 4\Omega}{12\Omega} = 2/3\Omega$$

$$R_3 = \frac{R_{13}R_{23}}{\triangle} = \frac{4\Omega \times 6\Omega}{12\Omega} = 2\Omega$$

AB 端等效电阻 R_{eq}

$$R_{eq} = R_1 + \frac{(R3 + R5)(R2 + R4)}{R3 + R5 + R2 + R4} = 1\Omega + \frac{(2\Omega + 4\Omega)\left(\frac{2}{3}\Omega + \frac{7}{3}\Omega\right)}{2\Omega + 4\Omega + \frac{2}{3}\Omega + \frac{7}{3}\Omega} = 3\Omega$$

$$I = \frac{U_S}{R_{eq}} = \frac{18V}{3\Omega} = 6A$$

$$I_4 = \frac{R_3 + R_5}{(R_2 + R_4) + (R_3 + R_5)}I = 4A$$

$$I_5 = \frac{R_2 + R_4}{(R_2 + R_4) + (R_3 + R_5)}I = 2A$$

在图 1-29 的最外围的 a 回路 I 中,应用 KVL 列方程

$$I_{13}R_{31} + I_5R_5 = U_S$$

$$I_{13} = \frac{U_S - I_5R_5}{R_{13}} = \frac{18V - 2A \times 4\Omega}{6\Omega} = \frac{10V}{6\Omega} = 5/3A$$

据 KCL

$$I_{12} = I - I_{13} = 6A - 5/3A = 4.33A$$

$$I_{23} = I_4 - I_{12} = 4A - \frac{13}{3}A = -0.33A$$

$$I = 6A, I_{12} = 4.33A, I_{13} = 1.67A, I_{23} = -0.33A, I_4 = 4A, I_5 = 2A$$

1.7 电压源与电流源及其等效变换

实际电源有两种不同的类型,一种是电压源,一种是电流源。这两种电源都不受其电路中任一支路电流或电压的控制,称为独立电源。

1.7.1 电压源

1.7.1.1 电压源模型及外特性

电压源就是能向外电路提供比较稳定电压的电源装置,其电路模型是由一个电动势 E 或 U_S(理想电压源)和电源内阻 R_0 串联组合来表示的。如图 1-30a 虚线框所示。

电压源两端接上负载 R_L 后,负载中有电流 I,称为电压源输出电流,负载端电压 U,称为电源的输出电压。U 与 I 的关系,即 $U = f(I)$ 称为电源的外特性,也叫伏—安特性,它表示了电源的性能。特性曲线如图 1-30b 所示。可以看出,当 $I = 0$(开路)端电压等于电源电动势,即 $U = E$;当 $U = 0$(短路),$I_S = E/R_0$,称为短路电流;当 R_L 变化时,随 I 增加,U 降低,降低的部分为 IR_0,即

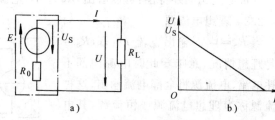

图 1-30 电压源模型及外特性

$$U = E - IR_0 \tag{1-43}$$

式(1-43)表明:内阻 R_0 越大,同样电流下,电压降得越多,这种电源的外特性就越差。

1.7.1.2 理想电压源

理想电压源 是在理想情况下,认为内阻 $R_0 = 0$ 时的电压源。也称恒压源,如图 1-31 所

示。

恒压源输出电压恒定：$U=U_S$，其中电流由 R_L 决定，其伏安特性 $U=f(I)$ 为一条平行于横轴的直线。

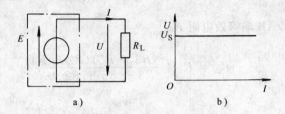

图 1-31　恒压源及其外特性

理想电压源的特点如下：

(1) 电源输出电压恒定，即 $U=U_S$。

(2) 恒压源输出电流取决于外电路和恒压源 U_S，由于理想电压源内阻为 0，电源一旦短路，$I_S=U_S/0$，趋于无穷大，而把电源烧坏。

(3) 与恒压源并联的元件对恒压源以外的电路不起作用。因此，在计算恒压源外电路时，可将其并联元件部分去掉。

(4) 若恒压源 U_S 为零值时，可将其等效为一短路元件。

1.7.2　电流源

1.7.2.1　电流源的模型及外特性

电流源是能向外电路提供比较稳定电流的电源装置。其电路模型为一恒值电激流 I_S 与内阻 R_S 并联组成。电流源接上负载 R_L 后，能向其提供一电流 I，在电流源作用下，R_L 两端电压 U，$U=f(I)$ 称为电流源的外特性（或伏安特性），模型及外特性如图 1-32a、b 所示。

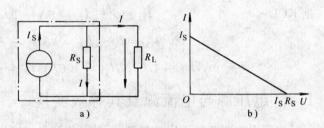

图 1-32　电流源的模型及外特性

电流源外特性与电压源形状类似，也是一条向下倾斜的直线。由图 a) 得：

$$I = I_S - \frac{U}{R_S} \tag{1-44}$$

分析电流源的外特性：可以看出，R_S 越小，电源输出电流越小。

1.7.2.2　理想电流源

当 $R_S=\infty$ 时输出电流 $I=I_S$，$R_S=\infty$ 是理想情况，意味着此时电源内部不消耗电流，电流源将全部电流输出，这种电流源称为理想电流源或恒流源，其电源模型及外特性如图 1-33 所示。

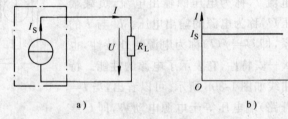

图 1-33　恒流源模型及外特性

恒流源具有以下特点

(1) 恒流源外特性为一条平行于横轴的直线 $I=I_S$。

(2) 恒流源端电压 U 的大小由外电路及恒流源决定，$U=I_S R_L$。恒流源一旦开路，U 将趋于 ∞，将会损坏恒流源，这是不允许的。

(3) 与恒流源串联元件不影响恒流源支路的电流。所以在对恒流源支路以外电路计算时，可将串联元件视为短路。

（4）当理想恒流源 $I_S=0$ 时，可将恒流源视为一开路元件。

例 11 如图 1-34 所示。已知 $I_S=2A$，$U_S=20V$，$R_1=4\Omega$，$R_2=5\Omega$。求 I_1、I_2 及 I。

解 与恒压源并联的恒流源 I_S 不影响 I_1、I_2 值，计算时可将其去掉，如图 1-34b

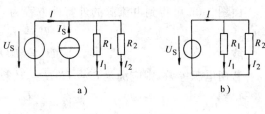

$$I_1 = \frac{U_S}{R_1} = \frac{20V}{4\Omega} = 5A$$

$$I_2 = \frac{U_S}{R_2} = \frac{20V}{5\Omega} = 4A$$

图 1-34 例 11 图

注意：在求解电流时，要回到原电路中去，即恒流源不能去掉，因为恒压源的电流与 I_S 有关。

$$I = I_1 + I_2 - I_S = 5A + 4A - 2A = 7A$$

例 12 电路如图 1-35 所示。已知 $U_S=10V$，$R_1=5\Omega$，$I_S=2A$，$R_L=10\Omega$。求电路各元件消耗的功率。

解 根据恒流源特点，在计算外电路电流 I_L 时，与 I_S 串联元件不起作用。因为 $I_L=I_S=2A$，故求 I_S 端电压 U 时，与之串联的部分 U 与 R_1 的并联不能去掉，由 KVL

$$U + U_S = I_L R_L$$

$$U = I_S R_L - U_S = 2A \times 10\Omega - 10V = 10V$$

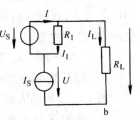

求通过 U_S 中的电流 I，与之并联的 R_1 要保留，由 KCL 得

$$I = I_1 + I_S = \frac{U_S}{5\Omega} + 2A = \frac{10V}{5\Omega} + 2A = 4A$$

图 1-35 例 12 图

各元件功率

$$P_{U_S} = -U_S I = -10V \times 4A = -40W \qquad （发出）$$

$$P_{I_S} = -I_S U = -10V \times 2A = -20W \qquad （发出）$$

$$P_{R_1} = I_1^2 R_1 = (2A)^2 \times 5\Omega = 20W \qquad （消耗）$$

$$P_{R_L} = I_L^2 R_L = (2A)^2 \times 10\Omega = 40W \qquad （吸收）$$

1.7.3 电压源与电流源的等效变换

1.7.3.1 等效电源与等效电源变换的条件

1. 等效电源 同一负载接在两个不同形式的电源上，能得到相同的响应，即负载的电流及端电压相同，则可认为两电源为等效电源。如图 1-36 所示中，若 $I=I'$，$U=U'$，则虚线框中的两电源：电压源和电流源即为等效电源。

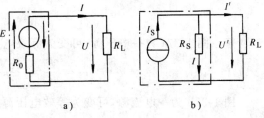

注意：所谓等效，是 R_L 接在电压源图 1-36a 和接到电流源图 1-36b 保持相同的工作状态。因此，对 R_L（即电源的外电路）来说，这两个电源等效，两个等效电源可以互相置换。

2. 等效电源变换的条件 由图 1-36a 可得到电压源的外特性方程为

图 1-36 等效电源

$$U = U_S - I R_0 \qquad (1\text{-}45a)$$

或 $$Z = \frac{U_\mathrm{S}}{R_0} - \frac{U}{R_0} \qquad (1\text{-}45\mathrm{b})$$

由图 1-36 可得到电流源的外特性方程为

$$I' = I_\mathrm{S} - U'/R_\mathrm{S} \qquad (1\text{-}46\mathrm{a})$$

或 $$U' = I_\mathrm{S}'R_\mathrm{S} - I'R_\mathrm{S} \qquad (1\text{-}46\mathrm{b})$$

若两电源等效,则应满足 $U = U'$、$I = I'$ 条件,比较式(1-45a)和式(1-46b)

得到 $$U_\mathrm{S} = I_\mathrm{S}R_\mathrm{S}$$

$$R_0 = R_\mathrm{S} \qquad (1\text{-}47)$$

比较式(1-45b)和式(1-46a)得到

$$I_\mathrm{S} = \frac{U_\mathrm{S}}{R_0}$$

$$R_\mathrm{S} = R_0 \qquad (1\text{-}48)$$

以上两式即为电压源与电流源等效变换的条件。式(1-47)为已知电流源变换为等效电压的计算公式;式(1-48)为已知电压源求其等效电流源的计算公式。将电压源与电流源进行等效变换,主要目的是为了简化电路,进行复杂电路的分析与计算时,往往会带来很大的方便。

1.7.3.2　电压源与电流源作等效变换时,应注意的问题:

(1)电压源和电流源的参考方向在变换前后应保持对外电路的等效。即保证等效变换的电压源中电动势的方向与电流源电激流的方向相同,见图 1-36 的 E 和 I_S。

(2)电源等效变换中的等效是对外电路而言的。对电源的内部是不等效的。例如,电压源开路时,电源电流及功率均为零;而电流源开路时,电源内阻有电流,有功率损耗。所以,对电源内部进行计算时,一定要在原电路进行。

(3)恒压源与恒流源不能等效变换。因为恒压源的电流可为任意值,而恒流源的电压可为任意值。二者不具备等效的条件,因此,不能相互置换。

例 13　分别求图 1-37 所示的各电路中 a、b 端的等效电路。

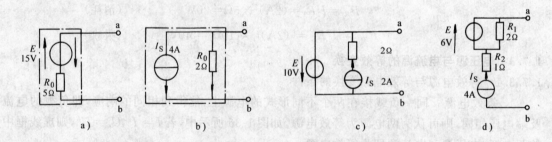

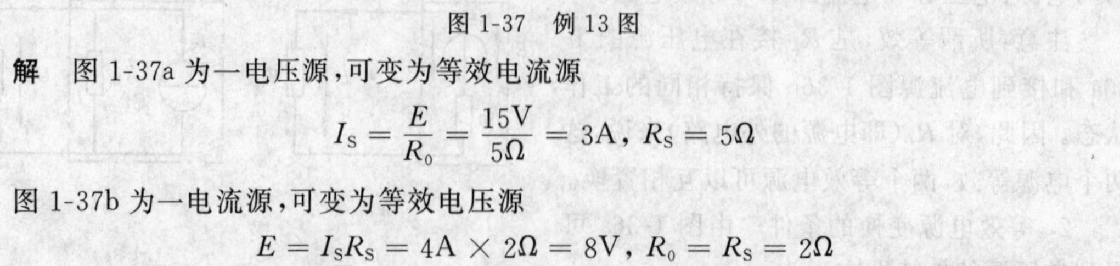

图 1-37　例 13 图

解　图 1-37a 为一电压源,可变为等效电流源

$$I_\mathrm{S} = \frac{E}{R_0} = \frac{15\mathrm{V}}{5\Omega} = 3\mathrm{A}, \ R_\mathrm{S} = 5\Omega$$

图 1-37b 为一电流源,可变为等效电压源

$$E = I_\mathrm{S}R_\mathrm{S} = 4\mathrm{A} \times 2\Omega = 8\mathrm{V}, \ R_0 = R_\mathrm{S} = 2\Omega$$

在图 1-37c 中,对 a、b 端来说,与 E 并联部分可视为开路,所以,电路实际上为一恒压源,不能与其它电源等效变换。

在图 1-37d 中，对 a、b 端来说，与恒流源串联的部分可视为短路，故该电路实际上为一恒流源，同样不能与其它电源等效变换。

与图 1-37 相对应的等效电路如图 1-38 所示。

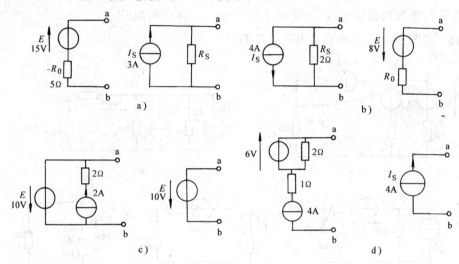

图 1-38　与图 1-37 各电路对应的等效电路

例 14　电路如图 1-39a 所示，求电流 I 及电流源 I_S 所发出的功率。

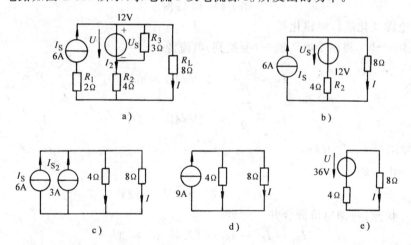

图 1-39　例 14 图

解　根据恒流源、恒压源特点可首先将电路简化为如图 1-39b，再将 U_S 和 R_2 等效为电流源 I_{S_2}，如图 1-39c 所示，可求

$$I_{S_2} = \frac{U_S}{R_2} = \frac{12V}{4\Omega} = 3A$$

最后 I_S、I_{S_2} 两电流合并可得到电流源或电压源如图 1-39d、e 所示

由图 1-39d 得

$$I = \frac{4\Omega \times 9A}{4\Omega + 8\Omega} = 3A$$

或由图 1-39e 得

$$I = \frac{36V}{4\Omega + 8\Omega} = 3A$$

求功率,需回到原电路图 1-39a 中

由 KCL 得 $\qquad I_2 = I_S - I = 6A - 3A = 3A$

由 KVL 得 $\quad U = U_S + R_2 I_2 + R_1 I_S = 12V + 4\Omega \times 3A + 6A \times 2\Omega = 36V$

电流源 I_S 所发出的功率为 $\quad P_{I_S} = I_S U = 6A \times 36V = 216W$

例 15 求图 1-40 所示电路中电流 I 及 I_2。

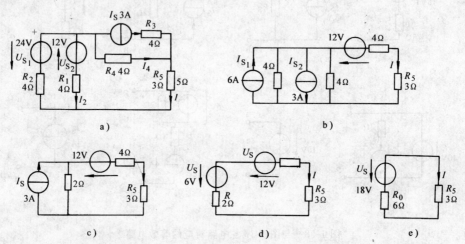

图 1-40 例 15 图

解 用电源变化进行电路化简

由图 1-40a→b 将两个电压源→(变换到)电流源

$$I_{S_1} = \frac{U_{S_1}}{R_1} = 24V/4\Omega = 6A$$

$$I_{S_2} = \frac{U_{S_2}}{R_2} = 12V/4\Omega = 3A$$

R_1、R_2 分别与 I_{S_1}、I_{S_2} 并联;

电流源→电压源

$$U_S = I_S R_4 = 3A \times 4V = 12V$$

由图 1-40b→c,将两电流源合并

$$I_{S_3} = I_{S_1} - I_{S_2} = 6A - 3A = 3A$$

由图 1-40c→d,电流源→电压源 $\quad U_{S_3} = I_{S_3} R = 3A \times 2\Omega = 6V$

由图 1-40d→e,两个串联电压源合并成一个电压源

$$U_S = 12V + 6V = 18V(同极性),R_0 = 2\Omega + 4\Omega = 6\Omega$$

则 $$I = \frac{18V}{(6+3)\Omega} = 2A$$

求 I_2 需回到原电路。首先由 KCL 求 I_4

$$I_4 = I - I_S = 2A - 3A = -1A$$

沿回路列出 KVL 方程 $\quad I_4 R_4 + I R_5 - I_2 R_2 + 12 = 0$

$$I_2 = \frac{12V + I_4 R_4 + I R_5}{R_2} = \frac{12V + (-1)A \times 4\Omega + 2A \times 3\Omega}{4\Omega} = 3.5A$$

1.8 支路电流法

在电路分析中,支路电流法是最基本的一种方法。支路电流法,是以支路电流作为求解对象,运用 KCL 和 KVL 列出所需要的方程组,解方程组得到各支路的未知电流。

支路电流法求解步骤

(1) 首先,设定各支路电流的参考方向。以图 1-41 所示的电路为例,设 I_1、I_2、I_3 分别为三条支路电流。

应用 KCL、KVL 列出节点、回路方程

节点 A $I_1 + I_2 = I_3$

节点 B $I_3 = I_1 + I_2$

两式中只有一个是独立方程,这是因为两个节点联结的相同的三条支路,一个节点已有确定的各支路电流间的关系式,那么另一节点对于表示同样支路各电流间的关系式,显然就是多余的了。由此可以推论,对于具有 n 个节点电路运用 KCL 只能列出 $(n-1)$ 个独立方程。

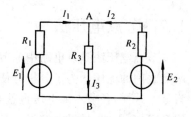

图 1-41　支路电流法图例

(2) 根据 KVL,对图中三个回路列回路方程

$$I_1 R_1 + I_3 R_3 = E_1$$
$$I_2 R_2 + I_3 R_3 = E_2$$
$$I_1 R_1 - I_2 R_2 = E_1 - E_2$$

可以看出,前两个方程相减可以得到第三个方程。因此,最后一个方程相对前两个方程是非独立的。对于图 1-41 电路来说,前两个方程是独立的,前两个方程刚好是两个网孔方程。在列回路方程时,一般列网孔方程可保证这些方程都是独立的。那么,在应用支路电流法时,独立方程的个数如何确定的呢?从以上的分析可得出结论:若电路的支路数为 b,节点数为 n,则独立方程中,节点方程数为 $n-1$,回路方程数为 $b-(n-1)$ 个。据此,图 1-41 中,独立方程个数如下

$$I_1 + I_2 = I_3 \tag{1-49}$$
$$I_1 R_1 + I_3 R_3 = E_1 \tag{1-50}$$
$$I_2 R_2 + I_3 R_3 = E_2 \tag{1-51}$$

(3) 解方程得到未知电流。

例 16　在图 1-41 中,若 $E_1 = 40V$,$E_2 = 80V$,$R_1 = R_3 = 10\Omega$,$R_2 = 5\Omega$,求 I_1、I_2、I_3 及各元件功率。

解　将已知的数值代入式(1-49)~式(1-51)中得如下几个等式

$$I_1 + I_2 = I_3$$
$$10I_1 + 10I_3 = 40$$
$$5I_2 + 10I_3 = 50$$

解得　　　　　　　　$I_1 = -1A,\ I_2 = 6A,\ I_3 = 5A$

$$P_{E_1} = -E_1 I_1 = -40V \times (-1)A = 40W, \quad E_1 \text{ 在电路中吸收功率}$$
$$P_{E_2} = -E_2 I_2 = -80V \times 6A = -480W$$

再用电流平方乘电阻值求出各电阻功率

$$P_{R_1} = (-1A)^2 \times 10\Omega = 10W, \quad P_{R_2} = 6A^2 \times 5\Omega = 180W$$

$$P_{R_3} = (5A)^2 \times 10\Omega = 250W$$

整个电路功率平衡。

支路电流法是直接应用 KCL、KVL 列方程推导总结出来的电路分析方法,故这种方法适用于任意电路。但当电路的支路数较多而又只需求出某一支路电流时,用支路电流法求解,步骤极为繁琐,故支路电流法经常不是电路分析中首选的方法。

1.9 节点电压法

节点电压法是以电路中的节点电压作为未知量的电路分析方法。所谓节点电压,是指任意两点之间的电压。为了分析方便起见,往往先在电路中选定一个节点为参考点,参考点的电位为零。这样,各节点的电压也就是节点对参考点的电位。将各支路电流用节点电压表示,再应用 KCL 列方程,最后求解得到各节点电压。这种方法对于支路多、节点较少的电路求解较为方便,而对于仅有两个节点的电路求解尤其方便。下面以图 1-42 电路为例,来介绍两节点的节点电压法。

电路选 B 为参考点,电流参考方向如图 1-42 所示,各支路电流表示如下

$$U_{AB} = U_A$$

$$I_1 = \frac{U_{S_1} - U_A}{R_1} \quad (\text{或 } U_{S_1} = I_1 R_1 + U_A)$$

$$I_2 = \frac{U_{S_2} + U_A}{R_2} \quad (\text{或 } U_{S_2} + U_A = I_2 R_2)$$

$$I_3 = \frac{U_A}{R_3} \qquad I_4 = I_S \tag{1-52}$$

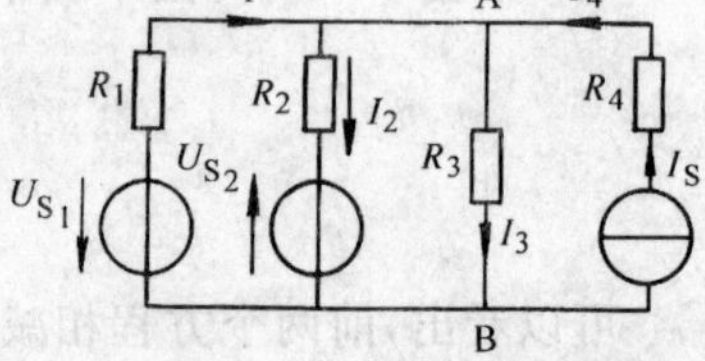

图 1-42 两节点电路

对节点 A 应用 KCL 得 $I_1 - I_2 - I_3 + I_4 = 0$ 代入(1-52)式

$$U_{S_1}/R_1 - U_A/R_1 - U_{S_2}/R_2 - U_A/R_2 - U_A/R_3 + I_S = 0$$

$$U_A = \frac{\dfrac{U_{S_1}}{R_1} - \dfrac{U_{S_2}}{R_2} + I_S}{\dfrac{1}{R_1} + \dfrac{1}{R_2} + \dfrac{1}{R_3}} \tag{1-53}$$

$$= \frac{\sum \dfrac{U_{S_K}}{R_K} + \sum I_S}{\sum \dfrac{1}{R_K}} \tag{1-54}$$

整理后得到两节点电路的节点电压公式见式(1-54),式中分母为两节点之间各支路的恒压源、恒流源为零(短路、开路)后的电阻的倒数和;分子为各支路所对应的电激流的代数和。说明如下:

(1) 对应的电激流指的是电压源转换为等效电流源时的电激流(恒流源),例如图 1-42 中的 U_{S_1}/R_1、U_{S_2}/R_2,恒流源支路的 I_S。

(2) 代数和中各项对应电激流前面的符号:若电激流与节点电压的方向相反为"+",否则符号为"−"。

使用公式(1-54)要注意以下几点:

(1) 本公式仅适用于两个节点的电路。

（2）公式分母中的电阻倒数和中，特别注意不包括恒流源支路的电阻。

（3）若两节点有一条支路为恒压源，则节点电压就是该恒压源的值，故不必再求。

例17 用节点电压法求图 1-42 中电流 I_1。已知 $U_{S_1}=12V$，$U_{S_2}=20V$，$I_S=3A$，$R_1=R_4=4\Omega$，$R_2=R_3=8\Omega$。

解 根据公式(1-53)

$$U_A = \frac{\dfrac{12V}{4\Omega} - \dfrac{20V}{8\Omega} + 3A}{\dfrac{1}{4\Omega} + \dfrac{1}{8\Omega} + \dfrac{1}{8\Omega}} = 7V$$

$$I_1 = \frac{U_{S_1} - U_A}{R_1} = (12V - 7V)/4\Omega = 1.25A$$

对例 1-16 题，同样可以应用节点电压法求解

$$U_A = \frac{\dfrac{E_1}{R_1} + \dfrac{E_2}{R_2}}{\dfrac{1}{R_1} + \dfrac{1}{R_2} + \dfrac{1}{R_3}} = \frac{\dfrac{40V}{10\Omega} + \dfrac{80V}{5\Omega}}{\dfrac{1}{10\Omega} + \dfrac{1}{10\Omega} + \dfrac{1}{5\Omega}} = 50V$$

$$I_1 = \frac{40V - 50V}{10\Omega} = -1A$$

$$I_2 = \frac{80V - 50V}{5\Omega} = 6A$$

$$I_3 = \frac{50V}{10\Omega} = 5A$$

可以看出，对例 1-16 题，应用节点电压法求解，比支路电流法求解过程简单得多。

在电路分析中，经常遇到这种具有多条支路、但仅有两个节点的电路，应用节点电压法求解，非常简单、实用。

1.10 叠加原理

1.10.1 叠加原理的内容

在线性电路中，如果有多个电源同时作用时，则它们在任一支路中产生的电流或电压等于各个独立电源单独作用时，在该支路所产生的电流或电压的代数和。

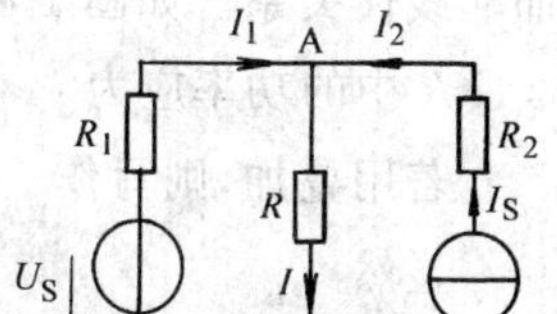

下面通过对图 1-43 所示电路的分析，验证叠加原理的正确性。

用节点电压法求 R 支路电流 I

$$U_{AB} = \frac{\dfrac{U_S}{R_1} + I_S}{\dfrac{1}{R_1} + \dfrac{1}{R}} = \frac{\dfrac{U_S}{R_1} + I_S}{R_1 + R} R_1 R$$

图 1-43 叠加原理图例

$$I = \frac{U_{AB}}{R} = \frac{\dfrac{U_S}{R_1} + I_S}{R_1 + R} \cdot \frac{R_1 R}{R} = \frac{U_S}{R_1 + R} + \frac{I_S R_1}{R_1 + R} \tag{1-55}$$

再按叠加原理内容中所述的各独立电源单独作用得到结果叠加的方法求 R 中电流 I。电路中有两个独立电源：恒压源 U_S 和恒流源 I_S。

首先考虑由恒压源 U_S 单独作用，I_S 不起作用（即 I_S 将置 0）时得到的电路中求 I 的分量

I' ，如图 1-44b 所示

$$I' = \frac{U_s}{R_1 + R} \tag{1-56}$$

再考虑 I_s 作用，U_s 不作用（即令 $U_s = 0$）时得到的电路，如图 1-44c 所示

$$I'' = \frac{R_1 I_s}{R_1 + R} \tag{1-57}$$

将式(1-56)和式(1-57)中相加得到 I 的表达式

$$I = I' + I'' = \frac{U_s}{R_1 + R} + \frac{R_1 I_s}{R_1 + R}$$

与式(1-55)完全相同，验证了叠加原理的正确性。

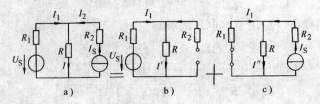

图 1-44 叠加原理图例

1.10.2 使用叠加原理应注意的问题

（1）叠加原理中提到的独立电源单独作用，除作用的独立电源之外的电源不作用。电源不作用，指的是将不作用电源中的恒压源或恒流源置 0。恒压源 $U_s = 0$，即用短路线代替恒压源；恒流源不作用，$I_s = 0$，即将恒流源去掉，使原来接恒流源处成为开路，如图 1-44b、c。也常将这种处理方法简称为：恒压源短路，恒流源开路，便于记忆。

（2）用叠加原理求各支路电压或电流，称为总电压或总电流，简称总量，而电源单独作用得到的电压、电流则称为分量。分量的代数和等于总量，这就表示分量前面的符号可"＋"可"－"，确定的方法：当分量的参考方向与总量参考方向一致时，取"＋"号，否则为"－"。

（3）叠加原理是线性电路中的一条重要定理。它的适用范围仅限于线性电路中的电压或电流的计算，线性电路中功率的计算不能应用叠加原理。因为功率与电流或电压是平方关系，而非线性关系。如图 1-44a 所示，R 中电流：$I = I' + I''$，

R 中的功率应为 $\qquad I^2 R = (I' + I'')^2 R$

若用叠加，则写作 $\qquad I'^2 R + I''^2 R = (I'^2 + I''^2)R$

显然 $\qquad (I' + I'')^2 \neq I'^2 + I''^2$

例 18 用叠加原理，1)求图 1-45a 电路中的 U_0；2)若恒压源变为 12V，恒流源变为 6A，求 U_0。

解：1) 应用叠加原理将图 1-45a 分为两个电源单独作用的电路，如图 1-45b,c 所示

6V 恒压源单独作用时

$$I' = \frac{6V}{3\Omega + \dfrac{6\Omega \times (2+2)\Omega}{6\Omega + 2\Omega + 2\Omega}} \times \frac{6\Omega}{(6+4)\Omega} = \frac{6\Omega}{5.4\Omega} \times \frac{6V}{10\Omega} = 0.67A$$

$$U_0' = I' \times 2 = 1.33V$$

3A 恒流源单独作用时

$$I'' = \frac{\dfrac{3\Omega \times 6\Omega}{(3+6)\Omega}}{\dfrac{3\Omega \times 6\Omega}{(3+6)\Omega} + (2+2)\Omega} \times 3\text{A} = 1\text{A}$$

$$U_0'' = 1\text{A} \times 2\Omega = 2\text{V}$$

两电源共同作用时 $\quad U_0 = U_0' + U_0'' = 1.33\text{V} + 2\text{V} = 3.33\text{V}$

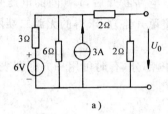 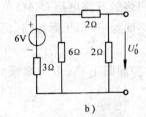 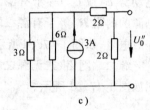

| a) | b) | c) |

图 1-45　例 18 图

(2) 若恒压源由 6V 变到 12V,由前面计算结果可知 $U_0' = 2.66\text{V}$,

恒流源由 3A 变到 6A,则可得到 $U_0'' = 4\text{V}$

$$U_0 = U_0' + U_0'' = 2.66\text{V} + 4\text{V} = 6.66\text{V}$$

比较(1)、(2)计算结果,可以看出,若电路激励增加(或减少),响应(I、U)也成比例地增加(或减少),所以,叠加原理反映了线性电路的两个基本性质,即叠加性和比例性。

从例 18 可见,叠加原理实际上是将一个多电源作用的电路分解为多个单电源作用的电路,力图简化计算,但求解过程需对电路进行变换,有时因电路变化会使整个求解过程显得繁琐。所以,在电路计算中,叠加原理使用得并不很频繁。但作为线性电路的一个普遍适用的规律,在分析线性电路或线性系统时还是非常有用的。

1.11　戴维南定理

在实际的电路分析中,有时往往只需计算复杂电路中某一支路电流,或先求某一条支路电流。这时往往采用将这条待求支路与其它电路分成两部分,这两部分之间一般是通过两个端钮相联的。我们将去掉待求支路后剩下的部分称为二端网络。根据二端网络中是否有电源,我们又将二端网络分为两种。

含源二端网络:二端网络中含有电源的称为含源二端网络,如图 1-46a 所示。

无源二端网络:二端网络中不含电源的称为无源二端网络,如图 1-46b 所示。

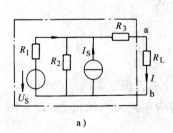 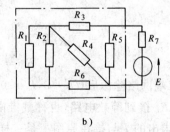

| a) | b) |

图 1-46　二端网络

a) 有源　b) 无源

对直流电路来说,无源二端网络中是电阻各种联接(串、并混联或丫、△等联结),最终可以等效为一个电阻。那么,含源二端网络最终的等效电路是什么呢?下面介绍的戴维南定理(或诺顿定理)就是解决含源二端网络等效的问题。

1.11.1.1 戴维南定理

任何一个线性有源二端网络都可以用一个电压源来等效代替,如图1-47b所示。等效电源的电动势E(或U_S)等于有源二端网络的开路电压U_0(将负载电路断开后,a、b间的电压),等效电源的内阻R_0等于有源二端网络除源后(恒压源短路,恒流源开路)所求得的无源二端网络的等效电阻,如图1-47c、d所示。

有源二端网络(或无源二端网络)即图1-46a、b中虚线框内部分,有时可用一方框图表示,分别如图1-47a、d所示。

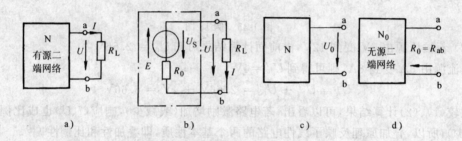

a)   b)   c)   d)

图1-47 戴维南定理图示

戴维南定理可用叠加原理加以证明,此处从略。

下面举例说明戴维南定理的应用。

例19 电路如图1-48a所示(R_L接于ab间),其中$R_1=3\Omega$,$R_2=6\Omega$,$R_3=2\Omega$,$R_L=2\Omega$,$U_S=6V$,$I_S=3A$,求 1)R_L中电流I;2)R_L选多大时,可以从电路中获得最大功率。

解 (1)应用戴维南定理的步骤。

第一步,先将待求支路R_L从a,b处与其它部分断开;如图1-48a所示,左边部分是以a,b为端钮的有源二端网络,由戴维南定理可知,它可等效为一个电压源,如图1-48b所示。

第二步,由图1-48a计算断开R_L后a,b端的电压U_0(即开路电压)

$$U_0 = U_{cb} + U_{ac} = U_{cb} = \frac{\dfrac{U_S}{R_1} + I_S}{\dfrac{1}{R_1} + \dfrac{1}{R_2}} = \frac{\dfrac{6V}{3\Omega} + 3A}{\dfrac{1}{3\Omega} + \dfrac{1}{6\Omega}} = 10V \quad \text{(用节点电压法)}$$

即

$$E = 10V$$

$$R_{ab} = \frac{R_1 R_2}{R_1 + R_2} + R_3 = 2\Omega + 2\Omega = 4\Omega$$

$$R_0 = R_{ab} = 4\Omega$$

再将有源二端网络除源后($U_S=0$,$I_S=0$),变成无源二端网络,如图1-48c所示。

第三步,将R_L接到等效电路(也称戴维南等效电路)上,求出I。因为图1-48a和b对R_L是等效电路,故求出的I与接在原图上是一样的。

$$I = \frac{E}{R_0 + R_L} = \frac{10V}{4\Omega + 2\Omega} = 1.67A$$

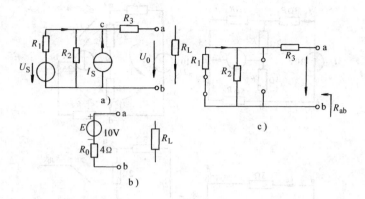

图 1-48　例 19 图

可以看出,得到的结果与例 18 用叠加原理求出的结果相同。

（2）求 R_L 多大可从电路中获得最大功率。

当 R_L 取不同数值时,它所获的功率大小也不相同。

图 1-48 中,可得到 R_L 上的功率 P_L

$$P_L = I^2 R_L = \left(\frac{U_0}{R_0 + R_L}\right)^2 R_L \tag{1-58}$$

由式（1-58）可见,$R_L = 0$ 或 $R_L = \infty$ 时,P_L 均等于 0,可见,在 $R_L = 0$ 到 $R_L = \infty$ 之间,必有一 R_L 值,使 P_L 最大。此最大值一定是使 $\dfrac{\mathrm{d}P_L}{\mathrm{d}R_L} = 0$ 时 R_L 的取值。也可用代数方法求得

$$P_L = \left(\frac{U_0}{R_0 + R_L}\right)^2 R_L = \frac{U_0{}^2}{R_0{}^2 + 2R_0 R_L + R_L{}^2 + 2R_0 R_L - 2R_0 R_L} R_L$$
$$= \frac{U_0{}^2}{(R_0 - R_L)^2 + 4R_0 R_L} R_L \tag{1-59}$$

由式（1-59）可得出　当 $R_L = R_0$ 时,P_L 最大。

本例中,当 $R_L = R_0 = 4\Omega$ 时,可获得最大功率。

$$P_{L_{max}} = \left(\frac{10\mathrm{V}}{4\Omega + 4\Omega}\right)^2 \times 4\Omega = 6.25\mathrm{W}$$

当 $R_L = 2\Omega$ 时

$$P_L = \left(\frac{5\mathrm{V}}{3\Omega}\right)^2 \times 2\Omega \approx 5.556\mathrm{W}$$

如果 R_L 作为电路中的负载,就可得到如下结论:

当负载电阻和线性有源二端网络的等效电阻相等时。负载获得最大功率。在电路中,若满足 $R_L = R_0$,称作最大功率匹配或称阻抗匹配。在匹配条件下,负载获得的最大功率为

$$P_{L_{max}} = \frac{U_0{}^2}{4R_0} = \frac{U_0{}^2}{4R_L} \tag{1-60}$$

例 20　用戴维南定理求图 1-49 中各支路电流。

解　应用戴维南定理求解

（1）首先,选 R_4 为待求支路,将其从电路中断开,得到以 a,b 为端钮的有源二端网络,如图 1-49b 所示。

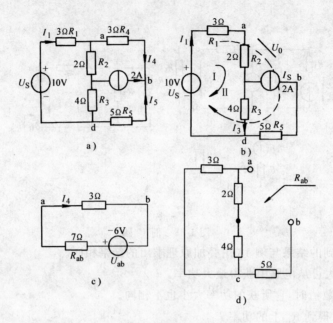

图 1-49　例 20 图

(2) 求图 1-49b 的戴维南等效电路如图 1-49c 所示的除 R_4 支路部分。

由图 1-49b 求 a、b 端开路电压，应用 KVL，列出回路 I 的方程

$$I'R_1 + I'R_2 + I'R_3 = U_S$$

$$I_3 = I_1 - I_S$$

$$I_1'(R_1 + R_2 + R_3) - I_S R_3 = U_S$$

$$I_1'(3 + 2 + 4)\Omega - 2A \times 4\Omega = 10V, \quad I_1' = 2A$$

再沿回路 Ⅱ，列 KVL 方程：

$$I_1'R_1 + U_0 + I_S R_5 = U_S$$

$$U_0 = U_S - I_1 R_1 - I_S R_5 = 10V - 2A \times 3\Omega - 2A \times 5\Omega = -6V$$

即等效电路的电动势

$$E = U_0 = -6V$$

将图 1-49b 除源（$U_S = 0$：短路，$I_S = 0$：开路）得到图 1-49d，

$$R_{ab} = \frac{(R_3 + R_2)R_1}{R_1 + R_2 + R_3} + R_5 = 7\Omega$$

(3) 将 R_4 接到有源二端网络的等效电路上，如图 1-49c 所示，在图中很容易得到 I_4

$$I_4 = \frac{E}{R_0 + R_4} = \frac{-6V}{7\Omega + 3\Omega} = -0.6A$$

(4) 再回到原电路，应用 KCL 求出各支路电流

节点 c　$I_4 + I_S + I_5 = 0$　得：$I_5 = -I_4 - I_S = -(-0.6)A - 2A = -1.4A$

由　　　　$U_{ad} = R_4 I_4 - R_5 I_5 = 3\Omega \times (-0.6)A - 5\Omega \times (-1.4)A = 5.2V$

$$I_1 = \frac{U_S - U_{ad}}{R_1} = \frac{10V - 5.2V}{3\Omega} = 1.6A$$

由节点 d　　　　　　　　　　$I_3 - I_1 - I_5 = 0$

得 $\qquad I_3 = I_1 + I_5 = 1.6A + (-1.4)A = 0.2A$

节点 a $\qquad I_2 = I_1 - I_4 = 1.6A - (-0.6)A = 2.2A$

从此题求解结果可见,待求支路是任意的,进一步计算本例各条支路的电流,用已求出的电流值(本例中的 I_4),回归到原电路,应用 KCL、KVL 和欧姆定律,便能迅速方便地求得。待求支路不仅可以是电阻、电压源支路,也可以是任意网络即线性的或非线性的,都可以应用戴维南定理求解。

与戴维南定理将有源二端网络化为电压源相对应,诺顿定理则是将有源二端网络化成电源另一种形式——电流源的等效电源定理。

诺顿定理内容:任何一个线性有源二端网络可以用一个恒流源 I_S 和电阻 R_S 并联的电路来等效代替。等效电流源中的恒流源 I_S 的大小,等于有源二端网络 N 的短路电流(将负载 R_L 去掉后,将 a,b 端短路)如图 1-50b 所示;等效电流源的内阻 R_S,等于有源二端网络除源后(网络内恒压源短路,恒流源开路)所得无源二端网络 N_0 的等效电阻。如图 1-50d 所示。

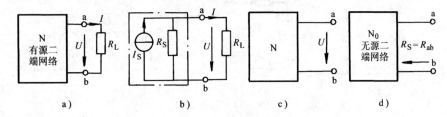

图 1-50 诺顿定理

很显然,应用电压源与电流源之间的等效互换,可以从戴维南定理推出诺顿定理。

复习思考题

1. 在电路中为什么要对电流、电压设参考方向,怎样由参考方向判定电流、电压的实际方向?求图 1-51a、b、c 中电压 u 和图 1-51d、e、f 中电流 I。

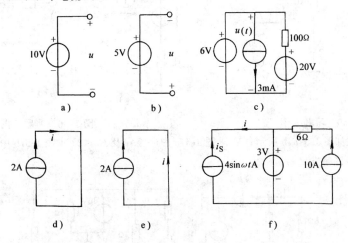

图 1-51 习题 1 图

2. 求图 1-52 所示各电路中的 u、I 或 R。

3. 在一个额定值为 200Ω、1W 的电阻两端加上 20V 电压,电阻能否正常工作?要将同样电压加在两个这样的电阻分别串联和并联的电路上又会怎样呢?

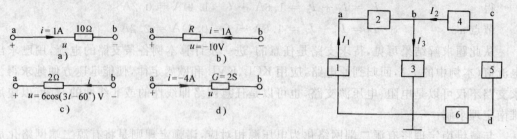

图 1-52 习题 2 图   图 1-53 习题 4 图

4. 图 1-53 所示电路中,各矩形框图泛指二端元件或二端电路。已知:$I_1=3A$,$I_2=-2A$,$I_3=1A$,各点电位:$U_a=8V$,$U_b=6V$,$U_c=-3V$,$U_d=-9V$,求各元件所吸收的功率,指出哪些元件是电源?

5. 求图 1-54 所示各电路 AB 端的等效电路,并将其有等效条件的电路进行等效变换。已知:$U_S=18V$,$I_S=2A$,$R=3\Omega$。

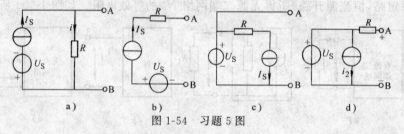

图 1-54 习题 5 图

6. 图 1-55 是电位表示的电路图。(1)将电路中电源完整地画出来。(2)求当开关 S 断开和闭合两种情况下,A 点的电位。

7. 电路如图 1-56a、b 所示。(1)求图 1-56a 中 A 点的电位。(2)求图 1-56b 电路中 C 点的电位。已知:$I=2A$,$I_S=1A$,$E=2V$,$R_1=R_2=R_3=2\Omega$,$U_A=10V$。

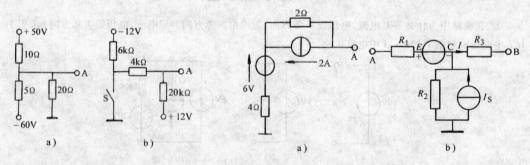

图 1-55 习题 6 图   图 1-56 习题 7 图

8. 电路及参数如图 1-57a、b 所示;(1)求图 1-57a 中电流 i_1 及 u_{ab};(2)求图 1-57b 中电流 i 及 4A 恒流源的功率(指明是吸收还是发出的)。

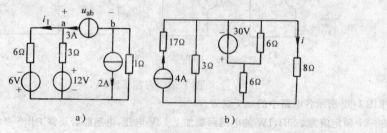

图 1-57 习题 8 图

9. 用电源变换求图 1-58a、b 中的电流 I 及各电流源的功率。

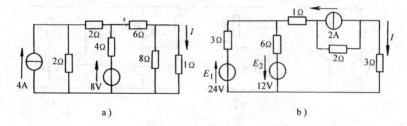

图 1-58　习题 9 图

10. 分别用电源变换、支路电流法、节点法、叠加原理和戴维南定理求图 1-59 电路中 R_3 支路电流 I，参数如图 1-59 所示。

11. 用节点法求图 1-60 中 U 及 A 点电位。已知：$I_S=2A$，$R_1=4\Omega$，$R_2=3\Omega$，$R_3=2\Omega$，$R_4=6\Omega$。

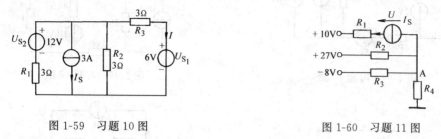

图 1-59　习题 10 图　　　　　　　　　　图 1-60　习题 11 图

12. 求图 1-61a、b 中的电流 I。

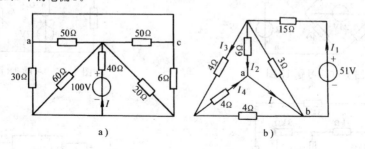

图 1-61　习题 12 图

13. 图 1-62 所示直流电路，已知电压表读数为 30V，求：(1) 电流表的读数为多少？并标明电流表的极性；(2) 电源 U_S 所产生的功率为多大？（忽略电流表、电压表内阻影响）

14. 应用戴维南和诺顿定理将图 1-63 所示电路对 a、b 端化为最简形式的等效电压源和电流源形式。

15. 电路如图 1-64，求电流 I 及 3V 电压源消耗的功率。

16. 电路如图 1-65，已知 $U=3V$，求 R。

17. 电路如图 1-66，若图中负载电阻 R_L 可以改变，求：$R_L=1\Omega$ 时，其中的电流 I；若 R_L 变为 6Ω 时，再求其中的电流 I。

18. 电路如图 1-67 所示，图中负载电阻 R_L 可任意改变，问 R_L 等于多大时，其上获得最大功率，并求出该最大功率 $P_{L_{max}}$。

19. 电路如图 1-68 所示，求电流 I_1、I_2 及 I。

20. 图 1-69 所示为无源线性网络，当 $U_S=3V$，$I_S=2A$ 时，$U_0=10V$；当 $U_S=5V$，$I_S=6A$ 时，$U_0=14V$；当

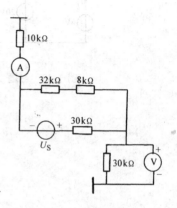

图 1-62　习题 13 图

$U_S=10\text{V}, I_S=3\text{A}$ 时，$U_0=?$

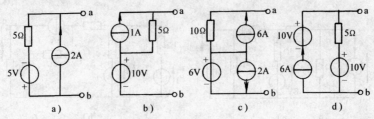

图 1-63 习题 14 图

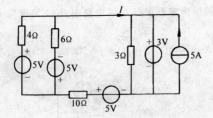

图 1-64 习题 15 图

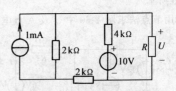

图 1-65 习题 16 图

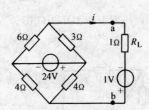

图 1-66 习题 17 图

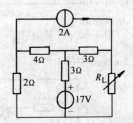

图 1-67 习题 18 图

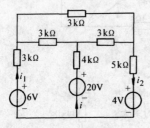

图 1-68 习题 19 图

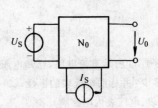

图 1-69 习题 20 图

第2章 正弦交流电路

第一章是直流电路，直流电路的激励（电源）是直流电，电路中的电压、电流（即响应）也是恒定的。本章讨论的是正弦交流电路，即电路的激励是正弦交流电。正弦交流电是交流电中一种以正弦规律变化的电量。与直流电相比，它具有更广泛的应用范围。

正弦交流电简称交流电，其主要优点是

（1）与使用直流电的直流电动机相比，使用交流电的交流电动机具有结构简单、运行可靠、便于维护、价格低廉和寿命长等优点。

（2）交流电能可以利用变压器方便地传输、变换和分配。

（3）采用整流设备可以方便地将交流电变换成直流电，以满足各种直流设备的需要。

（4）正弦交流电是最简单的周期函数，计算测量容易，同时又是分析非正弦周期电路的基础。

本章主要是讨论在正弦信号激励下，电路的响应。通过引入相量法对电路各元件的伏安特性、功率及能量转换关系进行分析、计算。本章的内容和分析方法是电工技术的重要部分，是分析变压器、交流电动机及电子线路的重要基础。

2.1 正弦交流电压与电流

2.1.1 正弦交流电的概念

正弦交流电是大小、方向随时间按正弦规律变化的交流电，简称交流电。交流电的变化规律及符号如图 2-1 所示

由于交流电的极性（实际方向）是变化的，所以图 2-1a 中的箭头的方向是参考方向，在正半周，电压 u 的实际方向与参考方向相同，负半周 u 的实际方向与参考方向相反。图 2-1b 所示波形图对应的数学表达式如下式所示

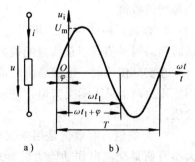

$$u = U_m \sin (\omega t + \varphi) \tag{2-1}$$

式（2-1）是时间函数，任一时间所对应正弦量 u 的数值称为该正弦交流电压的瞬时值。正弦量的数学表达式和波形图是正弦量的两种最基本的表示形式。

图 2-1 正弦交流电源及其波形图

a）电源符号 b）波形图

2.1.2 正弦量的三要素

电路分析中通用的正弦量是电流、电压和电动势，它们的一般表达式为

$$\left.\begin{array}{l} i = I_m \sin (\omega t + \varphi_i) \\ u = U_m \sin (\omega t + \varphi_u) \\ e = E_m \sin (\omega t + \varphi_e) \end{array}\right\} \tag{2-2}$$

式（2-2）中 I_m、U_m、E_m——正弦量的最大值（或幅值）；

ω——角频率；

φ_i、φ_u、φ_e——初相位。

在正弦量中，这三个量能确定下来，正弦量就唯一确定下来，所以，称这三个量为正弦量的三要素。

2.1.2.1 频率与周期

1. 周期 交流电变化一周所需的时间称为交流电的周期。用 T 表示，单位为 S（秒），如图 2-1b 中 T 所表示的即为正弦量的一个周期。

2. 频率 每秒钟内，交流电变化的周期数称为交流电的频率。用 f 表示，单位为 Hz（赫兹）。显然频率与周期互为倒数

即
$$f = \frac{1}{T} \tag{2-3}$$

我国交流电网中的交流电频率为 50Hz，常称为工频电。

3. 角频率 每秒钟内,交流电变化的弧度数称为交流电的角频率。用 ω 表示,单位为 rad/s（每秒弧度）。

$$\omega = \frac{2\pi}{T} = 2\pi f \tag{2-4}$$

式（2-4）表明交流电的角频率、周期和频率三者之间的关系。引入 ω 后，就把随时间按正弦规律变化的函数转变为随角度按正弦规律变化的函数。所以又常把 ωt 称为电角度。T、f、ω 都是表示正弦量变化快慢的量。

2.1.2.2 幅值与有效值

1. 瞬时值 正弦量在任一时刻的大小称为正弦量的瞬时值,用小写字母表示,如电流、电压、电动势的瞬时值分别写作 i、u、e。

由式（2-2）可以看出，如果正弦量的三要素确定，那么，每给出一个时间 t，就对应有一个确切的数值。

2. 幅值 由式（2-2）可得，当 $(\omega t + \varphi_u) = \pi/2$ 时，$u = U_m$，$i = I_m$，$e = E_m$，可以看出，该时刻的瞬时值等于正弦量的最大值，或称为幅值。最大值用下标带 m 的大写字母表示。

在实际使用时，很难确切测量和得到某一瞬间的值，而交流电的平均值又都为 0，所以，不能用这两个量表示交流电作功能力的大小。为此，在电工技术中，引入一个特定量——有效值。

3. 有效值 有效值是用来表征交流电的大小及衡量交流电作功能力的物理量。有效值是从电流的热效应来规定的。不论是交流电还是直流电，只要它们的热效应相等，就把它们的数值看作是相等的。基于上面的分析，对交流电流有效值作如下的定义：当直流电流 I 通过电阻 R 时，设电阻在 T 时间内消耗的热量，与交流电流 i 在相同条件下产生的热

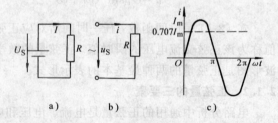

图 2-2 交流电的有效值

a) 直流电路 b) 交流电路 c) 有效值表示

量相等，则定义直流电流 I 为交流电流 i 的有效值，图 2-2 为电路表达形式。

电阻 R 在直流电和交流电流通过 T 时间内产生的热量

图 2-2a $\qquad\qquad Q_1 = 0.24I^2RT$

图 2-2b $\qquad\qquad Q_i = \int_0^T 0.24i^2R\mathrm{d}t$

若 $Q_1 = Q_i$ 则

$$0.24I^2RT = \int_0^T 0.24i^2R\mathrm{d}t$$

得到

$$I = \sqrt{\frac{1}{T}\int_0^T i^2\mathrm{d}t} \tag{2-5}$$

式（2-5）即为交流电流有效值与交流电 i 的对应关系，即交流电流有效值 I 等于 i 平方后，在一个周期内积分的平均值再取平方根，简称方均根值。

式（2-5）的关系式，不仅适于电流，也适用于电压、电动势，如电压有效值为

$$U = \sqrt{\frac{1}{T}\int_0^T u^2\mathrm{d}t} \tag{2-6}$$

式（2-5）、式（2-6）适用于周期性变化的量，不能用于非周期量。

当周期电流为正弦函数时，该交流电流的有效值为

$$I = \sqrt{\frac{1}{T}\int_0^T (I_\mathrm{m}\sin\omega t)^2\mathrm{d}t} = \sqrt{\frac{I_\mathrm{m}^2}{T}\int_0^T \frac{1-\cos2\omega t}{2}\mathrm{d}t} = I_\mathrm{m}/\sqrt{2} = 0.707I_\mathrm{m}$$

$$I = I_\mathrm{m}/\sqrt{2} \tag{2-7}$$

同理，可得到正弦电压和正弦电动势的有效值为

$$U = \frac{U_\mathrm{m}}{\sqrt{2}}$$

$$E = \frac{E_\mathrm{m}}{\sqrt{2}} \tag{2-8}$$

式（2-7）和式（2-8）表明，正弦交流电的有效值是其幅值的 $1/\sqrt{2}$ 倍。在交流电的测量、计算中，经常采用的是有效值。例如通常所说的交流电的大小，指的就是有效值。如家庭或工业用电的电压为 220V、380V 等均指电压有效值，各种电气设备上标出的额定电压、电流等，以及大多数测量仪表的读数等也都是按有效值标定的。有效值用大写字母表示，这一点与直流电相同。

2.1.2.3 表示正弦交流电变化进程的物理量

1. 相位 式（2-1）正弦电压 u 表达式中，$(\omega t+\varphi)$ 称为交流电的相位（或相位角），单位为 rad 或（°）。它反映了交流电变化的进程。

2. 初相位 $t=0$ 时交流电的相位，用 φ 表示。它是波形图中坐标原点（即 $\omega t=0$）与波形的零值点（正弦波零度起始点）之间的角度，如图 2-3 所示。

$$i_1 = I_\mathrm{m}\sin(\omega t+0°)$$

$$i_2 = I_\mathrm{m}\sin(\omega t+\varphi_1) \tag{2-9}$$

$$i_3 = I_\mathrm{m}\sin(\omega t+\varphi_2)$$

i_1 的初相位 $\varphi=0$，i_2 的初相位 $\varphi=\varphi_1>0$，i_3 的初相位 $\varphi=\varphi_2<0$

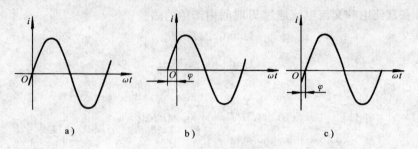

图 2-3 不同 φ 时的正弦波

a) $\varphi=0$ b) $\varphi>0$ c) $\varphi<0$

（3）相位差 两个同频率的交流电的相位之差称为交流电的相位差。如式（2-9）中 i_2 与 i_1 的相位差

$$\varphi=(\omega t+\varphi_1)-(\omega t+0°)=\varphi_1-0°=\varphi_1$$

同频正弦量的相位差等于它的初相之差。相位差是不随时间变化的。不同频率的正弦量不能比较相位。

相位差反映出同频正弦量在变化进程上的差别或相位关系

（1）$\varphi=0$ 说明两正弦量 i_1、i_2 变化步调一致，称为同相位。

（2）$\varphi=\pi$ 表明两正弦量 i_1、i_2 相位相反，称为反相位。

（3）$\varphi>0$ i_1 总是比 i_2 先经过零值和正的最大值，称为 i_1 超前 i_2 或说 i_2 滞后于 i_1，如图 2-4 所示。

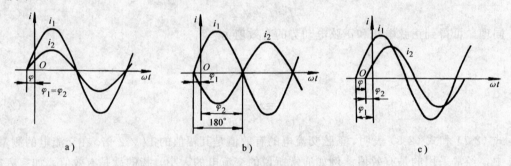

图 2-4 正弦量的相位差

a) 同相 b) 反相 c) $\varphi_1-\varphi_2>0$

例 1 若正弦量电压 $u=U_m\sin(\omega t+\varphi)$ V，已知 $U=220$V，$f=50$Hz，当 $t=0$ 时，$u=110\sqrt{2}$V。（1）求 U_m、ω、φ，画出波形图；（2）$t=15$ms 时，u 的值。

解 （1）$U_m=\sqrt{2}U=220\sqrt{2}$V，$\omega=2\pi f=100\pi=314$rad/s

$$u=220\sqrt{2}\sin(100\pi t+\varphi)\text{ V，由 } t=0 \text{ 时，} u=110\sqrt{2}\text{V}$$

由 $$110\sqrt{2}=220\sqrt{2}\sin\varphi$$

得到 $$\varphi=30°$$

波形图见图 2-1 所示，其中 $$\varphi=30°，U_m=220\sqrt{2}\text{V}$$

（2）当 $t=15$ms 时，

$$u=220\sqrt{2}\sin(100\pi\times0.015+30°)\text{ V}=220\sqrt{2}\sin(1.5\pi+\pi/6)\text{ V}$$

$$=220 \sqrt{2} \sin 300° \text{V} = -190.52 \sqrt{2} \text{V} = -269.44\text{V}$$

2.1.3 正弦交流电的相量表示法

正弦交流电用三角函数和波形图表示可以很确切显示一个正弦量的特点。但如果直接用上述两种形式进行正弦量的计算（加、减、乘、积分等）则很不方便。为此，选择一种与三角函数相对应的形式（即相量形式）来表示、计算正弦量。正弦量的相量表示法，实际上就是用复数表示正弦量。这样，可以把繁琐的三角函数运算简化成复数形式的代数运算。

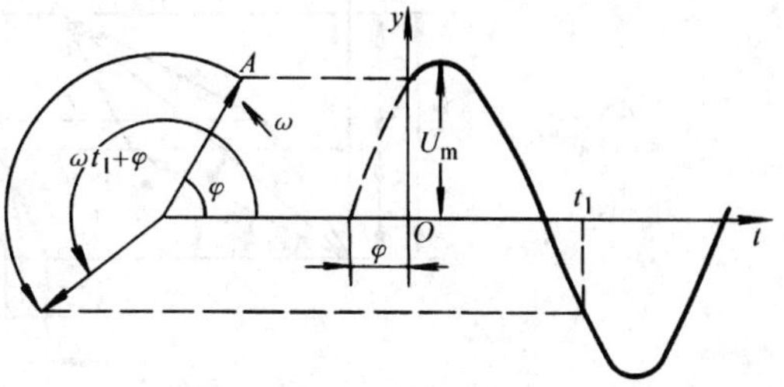

1. 正弦量与相量的对应关系　在图 2-5 所示的直角坐标中，如果横轴用 ±1 为单位，

图 2-5　复平面的旋转矢量与正弦量的对应关系

称为实轴。纵轴用 ±j 为单位，称为虚轴，$j=\sqrt{-1}$，称为虚数单位（此处的 j 即数学中的 i，为避免与电工学中的 i 混淆而采用的）。将这样一个平面称为复平面。

若在复平面上，选一个以角速度 ω 逆时针方向旋转的矢量 A，称为旋转矢量，如图 2-5 所示。如果设旋转矢量与一正弦量 $u = U_m \sin(\omega t + \varphi)$ 中 ω 相同，旋转矢量长度 $|A|=U_m$，矢量在 $t=0$ 时与实轴夹角 φ（初相角）等于正弦量的初相位。则旋转矢量在任一瞬间在虚轴上的投影为：$|A|\sin(\omega t+\varphi)$ 与正弦量的值处处相等。所以用这个旋转矢量就可以代替与它有三个相同要素（ω、U_m、φ）的正弦量。

2. 相量及相量图法　由三角函数特点可知，同频正弦量加减运算的结果仍为一同频正弦量。所不同的只是幅值和初相位。而同频率的正弦交流电都用旋转矢量表示时，它们的旋转速度相等，任何瞬间，它们的相对位置不变。为简化运算，可以将它们固定在初始位置。也就是说可以用固定矢量来代替旋转矢量。同时考虑到正弦交流电大小通常是用有效值表示的，因而，矢量长度也可以用有效值来表示。用有效值表示矢量时，各矢量间相对位置不变，只是长度变为幅值的 $1/\sqrt{2}$。

由以上分析可以看出，正弦交流电可以用一个复平面中起始位置固定的矢量来表示，将这种固定矢量称为正弦量的相量。其中矢量长度为最大值的称为最大值相量，长度为有效值的称为有效值相量。由于相量是用来表示正弦量的，故采取专用的表示方法：在代表交流电符号的顶部加一圆点。例如：最大值相量：电压 $\dot{U}_m$、电流 $\dot{I}_m$、电动势 $\dot{E}_m$；有效值相量：电压 $\dot{U}$、电流 $\dot{I}$、电动势 $\dot{E}$。任何两个同频的正弦量可以画在同一复平面上，两个对应旋转矢量在任一瞬间在虚轴上的投影的和（差）就是这两个正弦量在同一瞬间的和（差），而固定矢量（即相量）是旋转矢量在 $t=0$ 瞬间的位置。因此，可用矢量作图法来代替正弦量的求和（差）的运算。即在复平面上，以两个固定矢量为邻边作平行四边形，从原点画出的对角线即为矢量之和，该对角线在虚轴上的投影即为两正弦量在 $t=0$ 时的和（差）值，对角线与实轴的夹角即为两正弦量求和（差）的初相，如图 2-6 所示。

这种方法称为相量图法。注意只有同频正弦量才可以画在同一复平面上；作图时，矢量长度可用有效值，可不画坐标。此种方法在交流电路分析中占很重要的地位。

3. 相量复数计算法（符号法）　既然复平面中任一矢量都可以用复数表示，因而相量也可以用复数表示。如图 2-5 矢量 $\dot{A}$ 若换成 $\dot{U}_m$，则

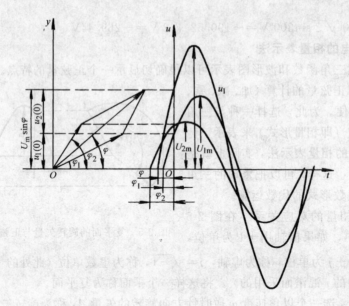

图 2-6　相量图法求 u_1+u_2

$$\dot{U}_m=a+jb \tag{2-10}$$

称为复数代数式。其中 a 称为复数的实部，jb 称为复数的虚部。

而
$$\left.\begin{array}{cc} a=U_m\cos\varphi & b=U_m\sin\varphi \\ U_m=\sqrt{a^2+b^2} & \varphi=\arctan\dfrac{b}{a} \end{array}\right\} \tag{2-11}$$

可得
$$\dot{U}_m=U_m\cos\varphi+jU_m\sin\varphi \tag{2-12}$$

式（2-12）称为复数的三角函数式。

由欧拉公式
$$\left.\begin{array}{c} \cos\varphi=\dfrac{e^{j\varphi}+e^{-j\varphi}}{2} \\ \sin\varphi=\dfrac{e^{j\varphi}-e^{-j\varphi}}{2j} \end{array}\right\} \tag{2-13}$$

又可得到
$$\dot{U}_m=U_m e^{j\varphi} \tag{2-14}$$

此式为复数的指数式。式（2-12）还可以极坐标形式写出，为

$$\dot{U}_m=U_m\angle\varphi \tag{2-15}$$

式（2-15）和固定矢量的对应关系非常简单，矢量长度为 U_m，初始角为 φ。这也是由相量表示正弦量的首选形式。例：$u=100\sqrt{2}\sin(\omega t+30°)$ V，则写成最大值相量为：$\dot{U}_m=100\sqrt{2}\angle30°$ V；有效值相量：$\dot{U}=100\angle30°$ V。这里要着重说明的一点是，相量只是正弦量为简化计算而采用的一种对应表示形式，它们之间只有一一对应的关系，而并不相等。我们通过下面的分析来说明这个问题。以图 2-5 为例，由式（2-14）、式（2-15）可知：$\dot{U}_m=U_m\angle\varphi$ $=U_m e^{j\varphi}$，这是 $t=0$ 时的旋转矢量（固定矢量或相量）将其乘以 $e^{j\omega t}$，则得到对应的旋转矢量

$$U_m e^{j\varphi}\, e^{j\omega t}=U_m e^{j(\omega t+\varphi)}=U_m\angle\omega t+\varphi \tag{2-16}$$

可以看出，乘 $e^{j\omega t}$ 后，值不变，只是矢量位置逆时针转动了 ωt 弧度，故称 $e^{j\omega t}$ 为旋转因子。若 $\omega t=90°$，则 $e^{j90°}=\cos90°+j\sin90°=j$，而 $\omega t=-90°$，则 $e^{-j90°}=-j$，且 $-j=1/j$，因此，又将

j 和 −j 称为逆时针旋转 90°和顺时针旋转 90°的旋转因子。

由复数的几种表示形式得到

$$U_m\angle\omega t+\varphi=U_m\cos (\omega t+\varphi) +jU_m\sin (\omega t+\varphi) \tag{2-17}$$

可以看出，式（2-17）的虚部是对应正弦量的表达式，因此可以写

$$u=I_m [U_m e^{j(\omega t+\varphi)}] \tag{2-18}$$

其中 I_m 表示方框号中的虚部之意，因而不能写 $u=\dot{U}$ 或 $u=\dot{U}_m$。由式（2-17）可以看出 $u\neq\dot{U}$，$u\neq\dot{U}_m$。

再由式（2-18），可得如下式

$$u=u_1+u_2=I_m [U_{1m}e^{j\omega t} e^{j\varphi_1}] +I_m [U_{2m}e^{j\omega t} e^{j\varphi_2}]$$

由于相加的两项均为虚部，可以直接相加，且 ω 相同，

即

$$u=u_1+u_2=I_m [(U_{1m}e^{j\varphi_1} +U_{2m}e^{j\varphi_2})e^{j\omega t}]$$

$$=I_m[(\dot{U}_{1m}+\dot{U}_{2m})e^{j\omega t}] \tag{2-19}$$

而 $u=I_m[\dot{U}_m e^{j\omega t}]$ 与式(2-19)式比较得

$$\dot{U}_m=\dot{U}_{1m}+\dot{U}_{2m}, \qquad \dot{U}=\dot{U}_1+\dot{U}_2 \tag{2-20}$$

由上式得出结论：两同频正弦量求和（差）可通过两相量求和（差）来计算。

一个正弦量若为参考正弦量：$i=I_m\sin\omega t$，则对应的相量为参考相量。

可写作

$$\dot{I}_m=I_m\cos 0°+jI_m\sin 0°=I_m\angle 0°$$

或

$$\dot{I}_m=I\angle 0° \tag{2-21}$$

参考相量在实轴上。

若参考相量 $\dot{I}_m$ 乘以 $e^{j90°}$，则

$$\dot{I}_m e^{j90°} =I_m\cos 90°+jI_m\sin 90°=jI_m=I_m\angle 90°$$

就表示 $\dot{I}_m$ 由实轴逆时针方向旋转了 90°，到了虚轴上。

例 2 已知：正弦量 $u_1=6 \sqrt{2}\sin (\omega t+30°)$ V，$u_2=8 \sqrt{2}\sin (\omega t+120°)$ V（1）写出 $\dot{U}_1$、$\dot{U}_2$。（2）求 $u=u_1+u_2$。（3）画出相量图。

解：（1）$\dot{U}_1=6\angle 30°$V，$\qquad \dot{U}_2=8\angle 120°$V

（2）$\dot{U}=\dot{U}_1+\dot{U}_2 = (6\angle 30°+8\angle 120°)$ V

$$= (6\cos 30°+j6\sin 30°+8\cos 120°+j8\sin 120°) \text{ V}$$

$$= (5.2+j3-4+j6.93) \text{ V}=10\angle 83.1°\text{V}$$

即

$$U=\sqrt{(1.2)^2+ (9.93)^2}=10\text{V}, \quad \varphi=\arctan 9.93/1.2=83.1°$$

$$u=10 \sqrt{2}\sin (\omega t +83.1°) \text{ V}$$

（3）相量图如图 2-7 所示。

例 3 已知正弦量：$i_1=10\sin (\omega t-30°)$ A，$i_2=20\sin (\omega t+60°)$ A，求：（1）$\dot{I}_{1m}$ 及 $\dot{I}_{2m}$。（2）$i=i_1-i_2$。（3）画相量图。

解：（1）$\dot{I}_{1m}=10\angle -30°$A，$\dot{I}_{2m}=20\angle 60°$A

(2) $\dot{I}_m=\dot{I}_{1m}-\dot{I}_{2m}=(10\angle-30°-20\angle60°)$ A

$\qquad=(8.66-j5-10-j17.32)$ A $=(-1.34-j22.32)$ A

$\qquad=22.36\angle-93.44°$A

即 $\qquad I_m=\sqrt{(-1.34)^2+(-22.32)^2}A=22.36$A

$\qquad\varphi=\arctan(-22.32/-1.34)=-93.44°$

（由于φ角的正弦和余弦值均为负，故应在第三象限）

$\qquad i=22.36\sin(\omega t-93.44°)$ A

本例用最大值相量计算。

(3) 画相量图　若作图求相量相减，可以用加反相的相量来实现，如图 2-8 所示。

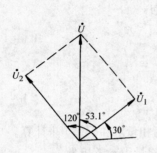

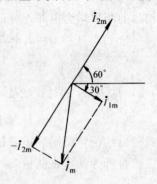

图 2-7　例 2 $\dot{U}_1+\dot{U}_2$ 图示　　　　图 2-8　例 3 $\dot{I}_{1m}-\dot{I}_{2m}$图示

例 4　已知：正弦电压u_1和u_2的有效值分别为$U_1=100$V，$U_2=60$V，u_1超前于$u_2$60°，求：(1) 总电压$u=u_1+u_2$的有效值，并画出相量图。(2) 若已知$f=100$Hz，根据所画相量图写出u、u_1和u_2的瞬时表达式。

解　(1) 本题未给出电压的初相，给出的仅是有效值及u_1、u_2相位差，解题时可任选其中之一为参考相量。今选u_1为参考正弦量，其对应有效值相量：$\dot{U}_1=U_1\angle0°=100$V，则

$$\dot{U}_2=U_2\angle0°-60°=U_2\angle-60°\text{V}$$

总电压有效值相量

图 2-9　例 4 图示

$$\dot{U}=\dot{U}_1+\dot{U}_2=(100+60\angle-60°)\text{ V}$$

$$=(100+30-j51.96)\text{ V}=(130-j51.96)\text{ V}=140\angle-21.79°\text{V}$$

得有效值 $\qquad\qquad\qquad U=140$V

相量图：将$\dot{U}_1$画在正实轴的位置（这种情况坐标可省去），见图 2-9 所示。

(2) $\qquad\qquad\qquad f=100$Hz，$\omega=2\pi f=628$rad/s

$$u_1=100\sqrt{2}\sin(628t+0°)\text{ V}$$

$$u_2=60\sqrt{2}\sin(628t-60°)\text{ V}$$

$$u=140\sqrt{2}\sin(628t-21.79°)\text{ V}$$

了解正弦交流电及其相量表示法后，就可以讨论正弦交流电路了。首先从简单交流电路

开始，简单交流电路是只含有一种参数，也就是只含有一种理想无源元件的电路。

2.2 电阻元件的交流电路

只考虑电阻作用的电路称为纯电阻电路，实际的白炽灯、电阻炉都可以看作是纯电阻元件，仅含有这类元件的电路就可以看作是纯电阻电路。

2.2.1 电阻元件

电阻是表征电路中消耗电能的理想元件。当电路的某一部分只存在电能的消耗而没有电场能量和磁场能量储存的话，这一部分便可用理想电阻元件来代替。

电阻除表示元件名称外，经常用来表明该元件的参数，即阻值。

$$R=\rho \frac{l}{S} \tag{2-22}$$

电阻元件的阻值与材料和尺寸有关，ρ——电阻率，l——长度，S——截面积。理想电阻元件端电压 u 与流过其中的电流成正比，可用欧姆定律来描述，如图 2-10 所示，在选择关联参考方向的前提下，$R=u/i$。阻值不随电压（电流）改变，称为线性电阻。

电阻的电功率
$$P=UI=RI^2=\frac{U^2}{R}$$

在 t 时间内消耗的电能
$$W=Pt$$

2.2.2 电阻元件的交流电路

2.2.2.1 元件的伏安关系

若选择电流为参考正弦量，则
$$i=I_{\mathrm{m}}\sin\omega t \tag{2-23}$$

在选择如图 2-10 所示参考方向一致的情况下
$$u=R\ i=RI_{\mathrm{m}}\sin\omega t \tag{2-24}$$

即
$$U_{\mathrm{m}}=RI_{\mathrm{m}} \tag{2-25}$$

若用相量表示
$$\dot{U}=\dot{I}R,\ \dot{U}_{\mathrm{m}}=\dot{I}_{\mathrm{m}}R \tag{2-26}$$

由以上分析可知，电阻两端电压与流过其中电流的关系

(1) 电压和电流同频率。

(2) 电压和电流同相位。

(3) 电压、电流有效值与最大值均符合 OL。

(4) 式（2-26）称为相量形式的欧姆定律。

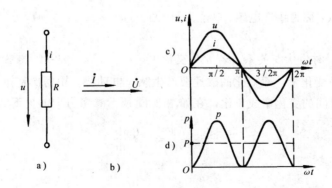

图 2-10 电阻元件正弦响应

44

2.2.2.2 纯电阻电路的功率

1. **瞬时功率** 交流电路某一瞬时的功率，称为瞬时功率，用 p 表示。纯电阻电路的瞬时功率，在关联参考方向下

$$p_R = ui = U_m I_m \sin^2\omega t = UI\ (1-\cos2\omega t) \tag{2-27}$$

波形如图 2-10d 所示，任何瞬间，$p_R \geqslant 0$，表明电阻元件在任何瞬间都消耗电能。

2. **有功功率** 瞬时功率在一个周期内的平均值，故又称为平均功率，用大写字母 P 表示

$$P_R = \frac{1}{T}\int_0^T p_R dt = \frac{1}{T}\int_0^T UI(1-\cos2\omega t)dt = UI = RI^2 = \frac{U^2}{R} \tag{2-28}$$

式（2-28）表明，交流电路中电阻上消耗的平均功率计算公式的形式与直流电路相同，所不同的是在交流电路中，符号 U、I 表示的是交流电压、电流的有效值。

例5 一交流电阻电路中，负载为一电阻炉和一只白炽灯泡并联，电阻炉丝的电阻为 24.2Ω，白炽灯泡的额定电压 220V，功率 100W；按一天使用 8h 计算其耗电多少？

解 电阻炉功率 $\qquad P_1 = \dfrac{U^2}{R} = 220V \times 220V/24.2Ω = 2kW$

白炽灯 $\qquad\qquad\qquad\qquad P_2 = 100W$

总功率 $\qquad\qquad\qquad P = P_1 + P_2 = 2.1kW$

消耗电能 $\qquad\qquad W = pt = 2.1kW \times 8h = 16.8kW \cdot h$

本题中全部负载 8h 共用电 16.8kW·h。

2.3 电感元件的交流电路

2.3.1 电感元件

理想元件中除电阻元件外，还有电感和电容元件。电感元件通常用来作为实际线圈的模型，如图 2-11 所示。

1. **电感定义** 一个线圈通电后要产生电流，电流要产生磁通 Φ，由电磁感应定律可知：I 与 Φ 的方向由右手螺旋定则确定，如图 2-11a 所示。如果线圈为 N 匝，则总磁通（磁链）$\Psi = N\Phi$，线圈产生的 Ψ 与电流成正比，比值用 L 表示，称为电感

$$L = \frac{\Psi}{I} \tag{2-29}$$

如果 L 为常数，称为线性电感，单位为 H（亨），1H=1000mH。

2. **电感元件瞬时值伏安关系** 若 u 为交流电，i

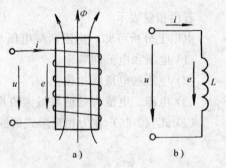

图 2-11 电感元件及符号

亦为交流，Ψ 也是变化量，而变化的磁通要产生感应电动势。由楞次定律可知：产生的感应电动势与磁通对时间的变化率成正比，在如图 2-11 所示参考方向前提下

$$e = -\frac{d\Psi}{dt} = -L\frac{di}{dt}$$

又 $$u = -e = L\frac{di}{dt} \tag{2-30}$$

可以看出，当 $di/dt = 0$ 时 $u = 0$，在直流电路中 $di/dt = 0$，所以，在直流电路中，电感元

件可看作短路线。

3. 电感元件储存的磁场能 电感的瞬时功率 $p=ui=Li\dfrac{\mathrm{d}i}{\mathrm{d}t}$，$p>0$，电感吸收功率，$p<0$ 电感发出功率，这是一个电能转换成磁场能，又由磁场能转换成电能的过程。如果从 $t=0$ 到 $t=\xi$ 这段时间内，电流从零增大到某一数值 I，则从外部输入的电能为

$$W_L = \int_0^\xi p\mathrm{d}t = \int_0^\xi ui\mathrm{d}t = \int_0^I Li\mathrm{d}i = \frac{1}{2}LI^2$$

此时电感中存储的磁场能量

$$W_L = \frac{1}{2}LI^2 \tag{2-31}$$

当 L 的单位用 H，I 的单位用 A，则 W 的单位为 J（焦耳）。

2.3.2 电感元件的交流电路

若电感元件及两端电压如图 2-12a 所示。

2.3.2.1 电感元件的伏安关系

设 $$i = I_m\sin\omega t \tag{2-32}$$

由式 (2-30)

$$u = L\frac{\mathrm{d}i}{\mathrm{d}t} = L\frac{\mathrm{d}(I_m\sin\omega t)}{\mathrm{d}t} = \omega LI_m\cos\omega t = \omega LI_m\sin(\omega t + 90°) \tag{2-33}$$

由式 (2-33) 得

$$U_m = \omega LI_m, \quad \frac{U_m}{I_m} = \frac{U}{I} = \omega L = X_L \tag{2-34}$$

将 $X_L = \omega L$ 称为交流电路中电感元件的感抗。感抗是表征电感元件在交流电路中对电流阻碍作用的物理量。$\omega = 2\pi f$，$f=0$，$X_L=0$（直流），f 增加，X_L 将增加。若电流为 $\dot{I}$，

则 $$\dot{U} = \omega L\dot{I}\angle 90° = j\omega L\dot{I}, \quad \dot{U}_m = \omega L\dot{I}_m\angle 90° = j\omega L\dot{I}_m \tag{2-35}$$

由以上分析可得到电感元件端电压与电流的关系

(1) 电压与电流频率相同。

(2) 电压在相位上超前电流 $\pi/2$ rad（弧度）。

(3) 电感电压和电流的最大值（或有效值）之间的关系：$U_m = \omega LI_m$，$U = X_LI$。

(4) 电感电压和电流相量间关系

$$\dot{U}_m = X_L\dot{I}_m e^{j\frac{\pi}{2}} = jX_L\dot{I}_m, \quad \dot{U} = X_L\dot{I}e^{j\frac{\pi}{2}} = jX_L\dot{I}$$

2.3.2.2 纯电感电路的功率

1. 瞬时功率 由式 (2-32) 与式 (2-33) 可得

$$\begin{aligned} p = ui &= U_m\sin(\omega t + 90°)I_m\sin\omega t = U_m\cos\omega tI_m\sin\omega t \\ &= UI\sin2\omega t = X_LI^2\sin2\omega t \end{aligned} \tag{2-36}$$

由式 (2-36) 可以看出，纯电感电路的瞬时功率仍以正弦规律变化，但其角频率是电感电压或电流角频率的两倍。电感的瞬时功率有"正"有"负"。图 2-12d 所示在第一个和第 3 个 1/4 周期内，$p>0$，表明电感元件从电源吸收功率，并将其转换成磁场能储存起来；在第 2 个、第 4 个 1/4 周期，$p<0$，表明此时电感将磁场能又转换成电能送回到电源去。可见，纯电感元件不消耗电能，只是与电源间不断地进行能量交换。

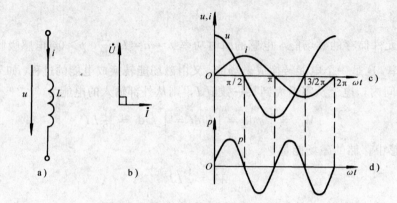

图 2-12 理想电感元件的正弦响应

a)电感模型　b)相量图　c)瞬时值　d)功率

2. 有功功率（平均功率）P_L

$$P_L = \frac{1}{T}\int_0^T p\mathrm{d}t = \frac{1}{T}\int_0^T UI\sin2\omega t\mathrm{d}t = 0$$

3. 无功功率（Q）

由于电感元件与电源间有能量交换，为衡量能量交换的规模，定义了无功功率：表示电感元件与电源能量交换的最大值，即

$$Q = UI = X_L I^2 \tag{2-37}$$

为与有功功率区别，无功功率符号用 Q 表示，单位为 var（乏）或 kvar（千乏）。

例 6　在图 2-12a 所示电路中，设 L 为一纯电感，且 $L = 70\mathrm{mH}$，若电感两端电压为 $u = 220\sqrt{2}\sin(314t+30°)$ V，求电感中电流 i 及无功功率 Q，并画出相量图。

解　(1) $\dot{U} = 220\angle30°$V，　　　$X_L = \omega L = 314\mathrm{rad/s}\times0.07\mathrm{mH}\approx22\Omega$

由 $\dot{U} = \mathrm{j}\omega L\,\dot{I}$ 可得

$$\dot{I} = \frac{\dot{U}}{\mathrm{j}\omega L}$$

$$\dot{I} = \frac{(220\angle30°)}{\mathrm{j}22} = 10\angle-60°\mathrm{A}$$

$$i = 10\sqrt{2}\sin(314t-60°)\ \mathrm{A}$$

(2) $Q = X_L I^2 = UI = 220\mathrm{V}\times10\mathrm{A} = 2200\mathrm{var} = 2.2\mathrm{kvar}$

(3) 相量图见图 2-13 所示。

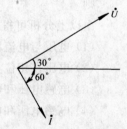

图 2-13　例 6 相量图

2.4　电容元件的交流电路

2.4.1　电容元件

1. 电容定义　电容是用来表征电路中电场能量储存这一物理性质的理想元件。一个电容器如图 2-14 所示。当它两端加有电压后，它的两个极板就分别会聚集起等量异号的电荷。电压 u 越高，聚集的电荷 q 越多，产生的电场越强，储存的能量也越多。q 与 u 的比值称为电容。

$$C = \frac{q}{u} \tag{2-38}$$

若 q 的单位用 C（库仑），u 的单位用 V（伏特），则 C 的单位为 F（法拉）。F（法拉）与 μF 及 pF 的关系为：$1F = 10^6 \mu F = 10^{12} pF$。

2. 电容元件瞬时值伏安特性　当电容器两端电压 u 随时间变化时，电容两端电荷 q 也将随之变化，电路中便出现了电荷的移动，即产生了电流。根据电流的定义 $i = dq/dt$，将式（2-38）代入，得

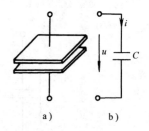

图 2-14　电容元件及其模型
a) 电容元件　b) 模型

$$i = C \frac{du}{dt} \qquad (2-39)$$

3. 电容元件储存的电场能　任一时间电容两端电压与其中电流的乘积称为瞬时功率 p。

$$p = ui = Cu \frac{du}{dt}$$

当 u 增大时，$u\, du/dt > 0$，$p > 0$，说明此时电容从外部吸收电功率；当 u 减少时，$u\, du/dt < 0$，$p < 0$，说明此时电容向外部输出电功率。这是一个由电能转成电场能，又由电场能转成电能的过程。若 $t = 0$ 到 $t = \xi$ 这段时间里，电压从零增大到某一数值 U，则从外部输入的电能为

$$W_C = \int_0^\xi p dt = \int_0^\xi u \cdot i dt = \int_0^U C \cdot u du = \frac{1}{2} CU^2$$

所以，此时电容中储存的电场能量是

$$W_C = \frac{1}{2} CU^2 \qquad (2-40)$$

在稳态直流电路中，由于电容端电压 U 是恒量，所以 $du/dt = 0$，即 $i = 0$，电容相当于开路，即有隔直作用。

2.4.2　电容元件的交流电路

2.4.2.1　电容元件的伏安关系

电容元件及端电压、电流的参考方向如图 2-15 a 所示，若选电压 u 为参考正弦量，即 $u = U_m \sin\omega t$；则

$$\begin{aligned} i &= C \frac{du}{dt} = C \frac{d\ (U_m \sin\omega t)}{dt} \\ &= \omega C U_m \cos\omega t = I_m \sin\ (\omega t + 90°) \end{aligned} \qquad (2-41)$$

可见，当电容两端电压为正弦量时，其电流也是同频的正弦量。比较上面两式可得最大值（有效值）之间的关系

$$I_m = \omega C U_m$$

则
$$\frac{U_m}{I_m} = \frac{U}{I} = 1/\omega C = X_C \qquad (2-42)$$

将 $X_C = 1/\omega C$ 称为交流电路中电容元件的容抗。容抗是表征电容元件在交流电路中对电流阻碍作用的物理量。$\omega = 2\pi f$，$X_C = 1/2\pi f C$　当 $f = 0$，$X_C = \infty$（直流），随 f 的增加，X_C 将减少。

相量关系　若 $\dot{U} = U\angle 0°$，

则
$$\dot{I} = I\ \angle -90°$$

$$\dot{U}_m = \frac{\dot{I}_m \angle -90°}{\omega C} = -j \frac{\dot{I}_m}{\omega C}$$

$$\dot{U} = \frac{\dot{I} \angle -90°}{\omega C} = -\mathrm{j}\,\frac{\dot{I}}{\omega C} \tag{2-43}$$

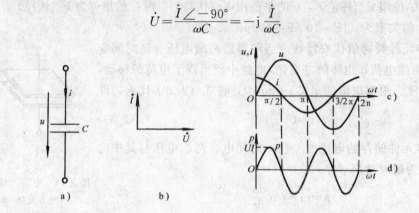

图 2-15　理想电容元件的正弦响应

a) 电容电路　b) 相量图　c) 瞬时值　d) 瞬时功率

由以上分析，可以得到电容元件的伏安关系

(1) 电容元件的端电压与电流同频率。

(2) 电容元件中电流相位超前电压　$\pi/2$ rad。

(3) 电容元件端电压与其中电流的最大值（或有效值）之间的关系：$U_{\mathrm{m}} = X_{\mathrm{C}} I_{\mathrm{m}}$，$U = X_{\mathrm{C}} I$。

(4) 电容电压与电流的相量间的关系：

$$\dot{U}_{\mathrm{m}} = -\mathrm{j}\,\frac{\dot{I}_{\mathrm{m}}}{\omega C} \qquad \dot{U} = -\mathrm{j}\,\frac{\dot{I}}{\omega C}$$

2.4.2.2　纯电容电路的功率

1. 瞬时功率　$p = ui = U_{\mathrm{m}}\sin\omega t\, I_{\mathrm{m}}\sin(\omega t + 90°) = U_{\mathrm{m}}\sin\omega t\, I_{\mathrm{m}}\cos\omega t$

$$= UI\sin 2\omega t \tag{2-44}$$

由式 (2-44) 可以看出：

(1) 纯电容电路的瞬时功率仍为正弦量，但频率为 u、i 频率的 2 倍。

(2) 瞬时功率 $p > 0$，表明电容元件此时从电源吸收电功率，并将其转换为电场能储存起来；$p < 0$ 表明电容元件将电场能又转换成电能送回到电源去。可见，纯电容元件不消耗电能，只是与电源间不断地进行能量交换。

2. 有功功率（平均功率）P_{C}

$$P_{\mathrm{C}} = \frac{1}{T}\int_0^T p\,\mathrm{d}t = \frac{1}{T}\int_0^T UI\sin 2\omega t\,\mathrm{d}t = 0$$

3. 无功功率 (Q)　由于电容元件与电源间有能量交换，为衡量能量交换的规模，定义了无功功率，用 Q 代表无功功率，它表示电容元件与电源能量交换的最大值。即

$$Q = U_{\mathrm{C}} I_{\mathrm{C}} = X_{\mathrm{C}} I_{\mathrm{C}}^2 \tag{2-45}$$

电容元件无功功率单位的规定同电感元件。

例 7　有 $C = 31.8\mu\mathrm{F}$ 的电容接到 220V、50Hz 的交流电源上，电路的电流和无功功率是多少？若将它改接到 1000Hz、220V 的交流电源上，电流和无功功率又是多少？

解　电容容抗　$X_{\mathrm{C}} = \dfrac{1}{2\pi f C} = \dfrac{1}{2\times 3.14\times 50\mathrm{Hz}\times 31.8\times 10^{-6}\mathrm{F}} \approx 100\Omega$

$$I = \frac{U}{X_{\mathrm{C}}} = \frac{220\mathrm{V}}{100\Omega} = 2.2\mathrm{A}$$

$$Q=UI=220\text{V}\times2.2\text{A}=484\text{var}$$

当 $f=1000\text{Hz}$ 时　$X_C=\dfrac{1}{2\pi fC}=5\Omega$

$$I=\frac{U}{X_C}=\frac{220\text{V}}{5\Omega}=44\text{A}$$

$$Q=UI=220\text{V}\times44\text{A}=9680\text{var}=9.68\text{kvar}$$

2.5 RL 串联的交流电路

在实际电路中，很多情况下，是将具有单一参数（即纯电阻、纯电感、纯电容）的元件组合起来，例如：RL、RC、RLC 串联、并联或混联，这种多参数正弦交流电路的分析依然遵从基尔霍夫定律及欧姆定律：

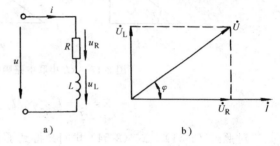

$$\Sigma i=0,\ \Sigma u=0 \qquad (2\text{-}46)$$

用相量表示电路中的电压和电流也有

$$\Sigma \dot I=0,\ \Sigma \dot U=0 \qquad (2\text{-}47)$$

下面讨论 RL 串联电路，此种电路可看作是电感性负载的模型，如图 2-16 所示。

图 2-16　RL 串联电路

a）电路模型　b）相量图

2.5.1 伏安特性

1. 瞬时值关系　由 KVL $\Sigma u=0$ 可得

$$u=u_R+u_L$$

设 $i=I_m\sin\omega t$，则

$$u=I_mR\sin\omega t+I_mX_L\sin\ (\omega t+90°)\ =U_m\sin\ (\omega t+\varphi)$$

由前面分析可知，u 与 i 仍为同频正弦量，待求的为 U_m（或 U）及相位差 φ。

2. 相量关系　因为串联电路电流相同，所以在分析元件串联电路时，通常选电流作为参考相量，由前面三种元件讨论中可知，电阻元件电压与电流同相位；电感元件上电压超前电流 90°，得到图 2-16b 所示相量图。由复数形式的 OL 及 KVL 定律，可得到

$$\dot U_R=R\dot I,\qquad \dot U_L=\text{j}\omega L\dot I \qquad (2\text{-}48)$$

由 $\dot U=\dot U_R+\dot U_L=R\dot I+\text{j}\omega L\dot I$，得

$$U=\sqrt{U_R^2+U_L^2} \qquad (2\text{-}49)$$

可见，总电压、电阻元件电压、电感元件上电压为一直角三角形关系，如图 2-17b 所示。可以看出，感性负载上电压超前电流，$\dot U$ 与 $\dot I$ 的相位差为 $0°<\varphi<90°$。

3. RL 电路的复阻抗　由 $\dot U=\dot U_R+\dot U_L=R\dot I+\text{j}\omega L\dot I=\dot I\ (R+\text{j}\omega L)$ 得

$$\frac{\dot U}{\dot I}=R+\text{j}\omega L=Z,\qquad \dot U=Z\dot I \qquad (2\text{-}50)$$

称为复数形式的欧姆定律。

其中　　　　　　　　$Z=R+\text{j}\omega L=|z|\angle\varphi \qquad (2\text{-}51)$

式中　Z——复阻抗；

$|z|$——阻抗模；

φ——阻抗角。

$$|z|=\sqrt{R^2+(\omega L)^2}, \quad \varphi=\arctan\omega L/R \tag{2-52}$$

上面两式表明，复阻抗 Z 由实部 R 和虚部 X_L 组成，三者之间成为一直角三角形关系：实部$R=|z|\cos\varphi$，虚部 $X_L=|z|\sin\varphi$ (2-53)

如图 2-17a 所示。

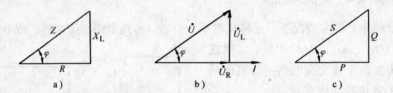

图 2-17 RL 串联电路阻抗、电压、功率三角形

$$Z=\frac{\dot{U}}{\dot{I}}=U\angle\varphi_u/I\angle\varphi_i=|z|\angle\varphi_u-\varphi_i \tag{2-54}$$

对照式（2-51）、式（2-54）我们又得到了 RL 串联电路中电压与电流有效值之间及相位之间的关系分别为

$$\frac{U}{I}=|z| \tag{2-55}$$

$$\varphi_u-\varphi_i=\varphi \tag{2-56}$$

即电压与电流有效值之比等于阻抗，电压对电流的相位差等于阻抗角。可见，RL 串联电路的阻抗三角形与电压三角形为相似三角形。

2.5.2 RL 串联电路的功率

2.5.2.1 瞬时功率 p

如设电路电流为参考正弦量，则

$$p=ui=U_m\sin(\omega t+\varphi)I_m\sin\omega t=UI\cos\varphi-UI\cos(2\omega t+\varphi) \tag{2-57}$$

由式（2-57）可以看出，由于电压和电流的瞬时值是随时间变化的，所以，它们的乘积，即瞬时功率也是随时间变化的。当电路中含有电阻元件和储能元件时，一般来说，瞬时功率既包括该瞬间电阻元件所消耗的功率，还包括储能元件与电源之间交换的功率。

2.5.2.2 有功功率（平均功率）P

在 RL 串联电路中，电阻元件是消耗功率的，电感元件不消耗功率，所以，整个电路的有功功率，实际上就是电阻元件上的功率。

$$P=P_R=U_RI_R$$

由电压三角形可得

$$U_R=U\cos\varphi$$

$$I_R=I$$

$$P=UI\cos\varphi \tag{2-58}$$

当然，有功功率就是平均功率，也可以用对瞬时功率取一周期内平均值的方法来求。

即

$$P=\frac{1}{T}\int_0^T p\mathrm{d}t=UI\cos\varphi$$

与式（2-58）相同。其中 $\cos\varphi$ 称为功率因数。

2.5.2.3　无功功率 Q

在这一电路中的无功功率就是电感元件的无功功率，由式（2-37）

$$Q=U_L I_L$$
$$U_L=U\sin\varphi, \quad I_L=I$$
$$Q=UI\sin\varphi \tag{2-59}$$

2.5.2.4　视在功率

电压与电流的乘积称为视在功率，用 S 表示，单位为 VA（伏安）或 kVA（千伏安）。

即
$$S=UI \tag{2-60}$$

视在功率是端口电压与电流的乘积，往往用它来表示电源（或电网）的容量。

将式（2-60）代入式（2-58）得：$P=S\cos\varphi$ 如用 λ 表示功率因数，则

$$\lambda=\frac{P}{S} \tag{2-61}$$

λ 越大，说明功率因数越高，视在功率中所含有功功率的比例越大。将式（2-58）和式（2-59）两式分别平方求和得

$$P^2+Q^2=（S\cos\varphi）^2+（S\sin\varphi）^2=S^2$$

即
$$S=\sqrt{P^2+Q^2} \tag{2-62}$$

可见 S、P、Q 三者之间的关系可用一个直角三角形表示，称其为功率三角形。如图 2-17c 所示。

功率三角形与前面的阻抗三角形、电压三角形互为相似三角形。其中阻抗三角形和功率三角形三个边不带箭头，且适用于整个交流电路，而电压三角形三边可带箭头，仅适用于元件串联的交流电路。

例 8　图 2-18 所示电路可看作是日光灯等效电路。若电压 u 的有效值为 220V，灯管电阻 300Ω、镇流器电感 $L=1.65$H、电阻忽略不计，电源频率 $f=50$Hz。（1）求这个电路的功率因数及功率。（2）灯管上的电压 U_R 和镇流器上的电压 U_L。（3）若在原电路两端并联一 $C=3\mu$F 的电容器后的总电流及 $\cos\varphi$。

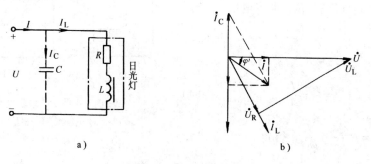

图 2-18　例 8 题图

解　（1）电路的阻抗

$$R=300\Omega$$
$$X_L=2\pi f L=2\times3.14\times50\text{Hz}\times1.65\text{H}=518\Omega$$
$$Z=R+jX_L=（300+j518）\Omega=598\angle60°\Omega$$

阻抗模	$|Z|=598\Omega$
阻抗角	$\varphi=60°$
功率因数	$\cos\varphi=0.5$

电流 $\qquad I=\dfrac{U}{|Z|}=\dfrac{220\text{V}}{598\Omega}=0.37\text{A}$

功率 $\qquad P=UI\cos\varphi=220\text{V}\times0.37\text{A}\times0.5=40.7\text{W}$

（2）由电压三角形 $\quad U_R=220\times\cos\varphi=220\text{V}\times0.5=110\text{V}$

$$U_L=220\times\sin\varphi=220\text{V}\times0.866=190.5\text{V}$$

由结果可见 $\qquad U_R+U_L\neq U$

相量图如图 2-18b 所示。

（3） $\qquad X_C=\dfrac{1}{\omega C}=\dfrac{1}{2\times3.14\times50\times3\times10^{-6}}\Omega\approx1048\Omega$

$$\dot{I}_C=\frac{220\angle0°}{-\text{j}1048}\text{A}=0.2\angle90°\text{A}=\text{j}0.2\text{A}\quad \dot{I}=\dot{I}_L=0.37\angle-60°\text{A}$$

$$\dot{I}=\dot{I}_C+\dot{I}_L=(\text{j}0.2+0.37\angle-60°)\text{A}=0.22\angle-32.97°\text{A}$$

$$\cos\varphi=\cos(-32.97°)=0.84$$

$$P'=220\text{V}\times0.22\text{A}\times\cos(-32.97°)\approx40.6\text{W}；与（1）比较可见$$

并电容后，$\dot{I}\downarrow$，$\cos\varphi\uparrow$，而 P 不变。

2.6　RC 串联交流电路

RC 串联交流电路如图 2-19 所示。由于同为一电阻串联一储能元件。所以其分析方法以及电路伏安关系、功率与 RL 电路有很多相似的地方。下面，我们与 RL 电路对比进行分析。

2.6.1　伏安特性

1. 瞬时值　设 $i=I_m\sin\omega t$，　　　　则得到

$$u=U_m\sin（\omega t+\varphi）\qquad(2-63)$$

2. 相量关系　若选电流为参考相量，则得到电阻上电压 $\dot{U}_R$ 与 $\dot{I}$ 同相位，电容电压 $\dot{U}_C$ 滞后 $\dot{I}$ 90°，即

$$\dot{U}_R=R\,\dot{I}$$

$$\dot{U}_C=-\text{j}\frac{\dot{I}}{\omega C}\qquad(2-64)$$

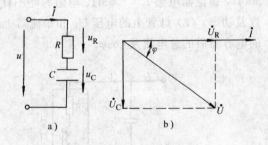

图 2-19　RC 串联电路
a）电路图　b）相量图

由 $\dot{U}=\dot{U}_R+\dot{U}_C=R\,\dot{I}-\text{j}\dfrac{\dot{I}}{\omega C}$，得到

$$U=\sqrt{U_R^2+U_C^2}\qquad(2-65)$$

与 RL 串联电路相同，$\dot{U}$、$\dot{U}_R$ 及 $\dot{U}_C$ 间关系也可用一直角三角形描述，如图 2-19b。不同的是，在 RC 电路中，$\varphi<0$，即容性负载中，电压滞后电流，其相位差为 $-90°<\varphi<0°$ 之间。

3. RC 串联电路复阻抗

由式（2-47） $\Sigma \dot{U}=0$，可得

$$\dot{U}=\dot{U}_R+\dot{U}_C=R\dot{I}-j\frac{\dot{I}}{\omega C}=\dot{I}\left(R-j\frac{1}{\omega C}\right)$$

得

$$\frac{\dot{U}}{\dot{I}}=R-j\frac{1}{\omega C}=Z$$

$$\dot{U}=Z\dot{I} \tag{2-66}$$

式（2-66）称为复数形式的欧姆定律。

电路阻抗模 $|z|=\sqrt{R^2+\left(\dfrac{1}{\omega C}\right)^2}$，电路阻抗角

$$\varphi=\arctan\frac{\dfrac{-1}{\omega C}}{R}=\arctan(-1/\omega RC) \tag{2-67}$$

由式（2-67）可以看出，$|Z|$、R 及 $1/\omega C=X_C$ 与 RL 串联电路一样，同为一阻抗（直角）三角形，不同的是，阻抗角为负值。阻抗三角形如图 2-20a。同样有 $R=|Z|\cos\varphi$，$X_C=|Z|\sin\varphi$。

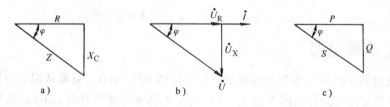

图 2-20　RC 电路的阻抗、电压、功率三角形

2.6.2　RC 串联电路的功率

1. 瞬时功率

$$p=ui=I_m\sin\omega t\, U_m\sin(\omega t-\varphi)$$
$$=UI\cos\varphi+UI\cos(2\omega t-\varphi) \tag{2-68}$$

式（2-68）形式与式（2-57）相似，只是随时间变化部分前面符号不同。表明，若同一电流通过 LC，在同一瞬间，其无功功率符号相反。

2. 有功功率（平均功率）P　与 RL 电路类似，电路中也只有电阻上的功率为有功功率。故

$$P=P_R=U_R I_R=U\cos\varphi I=UI\cos\varphi$$

3. 无功功率 Q

$$Q=U_C I_C=U\sin\varphi I=UI\sin\varphi$$

式中 φ 取的是 $(\varphi_u-\varphi_i)$ 的实际值。可见其 P 与 Q 的计算公式与 RL 电路相同。

4. 视在功率 S（与 RL 电路定义相同）　在 RC 串联电路中，S、P、Q 同样也构成一直角三角形。如图 2-20c 所示。同样，阻抗三角形、电压三角形与功率三角形相互间为相似三角形。其它有关问题与 RL 电路相同

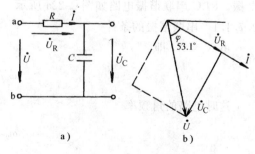

图 2-21　例 9 题图

例 9　在图 2-21 的 RC 串联电路中，已知：$R=30\Omega$，$C=25\mu F$，$i=10\sin(1000t-30°)$ A。

求：(1) $\dot{U}_R$、$\dot{U}_C$、$\dot{U}$ 及 u_R、u_C、u。(2) 画出相量图。(3) 求电路的复阻抗。(4) RC 元件上的功率及电路的 S。

解 (1)

$$\dot{I} = 10\angle-30°/\sqrt{2}\,A = 7.07\angle-30°A$$

$$X_C = \frac{1}{\omega C} = \frac{1}{1000\times25\times10^{-6}}\Omega = 40\Omega$$

$$\dot{U}_R = R\,\dot{I} = 30\Omega\times7.07\angle-30°A = 212\angle-30°V$$

$$\dot{U}_C = -jX_C\,\dot{I} = (-j40\times7.07\angle-30°)\ V = 282.8\angle-120°V$$

$$\dot{U} = \dot{U}_R + \dot{U}_C = (150\sqrt{2}\angle-30° + 200\sqrt{2}\angle-120°)\ V = 250\sqrt{2}\angle-83.13°V$$

$$u_R = 300\sin(1000t-30°)\ V, \qquad u_C = 400\sin(1000t-120°)\ V$$

$$u = 500\sin(1000t-83.13°)\ V$$

(2) 相量图见图 2-21b 所示

(3) $Z = R - jX_C = (30-j40)\ \Omega = 50\angle-53.1°\Omega$

(4) $P = P_R = U_R I_R = 150\sqrt{2}\,V\times5\sqrt{2}\,A = 1500W$

$$Q_C = U_C I_C = 200\sqrt{2}\,V\times5\sqrt{2}\,A = 2000var$$

$$S = UI = 250\sqrt{2}\,V\times5\sqrt{2}\,A = 2500VA$$

2.7 RLC 交流电路

实际交流电路中经常是多参数组成的，其中包括 RLC 串联、并联或混联电路。对前面两节 RL、RC 串联交流电路分析的基础上，可以用基尔霍夫定律等对具有 RLC 参数的串联或并联交流电路的电压、电流关系及功率问题进行类似的分析。本节我们着重分析 RLC 电路串联谐振和并联谐振。

2.7.1 RLC 串联谐振电路

RLC 串联电路随电路参数不同，电压 u 与电流 i 的相位差 φ 也不同。如果 $X_L > X_C$，即 $\varphi > 0$，即表示在相位上，电压超前电流 φ 角，此时的 R、L、C 串联电路可等效为 RL 串联电路，其电压、电流及功率与 2.5 节的分析完全相同，称之为感性电路。

如果 $X_L < X_C$，即 $\varphi < 0$，则 RLC 串联电路，可等效为 2.6 节的 RC 电路，称为容性电路。

如果 $X_L = X_C$，即 $\varphi = 0$，则电压电流同相，称为电阻性电路，电路中的这种现象称为串联谐振。RLC 串联谐振电路如图 2-22a 所示。

2.7.1.1 串联谐振的条件

由 $X_L = X_C$ 即

$$\omega_0 L = \frac{1}{\omega_0 C}$$

这时电路的角频率

$$\omega_0 = \frac{1}{\sqrt{LC}} \tag{2-69}$$

ω_0 称为谐振角频率。若写成频率形式

$$f_0 = \frac{1}{2\pi\sqrt{LC}} \tag{2-70}$$

由上式可见，若使电路达到谐振状态，可改变电路参数 LC 的值，也可改变电流的频率，最终使它们之间的关系满足式（2-69）或式（2-70）即可。

将 $1/\sqrt{LC}$ 称为电路的固有角频率，ω_0 为外加电源（信号源）的角频率。所以，满足电路谐振的条件是：电路的固有频率等于外加电源（或信号源）的频率。

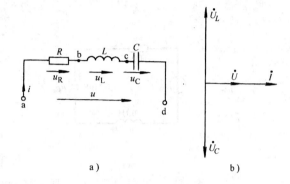

图 2-22 　RLC 串联谐振电路

a) RLC 串联谐振电路　b) RLC 串联谐振时相量图

2.7.1.2 　电路发生串联谐振有以下特征

（1）电路的阻抗最小，呈纯电阻性。即：

$Z_0=\sqrt{R^2+(X_L-X_C)^2}=R$，称 Z_0 为谐振阻抗。

（2）谐振时电路电流最大。$I_0=U/|Z|=U/R$，称 I_0 为谐振电流。

（3）谐振时，$\dot{U}_L$ 与 $\dot{U}_C$ 相互抵消，$\dot{U}_R=\dot{U}$。

其电压、电流相量图如图 2-22 b 所示。

当 $X_L=X_C\gg R$ 时，$U_L=U_C\gg U_R=U$，即 L、C 上电压比总电压大很多倍，故又常称串联谐振为电压谐振。

并将 $U_L/U=U_C/U=\omega_0 L/R=1/\omega_0 CR$ 定义为品质因数，用 Q 表示，即

$$Q=\omega_0\frac{L}{R}=\frac{1}{\omega_0 RC} \tag{2-71}$$

品质因数 Q 表示谐振时电感电压 U_L 或电容电压 U_C 超过总电压的倍数。串联谐振由于 U_L 和 U_C 会特别高，故在电力工程中要尽力避免，但在无线电工程上却得到广泛的应用，利用较高的 U_L 和 U_C 实现对接收信号的选择。

（4）电路具有选择性　当电源电压一定时，谐振电路的电流有效值为

$$I=\frac{U}{|Z|}=\frac{U}{\sqrt{R^2+\left(\omega L-\dfrac{1}{\omega C}\right)^2}}$$

将分子分母同除以 R

$$I=\frac{U/R}{\sqrt{1+\left(\dfrac{\omega_0 L}{R}\dfrac{\omega}{\omega_0}-\dfrac{1}{\omega_0 RC}\dfrac{\omega_0}{\omega}\right)^2}}=\frac{I_0}{\sqrt{1+Q^2\left(\dfrac{\omega}{\omega_0}-\dfrac{\omega_0}{\omega}\right)^2}} \tag{2-72}$$

由此式可见，电流 I 是频率的函数，表示这一关系的曲线称为谐振曲线。Q 值越大，谐振曲线越尖锐；Q 值越小，谐振曲线就越平坦，如图 2-23 所示。

（5）谐振电路的无功功率为零。由于在串联电路中，$\dot{U}_L$ 与 $\dot{U}_C$ 反相位，若 $U_L=U_C$，则 $\dot{U}_L+\dot{U}_C=0$，表明电感和电容的无功功率恰好互相补偿，电源则只提供电路所需的有功功率。

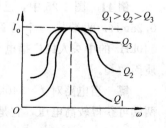

图 2-23　谐振曲线

例 10　RLC 串联电路如图 2-24 所示。已知：$u_S=120\sin 1000t$ V。试求：（1）复阻抗 Z、i、u_R、u_L 和 u_C。（2）有功功率 P、无功功率 Q 及视在

功率 S。（3）画出电路中各电压、电流的相量图。

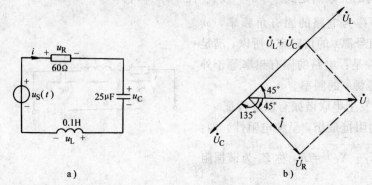

图 2-24 例 10 题图

解（1）

$$X_C=\frac{1}{\omega C}=\frac{1}{1000\times 25\times 10^{-6}}\Omega=40\Omega$$

$$X_L=\omega L=1000\times 0.1=100\Omega$$

复阻抗

$$Z=R+j\ (X_L-X_C)=\ (60+j\ 60)\ \Omega=60\ \sqrt{2}\angle 45°\Omega$$

$$\dot{I}=\frac{\dot{U}}{Z}=\ (60\ \sqrt{2}\angle 0°/60\ \sqrt{2}\angle 45°)\ A=1\angle -45°A$$

$$\dot{U}_R=R\ \dot{I}=60\times 1\angle -45°V=60\angle -45°V$$

$$\dot{U}_C=-jX_C\ \dot{I}=-j40\times 1\angle -45°V=40\angle -135°V$$

$$\dot{U}_L=jX_L\ \dot{I}=j100\times 1\angle -45°V=100\angle 45°V$$

$$u_R=60\ \sqrt{2}\ \sin\ (1000t-45°)\ V$$

$$u_L=100\ \sqrt{2}\ \sin\ (1000t+45°)\ V$$

$$u_C=40\ \sqrt{2}\ \sin\ (1000t-135°)\ V$$

（2）

$$P=UI\cos\varphi=60\ \sqrt{2}\ V\times 1A\times \cos 45°=60W$$

$$Q=UI\sin\varphi=60\ \sqrt{2}\ V\times 1A\times \sin 45°=60var$$

$$S=\sqrt{P^2+Q^2}=60\ \sqrt{2}\ VA$$

（3）相量图见图 2-24b。

例 11 图 2-25 中，已知线圈的电阻为 $R=20\Omega$，电感为 0.25mH，两端接一个可调电容 C，为使电路接收到 $f=$ 540kHz 的中央人民广播电台的信号，求电路中的电容 C 和品 质因数 Q。

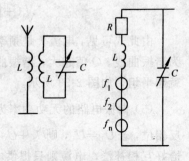

解 当电路对 $f=540$kHz 信号电压产生谐振时，在电容 两端可获得较高电压，它是通过调节电容来实现的。

由串联谐振条件

$$f_0=\frac{1}{2\pi\ \sqrt{LC}}$$

图 2-25 例 11 题图

得

$$C = \frac{1}{(2\pi f_0)^2 \cdot L}$$

$$= \frac{1}{(2\pi \times 540 \times 10^3)^2 \times 0.25 \times 10^{-3}}\text{F} = 346 \times 10^{-12}\text{F} = 346\text{pF}$$

品质因数为
$$Q = \frac{\omega_0 L}{R} = 42.5$$

2.7.2 *RLC* 并联谐振电路

若考虑线圈电阻，则线圈和电容器并联后的电路模型如图 2-26 所示。

2.7.2.1 并联谐振及谐振条件

在图 2-26 中，当端电压 $\dot{U}$ 与电流 $\dot{I}$ 同相位时，则电路处于并联谐振状态。

由图 2-26a 可得

$$\dot{I} = \dot{I}_1 + \dot{I}_2 = \frac{\dot{U}}{R + j\omega L} + j\omega C \dot{U}$$

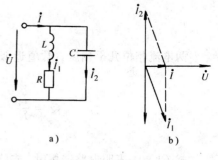

图 2-26 并联谐振电路及谐振时相量图
a) 电路图 b) 相量图

$$\frac{\dot{U}}{\dot{I}} = \frac{R}{R^2 + (\omega L)^2} - j\left(\frac{\omega L}{R^2 + (\omega L)^2} - \omega C\right) \tag{2-73}$$

若 $\dot{U}$ 与 $\dot{I}$ 同相位，则表明式（2-73）虚部为零

即
$$\frac{\omega L}{R^2 + (\omega L)^2} - \omega C = 0$$

得
$$\omega_0 = \frac{1}{\sqrt{LC}}\sqrt{1 - \frac{C}{L}R^2} \tag{2-74}$$

ω_0 即为并联谐振电路的谐振角频率。若线圈电阻 R 可以略去不计，

则
$$\omega_0 = \frac{1}{\sqrt{LC}}, \quad f_0 = \frac{1}{2\pi\sqrt{LC}} \tag{2-75}$$

式（2-75）与串联谐振角频率的表达式完全一样。

2.7.2.2 并联谐振电路的特征

（1）谐振阻抗最大。$\dot{I}/\dot{U} = Y$ 称为电路的复导纳，由于谐振时虚部为零，故谐振导纳最小，因而谐振阻抗最大，设谐振时的总电流为 $\dot{I}_0$，则谐振阻抗

$$Z_0 = \frac{\dot{U}}{\dot{I}_0} = \frac{R^2 + (\omega_0 L)^2}{R} \tag{2-76}$$

将 $\omega_0 = \frac{1}{\sqrt{LC}}\sqrt{1 - \frac{C}{L}R^2}$ 代入式（2-76），得出

$$Z_0 = \frac{L}{RC} \tag{2-77}$$

可见，并联谐振电路具有纯电阻性质，其量值大小由式（2-77）决定。

（2）并联谐振时，电路总电流最小，并联谐振电流

$$I_0 = \frac{R}{R^2 + (\omega_0 L)^2} U = \frac{U}{|Z_0|} \tag{2-78}$$

（3）并联谐振电路中，只要 $\omega_0 L \gg R$，由图 2-28 可得，当电路谐振时，支路电流 I_1 和 I_C 分别为

$$I_1 = \frac{U}{\omega_0 L}$$

$$I_C = \frac{U}{\dfrac{1}{\omega_0 C}} = \omega_0 C U \tag{2-79}$$

两电流相位几乎相反，数值近似相等。并联谐振电路的品质因数

$$Q = \frac{I_1}{I_0} = \frac{I_C}{I_0} = \frac{\dfrac{U}{\omega_0 L}}{\dfrac{URC}{L}} = \frac{1}{\omega_0} RC = \omega_0 \frac{L}{R} \tag{2-80}$$

式（2-80）表明电路谐振时，支路电流是总电流的 $\omega_0 L/R$（或 $1/\omega_0 RC$）倍。若 Q 值很大，则此时两支路电流就远大于总电流。因此，并联谐振又称电流谐振。并联谐振也常用来作为选频电路。是利用电路谐振阻抗高的特点，在 L 和 C 并联电路两端获得较高的谐振电压，其信号电压的频率

$$f_0 = \frac{1}{2\pi \sqrt{LC}} \tag{2-81}$$

（4）并联谐振电路总的无功功率为零。因为此时电路中的无功功率只在电感 L 和电容 C 间进行交换，供电电源只向电路提供有功功率。

例 12 RLC 并联电路如图 2-27a 所示。已知：$u_S = 150 \sqrt{2} \sin 100t \, \text{V}$。（1）求电流 i 及有功功率 P。（2）求当 $L = 0.5\text{H}$ 时，电路总电流，并说明此时电路的工作状态及特点。（3）画出 $L = 0.3\text{H}$ 和 $L = 0.5\text{H}$ 两种情况下，电压、电流的相量图。

解（1）

$$X_C = \frac{1}{\omega C} = \frac{1}{100 \times 200 \times 10^{-6}} \Omega = 50\Omega$$

$$X_L = \omega L = 100 \text{rad/s} \times 0.3\text{H} = 30\Omega$$

$$\dot{I}_R = 150 \angle 0° / 50 \, \text{A} = 3 \angle 0° \, \text{A}$$

$$\dot{I}_C = \frac{\dot{U}_S}{(-jX_C)} = \frac{150 \angle 0°}{(-j50)} \, \text{A} = j3\text{A}$$

$$\dot{I}_L = \frac{\dot{U}_S}{jX_L} = \frac{150 \angle 0°}{j30} \, \text{A} = -j5\text{A}$$

$$\dot{I} = \dot{I}_R + \dot{I}_C + \dot{I}_L = (3 + j3 - j5) \, \text{A} = (3 - j2) \, \text{A} = 3.6 \angle -33.69° \text{A}$$

$$i=3.6 \sqrt{2} \sin (100t-33.69°) \text{ A}$$

$$P=150×3.6\cos33.69°=450\text{W}$$

（2）当 $L=0.5$H 时，$X'_L=50\Omega$，$\dot{I}'_L=-j3\text{A}$，$\dot{I}'=\dot{I}_R+\dot{I}_C+\dot{I}'_L=3\text{A}$

此时，电压、电流同相位，电路处于谐振状态。

谐振频率由 $\dot{I}_C+\dot{I}_L=0$，$U\omega C-U/\omega L=0$，$\omega_0=1/\sqrt{LC}$，与串联谐振的结果相同。

（3）当 $L=0.3$H 和 $L=0.5$H 时的相量图见图 2-27 的 b 和 c。

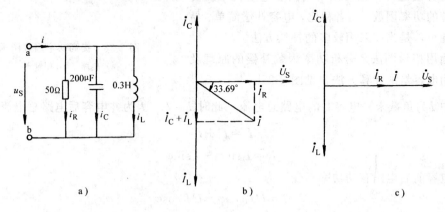

图 2-27　例 12 题图

a）电路图　b）$\varphi<0$ 时相量图　c）$\varphi=0$ 谐振状态

例 13　有一线圈与电容并联电路。已知：$C=360$pF，谐振频率 $f_0=650$kHz，品质因数 $Q=100$，求 L 值。

解　由式（2-81）$Q=1/\omega_0RC$ 得

$$R=\frac{1}{\omega_0 CQ}=\frac{1}{2\pi×650×10^3×360×10^{-12}×100}\Omega=6.8\Omega$$

由 $Q=\dfrac{\omega_0 L}{R}$ 得

$$L=\frac{QR}{\omega_0}=\frac{100×6.8\Omega}{2\pi×650\text{Hz}×1000}=0.167\text{mH}$$

2.8　功率因数的提高

2.8.1　功率因数及提高功率因数的意义

工业生产中大量使用的电气设备，如电动机、电磁铁、变压器等及日常照明用的日光灯等，都是电感性负载，其等效电路可以用图 2-28a 表示。

这类负载除需电源提供有功功率之外，还要不断与电源进行功率交换，即电路中有无功功率。而一般情况下，负载的功率因数都不高，这样会对供电电网产生一些不利影响。其一，增加输电线路上的电能损耗。负载的有功功率为 $P=UI\cos\varphi$，在 P、U 一定的情况下，$\cos\varphi$ 越低，电流 I 就越大，若输电线路电阻为 R_1，则线路损耗的有功功率为 I^2R_1 就随 I 增加而增大；其二，功率因数越低，在相同的有功功率情况下，需占用电网的容量也就越大。这种情况对节约用电及发挥电源的利用率是极为不利的。为此，提高用电系统的功率因数是十分必要的。

2.8.2 提高功率因数的措施

由前面 RLC 电路分析结果可知，电路中电感和电容产生的无功功率可以相互抵消，之所以这样，是由于同一瞬间电感、电容的无功功率相位正好相反。另外，提高功率因数，一定要以保证负载工作状态不变作为前提。所以，提高供电系统的功率因数，一般采用的方法是在电感负载上并联电容器，使电感的无功功率和电容的无功功率进行补偿。除电容补偿方法之外，也可以采用同步电动机来提高用电系统的功率因数。两者相比，电容补偿简单、易行、损耗小，是当前采用较多的补偿方法。

下面用相量图法来分析功率因数补偿的原理及补偿所用电容量的计算方法，见图 2-28b。

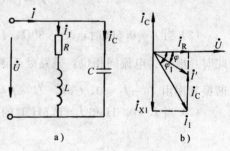

图 2-28　提高功率因数图示
a）电路　b）相量图

图中 $\dot{I}$ 为负载未并电容时的电路总电流，此时 $\dot{I}=\dot{I}_1$，$\dot{I}'$ 为并电容后电路总电流

$$\dot{I}'=\dot{I}_1+\dot{I}_C$$

$$I_C=I_1\sin\varphi_1-I'\sin\varphi \tag{2-82}$$

并电容前后电路有功功率不变，为

$$P=UI_1\cos\varphi_1=UI'\cos\varphi$$

$$I_1=\frac{P}{U\cos\varphi_1}$$

$$I'=\frac{P}{U\cos\varphi}$$

$$I_C=U\omega C \tag{2-83}$$

将式（2-83）代入到式（2-82）中得

$$I_C=\frac{P\tan\varphi_1}{U}-\frac{P\tan\varphi}{U}=\frac{P}{U}\ (\tan\varphi_1-\tan\varphi)$$

$$C=\frac{P}{U\omega}\ (\tan\varphi_1-\tan\varphi) \tag{2-84}$$

式中　φ_1——并联电容 C 之前的功率因数角；

φ——并联电容 C 之后的功率因数角 。

例 14　在图 2-28 中，若 $U=220\text{V}$，$f=50\text{Hz}$，$P=10\text{kW}$，功率因数为 0.5，欲将电路功率因数提高到 0.9，需加多大电容？如需将功率因数提高到 0.95，则应加多大电容？比较三种不同功率因数时电路的总电流。

解　应用式（2-84）计算需要并联于负载端的电容

（1）$\cos\varphi_1=0.5$，$\varphi_1=60°$，$\tan\varphi_1=1.732$

$\cos\varphi=0.9$，$\varphi=25.84°$，$\tan\varphi=0.484$

代入式（2-84）$C=821\mu\text{F}$

（2）$\cos\varphi'=0.95$，$\varphi'=18.19°$，$\tan\varphi'=0.3286$

代入（2-84）$C'=923\mu\text{F}$

由 $I=P/U\cos\varphi$，计算对应 $\cos\varphi$ 为 0.5、0.9、0.95 时的电流 I_1、I_2、I_3

$$I_1=10\times10^3\mathrm{W}/220\times0.5\mathrm{V}\approx90.9\mathrm{A}$$

$$I_2=10\times10^3\mathrm{W}/220\times0.9\mathrm{V}\approx50.5\mathrm{A}$$

$$I_3=10\times10^3\mathrm{W}/220\times0.5\mathrm{V}\approx47.8\mathrm{A}$$

从以上计算可以看出：当电路功率因数较高时，若再提高，电路总电流变化不大，但却需较大的电容来补偿，所以，一般只需将 $\cos\varphi$ 提高到 0.9 左右即可。

在实际生产中，一般是将电容器接在供电电源（通常是变压器高压侧）进行集中补偿。

例 15 电路及参数如图 2-29 所示。已知：$I=I_2=1\mathrm{A}$，且 $\dot{I}$ 在相位上滞后 $\dot{I}_2$ 90°。（1）求 X_L 和 $\dot{U}$。（2）求电路有功功率 P。

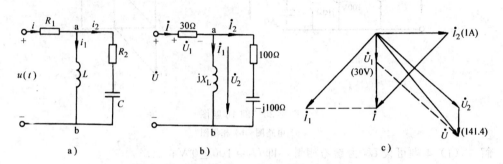

图 2-29 例 15 题图

a）用瞬时值表示电压电流 b）用相量表示电压电流 c）相量图

解 （1）此题采用相量计算和相量图两种方法求 X_L 和 $\dot{U}$

解法 1（计算法） 设 $\dot{I}_2$ 为参考相量 $\dot{I}_2=I_2\angle0°=1\angle0°\mathrm{A}$

得 $\qquad\qquad\qquad\qquad \dot{I}=1\angle-90°\mathrm{A}$

由相量 KCL $\qquad\qquad\qquad \dot{I}=\dot{I}_1+\dot{I}_2$

得 $\qquad \dot{I}_1=\dot{I}-\dot{I}_2=(1\angle-90°-1)\ \mathrm{A}=(-\mathrm{j}-1)\ \mathrm{A}=\sqrt{2}\angle-135°\mathrm{A}$

$$\dot{U}_2=\dot{I}_2\ (100-\mathrm{j}100)=100\sqrt{2}\angle-45°\mathrm{V}$$

$$X_\mathrm{L}=\frac{U_2}{I_1}=100\sqrt{2}/\sqrt{2}=100\Omega$$

$$\dot{U}=\dot{U}_1+\dot{U}_2=\dot{I}R+\dot{U}_2=(30\angle-90°+100\sqrt{2}\angle-45°)\ \mathrm{V}=(-\mathrm{j}30+100-\mathrm{j}100)\ \mathrm{V}$$

$$=(100-\mathrm{j}130)\ \mathrm{V}=164\angle-52.43°\mathrm{V}$$

解法 2（相量图法） 同样设 $\dot{I}_2=1\angle0°\mathrm{A}$，再依题意作出 $\dot{I}$ 相量，由 $\dot{I}_2$ 和 $\dot{I}$ 即可得到 $\dot{I}_1$，由相量图可计算得到 $\qquad\qquad \dot{I}_1=\sqrt{2}\angle-135°\mathrm{A}$

由于 RC 串联阻抗 $Z_2=100\sqrt{2}\angle-45°\Omega$；可得到 $\dot{U}_2=100\sqrt{2}\angle-45°\mathrm{V}$；

按 $\dot{U}_2$ 作出 $\dot{U}_1$（$\dot{U}_1$ 与 $\dot{I}$ 同相）；由起点连接 $\dot{U}_1$，即得到 $\dot{U}$ 及 φ。

（2）由 $\dot{U}=164\angle-52.43°\mathrm{V}$ 得 $\varphi_u=-52.43°$；由 $\dot{I}=1\angle-90°\mathrm{A}$，得 $\varphi_i=-90°$；

电路阻抗角 $\varphi=\varphi_u-\varphi_i=-52.43°-(-90°)=37.57°$

有功功率 $P=UI\cos\varphi=164\text{V}\times1\text{A}\times\cos37.57°=130\text{W}$

或 $P=(1^2\times30+1^2\times100)\text{W}=130\text{W}$

注：本题图 ab 画出交流电压、电流可采用的两种形式的标注方法。

例 16 电路及参数如图 2-30a 所示。(1) 求电流表 A 及电压表 V_1 的值。(2) 求电路的等效复阻抗。

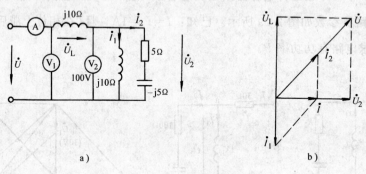

图 2-30 例 16 题图

a) 电路图 b) 相量图

解 (1) 本题可设 $\dot{U}_2$ 为参考相量，即 $\dot{U}_2=100\angle0°\text{V}$；

$$\dot{I}_1=\frac{\dot{U}}{\text{j}10}=-\text{j}10\text{A} \quad \dot{I}_2=\frac{\dot{U}}{(5-\text{j}5)}=10\sqrt{2}\angle45°\text{A}$$

$$\dot{I}=\dot{I}_1+\dot{I}_2=(-\text{j}10+10\sqrt{2}\angle45°)\text{A}$$

$$=10\angle0°\text{A}$$

$$\dot{U}_L=\text{j}10\times10\angle0°\text{V}=\text{j}100\text{V}$$

$$\dot{U}=\dot{U}_L+\dot{U}_2=(\text{j}100+100)\text{V}=100\sqrt{2}\angle45°\text{V}=141.4\angle45°\text{V}$$

由以上计算得电流表 A 为 10A，电压表 V_1 为 141.4V

(2) 电路复阻抗 $Z=\dot{U}/\dot{I}=100\sqrt{2}\angle45°\text{V}/10\angle0°\text{A}=10\sqrt{2}\angle45°\Omega=(10+\text{j}10)\ \Omega$

也可应用阻抗串并联求得 $Z=\dfrac{(5-5\text{j})\ \text{j}10}{(5-5\text{j})+\text{j}10}\Omega=(10+\text{j}10)\ \Omega$

本题也可采用相量图法求解，如图 2-30b 所示。

复习思考题

1. 已知交流电路中一负载上电流和电压的有效值和初相位分别是 5A、$-30°$、60V、$30°$；频率均为 50Hz。

(1) 画出电流与电压的波形图。(2) 写出它们瞬时值表达式。(3) 指出它们的幅值、角频率以及二者之间的相位差。

2. 已知某正弦电压，当 $t=0$ 时，其相位角为 $\pi/6$，值为 75V，问该电压的有效值、最大值各为多少？若此电压周期为 10ms，写出电压的瞬时值表达式 u 及相量 $\dot{U}$。

3. 已知 $i_1=20\sin(\omega t+53.1°)\text{A}$，$i_2=15\sin(\omega t-36.9°)\text{A}$，$i=i_1+i_2$。

(1) i 的瞬时值表达式。(2) 说明 i 的最大值是否为 i_1 和 i_2 的最大值之和、i 的有效值是否等于 i_1 和 i_2 的有效值之和，并说明为什么？(3) 画出相量图，把相量与对应瞬时值进行比较，说明其对应关系。

4. 已知一正弦交流电的周期为 $T=0.01\text{s}$，相量式 $\dot{U}=50\sqrt{2}\angle45°\text{V}$，$\dot{I}_1=4\angle-15°\text{A}$，$\dot{I}_2=2\sqrt{2}\angle30°$

A。画出相量图，写出相应正弦量瞬时值表达式。

5. 已知：(1) $\dot{I}_1=6\angle30°$A，$\dot{I}_2=8\angle-60°$A；

(2) $\dot{U}_{1m}=100\angle25°$V，$\dot{U}_{2m}=150\angle90°$V。

求：(1) $\dot{I}_1$ 与 $\dot{I}_2$ 之和，并画出相量图。

(2) $\dot{U}_{1m}$ 与 $\dot{U}_{2m}$ 之差，并画出相量图。

6. 电路及参数如图 2-31a、b 所示，两电路中 R、L、C 及 u 值分别相等，已知：$u=120\sqrt{2}\sin1000t$V，$R=30\Omega$，$L=10$mH，$C=20\mu$F。

(1) 求图 a 中 i、u_R、u_L、u_C，画出电压、电流相量图。

(2) 求图 b 中 i、i_R、i_L、i_C，画出电压、电流相量图。

(3) 比较两电路各电压、电流相量图有哪些特点。

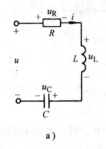 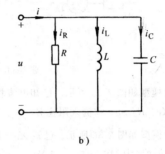

a)   b)

图 2-31　RLC 串联、并联电路

7. 电路及各元件参数如图 2-32a、b、c 所示。电压 $u=60\sqrt{2}\sin\omega t$ V。

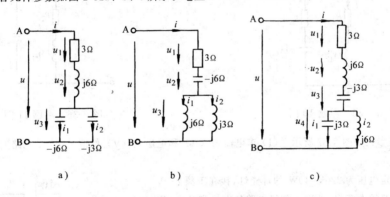

a)   b)   c)

图 2-32　*RLC* 串并联电路

求 (1) 各电路 AB 端的等效复阻抗。

(2) 各电路 i 及 i_1、i_2。

(3) 各元件的电压 $\dot{U}_1$、$\dot{U}_2$、$\dot{U}_3$。

8. 无源网络如图 2-33 所示。已知：$u=100\sqrt{2}\sin(314t+30°)$ V，$i=4\sqrt{2}\sin(314t-23.1°)$ A。

求 (1) ab 端等效电路元件的参数。

(2) 电路的有功功率 P、无功功率 Q 及视在功率 S。

(3) 求电路的功率因数 $\cos\varphi$，欲将功率因数提高至 0.9，需加多大电容？

图 2-33　无源网络

9. 求图 2-34 所示电路中各未知安培表（A）和伏特表（V）的读数。

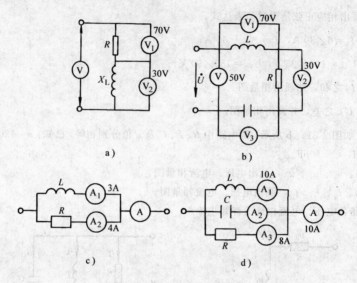

图 2-34 习题 9 图

10. 电路的相量模型如图 2-35 所示。已知电流相量 $\dot{I}_1 = 20\angle-36.9°\text{A}$，$\dot{I}_2 = 10\angle45°\text{A}$；电压相量 $\dot{U} = 100\angle0°\text{V}$。求 R_1、X_L、R_2、X_C 和输入阻抗 Z。

11. 电路的相量模型如图 2-36 所示。已知 $X_C = 100\Omega$，$\dot{U} = 16\angle0°$，且 $\dot{U}$ 滞后 $\dot{I}$ 的相位角为 36.9°，电阻 $R_1 = 100\Omega$，R_1 消耗的功率为 1W。求 R_2 和 X_L。

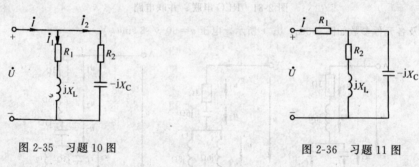

图 2-35 习题 10 图   图 2-36 习题 11 图

12. 电路及参数如图 2-37 所示。(1)求电流表 (A) 和电压表 (V) 的值。(2)求电路的有功功率。(3)画出相量图。

13. 一个额定电压为 220V、40W 的日光灯，接在工频 220V 的交流电源上。要用电流表、功率表测量电路的电流和功率，用电压表测量灯管电压和镇流器的电压。

(1)试画出测量电路；若测得功率表读数为 42W，灯管电压为 100V，求电流表的指示和镇流器侧的电压。

(2)求出与灯管串联的镇流器的等值参数 R_L 及 L。

14. 题目及已知条件同 2-13 题。(1)计算电路的功率因数 $\cos\varphi$，欲使功率因数变为 0.85，需并联多大电容？(2)此时电源总电流是多少？灯管中电流是多少？

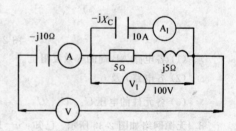

图 2-37 习题 12 图

15. 一照明电源，已知电源电压为 220V，50Hz，总负载为 6kVA，$\cos\varphi = 0.85$，负载为白炽灯和日光灯；已知日光灯本身的功率因数为 0.5。计算白炽灯和日光灯各有多少瓦？

16. 为测量线圈的电阻和电感，可将该线圈分别接在交、直流电源上。若接在 20V 直流电压上，电流为

8A；接在 60V、50Hz 交流电源上，电流为 6A。则该线圈的电阻和电感各是多少？

17. 电阻 R、电感 L 与一可调电容器串联后，接在 $\omega=1000\text{rad/s}$ 的交流电源上，如图 2-38 所示；调节电容 C 使电路的电压与电流同相，测得电路端电压有效值 $U=25\text{V}$，$U_C=200\text{V}$，电流 $I=1\text{A}$。求 R、L 和 C。

18. 一线圈 $L=0.35\text{mH}$、$R=25\Omega$，与电容 $C=85\text{pF}$ 并联时发生谐振。试求谐振角频率 ω_0、品质因数 Q 及谐振阻抗 Z_0。

19. 电路如图 2-39 所示。已知 $u=100\sqrt{2}\sin 1000t$ V，$R=3\Omega$，$R_1=R_2=8\Omega$，$X_L=6\Omega$，$X_{L1}=4\Omega$，$X_C=4\Omega$。（1）求电流 i_1、i_2、i 和电压 u_1、u_2（2）求 $\cos\varphi$。

20. 在图 2-40 中，已知 $U=100\text{V}$，$f=50\text{Hz}$，$I_1=I_2=I_3$，$P=866\text{W}$，求 R、L、C。

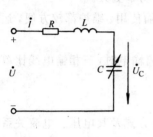

图 2-38　习题 17 图

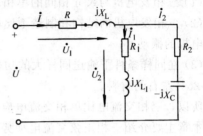

图 2-39　习题 19 图

21. 电路如图 2-41 所示。已知 $u_1=200\sin\omega t$ V，$I=I_1=12.5\text{A}$，$U_2=100\text{V}$，$R_1=X_{L1}$，$R_2=10\Omega$，$R_3=40\Omega$，$L_2=0.25\text{H}$，$C_2=4\mu\text{F}$，$\dot{U}_2$ 与 $\dot{I}_2$ 同相位。求

（1）ab 端电压 u，电流 i_C。（2）求电路的有功功率、无功功率、视在功率。（3）求电路参数 C_1、L_1、R_1。（4）画出各电压、电流的相量图。

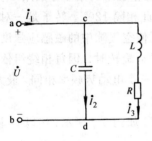

图 2-40　习题 20 图

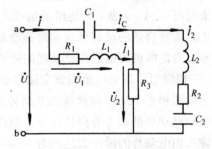

图 2-41　习题 21 图

第3章 三相正弦交流电路

在现代供电系统中，绝大多数都采用三相供电系统，与单相交流电相比，三相交流电具有以下优点：

(1) 三相发电机与尺寸相同的单相发电机相比输出的功率更大。

(2) 三相发电机的结构和制造不比单相发电机复杂，而使用、维护都较方便，运转时比单相发电机的振动小。

(3) 在同样条件下输送同样大的功率，特别是在远距离输电时，三相输电线比单相输电线节约 25% 左右的材料。

所以，三相交流电比单相交流电应用的更为广泛。

本章主要介绍三相正弦交流电动势，三相负载的联接方式及其电压、电流关系和功率关系，以及安全用电技术等。

3.1 三相交流电源

三个频率相同、大小相等、相位互差 120° 的电动势称为三相对称电动势，它是由三相交流发电机产生的。三相交流发电机的原理图如图 3-1 所示。它主要由定子和转子组成。在定子上嵌入了三个绕组，每一个绕组为一相，合称三相绕组，三相绕组的始端分别用 U、V、W 表示，末端用 x、y、z 表示，绕组的始端之间或末端之间彼此相隔 120°。转子是一对特殊形状的磁极，选择合适的极面形状和励磁绕组的布置情况，可使空气隙中的磁感应强度按正弦规律分布。当发电极的磁极在原动机的拖动下，并以角速度 ω 旋转时，因每相绕组依次切割磁力线，三相绕组中都感应出正弦交流电动势 e_U、e_V、e_W。这三个电动势频率相同，最大值相等，相位上彼此相差 120°。称这样的电动势为对称三相电动势。

三相电动势的参考方向选择为从绕组的末端指向首端，如图 3-2 所示，如以 U 相为参考，则对称三相电动势的瞬时表达式为

$$e_U = E_m \sin\omega t$$

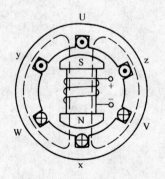

图 3-1 三相交流
发电机原理图

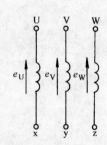

图 3-2 电枢
绕组及电动势

$$e_V = E_m\sin(\omega t - 120°)$$

$$e_W = E_m\sin(\omega t + 120°) \tag{3-1}$$

相量表示式为

$$\dot{E}_U = E\angle 0°$$

$$\dot{E}_V = E\angle -120° \tag{3-2}$$

$$\dot{E}_W = E\angle +120°$$

式（3-1）、式（3-2）相对应的波形图和相量图如图 3-3 所示。

三相正弦交流电依次到达幅值的顺序称为相序。在此，相序是 U→V→W→U，常称为正序，否则，称为逆序，如 U→W→V→U。

由式（3-1）和式（3-2）以及图 3-3 很容易得出，三相对称电动势的瞬时值之和及相量和均为零。即

$$e_U + e_V + e_W = 0$$

$$\dot{E}_U + \dot{E}_V + \dot{E}_W = 0$$

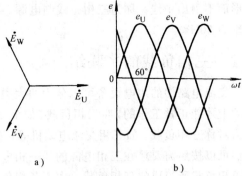

图 3-3　三相电动势的相量图和波形图
a）相量图　b）波形图

发电机三相绕组的接法通常采用丫接法，如图 3-4 所示，将发电机三相绕组的末端联在一起，这一联接点称为中点或零点，用 N 表示，从中点引出的导线称为中线或零线，由各绕组的首端 U、V、W 引出的三根导线称为相线或端线，俗称火线。

在图 3-4 中，每相绕组始端与末端的电压也就是火线与中线间的电压称为相电压，其有效值用 U_U、U_V、U_W 表示，或一般用 U_P 表示。而任意两始端间的电压，也就是两火线间的电压称为线电压，其有效值用 U_{UV}、U_{VW}、U_{WU} 表示，或一般用 U_l 表示。相电压的参考方向选定为从始端指向末端，线电压的参考方向选定为从一火线指向另一火线，例如 U_{UV} 是自 U 端指向 V 端。

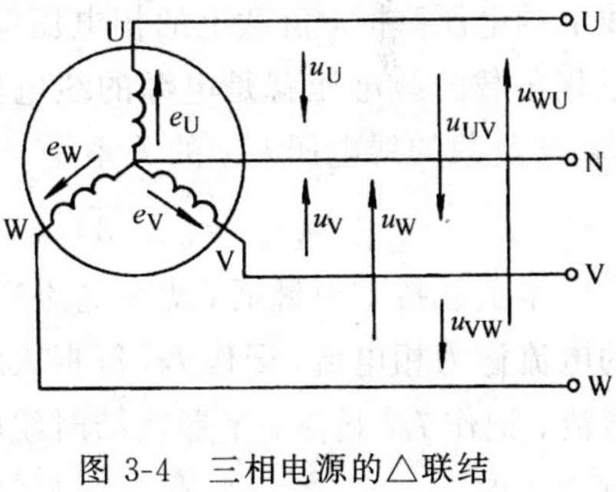

当忽略电源绕组的内阻抗时，三相电源的相电压基本上等于三相电动势，相电压也是对称的，即

图 3-4　三相电源的△联结

$$\dot{U}_U = U_P\angle 0°$$

$$\dot{U}_V = U_P\angle -120° \tag{3-3}$$

$$\dot{U}_W = U_P\angle +120°$$

当发电机绕组联成丫时，相电压与线电压显然是不相等的。由图 3-4 可得

$$\dot{U}_{UV} = \dot{U}_U - \dot{U}_V = \sqrt{3}\,U_P\angle 30° = \sqrt{3}\,\dot{U}_U\angle 30°$$

$$\dot{U}_{VW} = \dot{U}_V - \dot{U}_W = \sqrt{3}\,U_P\angle -90° = \sqrt{3}\,\dot{U}_V\angle 30°$$

$$\dot{U}_{WU} = \dot{U}_W - \dot{U}_U = \sqrt{3}\,U_P\angle 150° = \sqrt{3}\,\dot{U}_W\angle 30°$$

从上式可得出线电压与相电压的数量关系为

$$U_l = \sqrt{3}\,U_P \qquad\qquad (3\text{-}4)$$

两者的相位关系是：线电压超前对应的相电压 30°。

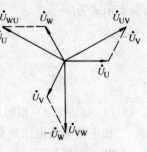

线电压与相电压的数量及相位关系，也可以通过作相量图的方法得出，如图 3-5 所示。

发电机的绕组联成丫时，可引出四根导线，称为三相四线制电源，这样就有可能给予负载两种电源。在常用低压三相四线制配电系统中，相电压为 220V，线电压为 380V。发电机绕组联成丫形而不引出中线，称为三相三线制电源。我国工业用交流电的频率为 50Hz。

图 3-5　三相电源丫联结时的电压相量图

3.2　三相负载的丫联结

交流电路中的用电设备可以分为两大类，一类是需接在三相电源上才能正常工作的，叫三相负载，如果三相负载中每一相的阻抗值和阻抗角完全相等，则称为对称三相负载，如三相交流电动机等；另一类是只需接在单相电压的负载，叫单相负载，它们可以按照需要接在三相电源的任一相电压或线电压上。一般接在不同相（或线）电源上的单相负载所组成的三相负载，由于各相负载的阻抗值和阻抗角都不一定相等，因此一般是不对称的三相负载。三相负载的联接方式有两种：丫形联结和△联结。

将三相负载分别接在三相电源的一根相线和中线之间的接法称为三相负载的丫形联结，如图 3-6 所示。图中 Z_U、Z_V、Z_W 为各负载的阻抗值，我们把负载两端的电压称为负载的相电压。在忽略输电线上的电压降时，负载上的相电压等于电源的相电压。三相负载的线电压就是电源的线电压。负载的相电压 $U_相$ 与负载的线电压 $U_线$ 的关系是

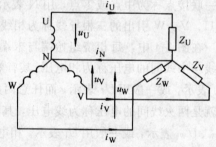

$$U_{线丫} = \sqrt{3}\,U_{相丫} \qquad (3\text{-}5)$$

丫负载接上电源后，就有电流产生，流过每相负载的电流称为相电流，记作 I_p，每根火线中的电流称为线电流，记作 I_l，显然，丫形联结时线电流等于相应的相电流。即

图 3-6　负载丫形联结的三相四线制电路

$$I_p = I_l$$

负载采用丫联结时，不论负载对称与否其相电压总是对称的，每相负载的电流分别为

$$\dot I_U = \frac{\dot U_U}{Z_U}$$

$$\dot I_V = \frac{\dot U_U}{Z_V}$$

$$\dot I_W = \frac{\dot U_W}{Z_W}$$

中线的电流，可以按图 3-6 中所选定的正方向，根据基尔霍夫电流定律得出，即

$$\dot{I}_{N} = \dot{I}_{U} + \dot{I}_{V} + \dot{I}_{W} \tag{3-6}$$

若为对称负载,则相、线电流显然对称,中线电流为零。此时中线就不再起作用了,可以省去。图 3-6 所示的电路就变成了图 3-7 所示的三相三线制电路。

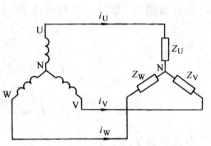

图 3-7 所示电路中,若 $Z_U = Z_V = Z_W$,则为对称三相电路,此时只需计算一相即可,因为对称负载上的电压和电流都是对称的,即大小相等,相位互差 120°。

例 1 图 3-7 所示电路中,若每相负载阻抗均为 $Z = (6+j8)\ \Omega$,电源电压对称,设 $u_{UV} = 380\sqrt{2}\sin(\omega t + 30°)$。求电流 i_U、i_V、i_W。

图 3-7 对称负载丫形联接的
三相三线制电路

解 因为负载对称,只需计算出一相(如 U 相),然后推出 V 相、W 相。

相电压 $\dot{U}_U = \dfrac{380\text{V}}{\sqrt{3}}\angle 30° - 30° = 220\angle 0°\text{V}$

U 相电流 $\dot{I}_U = \dfrac{\dot{U}_U}{Z_U} = \dfrac{220\text{V}\angle 0°}{(6+j8)\Omega} = 22\angle -53°\text{A}$

即 $i_U = 22\sqrt{2}\sin(\omega t - 53°)\ \text{A}$

推出 $i_V = 22\sqrt{2}\sin(\omega t - 53° - 120°)\text{A} = 22\sqrt{2}\sin(\omega t - 173°)\text{A}$

$i_W = 22\sqrt{2}\sin(\omega t - 53° + 120°)\text{A} = 22\sqrt{2}\sin(\omega t + 67°)\text{A}$

关于负载不对称的三相电路,我们举下面的例子来分析一下。

例 2 三相照明负载(纯电阻)联接于相电压为 220V 的三相四线制对称电源上。如图 3-8a 所示。$R_1 = 5\Omega$,$R_2 = 10\Omega$,$R_3 = 20\Omega$。试求图 3-8a 中的负载相电压、负载电流、中线电流以及以下几种情况下的负载电压。

(1)如上所述,正常状态下。

(2)L_1 相短路时。

(3)L_1 相短路,中线又断开时。

(4)L_3 相断开时。

(5)L_1 相断开,中线又断开时。

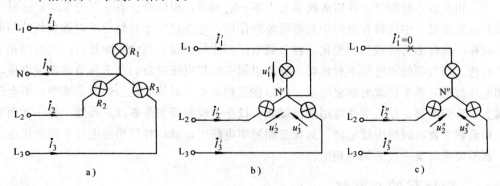

图 3-8 例 2 图
a)电路图 b)L_1 相短路、中线断开 c)L_1 相、中线都断开

解　（1）因为是三相四线制电路，所以尽管三相负载不对称，而各相负载电压却是对称的，其有效值为220V，各相电流为

$$\dot{I}_1 = \frac{220\angle 0°\text{V}}{5\Omega} = 44\angle 0°\text{A}$$

$$\dot{I}_2 = \frac{220\angle -120°\text{V}}{10\Omega} = 22\angle -120°\text{A}$$

$$\dot{I}_3 = \frac{220\angle 120°\text{V}}{20\Omega} = 11\angle 120°\text{A}$$

中线电流 I_N 为

$$\dot{I}_\text{N} = \dot{I}_1 + \dot{I}_2 + \dot{I}_3 = (44\angle 0° + 22\angle -120° + 11\angle 120°)\text{A}$$
$$= 29.1\angle -19°\text{A}$$

（2）L_1 相短路，则 L_1 相电流很大，将 L_1 相中的熔断器熔断，L_2、L_3 两相未受影响，电压、电流同（1）。

（3）L_1 相短路，中线又断开的电路如图 3-8b 所示。此时负载中点即为 L_1，因此负载各相电压为

$$U_1' = 0 \qquad U_1 = 0\text{V}$$
$$U_2' = U_{21} \qquad U_2' = 380\text{V}$$
$$U_3' = U_{31} \qquad U_3' = 380\text{V}$$

由上可知，L_2、L_3 两相电压都超过了电灯的额定电压，这是不允许的。

（4）L_1 相断开，L_2、L_3 两相未受影响，电压、电流同（1）。

（5）L_1 相断开，中线又断开时电路如图 3-8c 所示。这时，电路成为单相电路。L_2、L_3 两相负载串联接在电源的线电压上。

$$U_2'' = U_{23}\frac{R_2}{R_2 + R_3} = \left(380 \times \frac{10}{10+20}\right)\text{V} = 127\text{V}$$

$$U_3'' = U_{23}\frac{R_3}{R_2 + R_3} = \left(380 \times \frac{20}{10+20}\right)\text{V} = 254\text{V}$$

由上可知，L_2 相负载低于额定电压，L_3 相负载高于额定电压，这是不允许的。

从上例可以看出：

当三相负载不对称时，各相电流的大小不一定相等，相位差也不一定为120°，这时中线上就有电流流过，中线将在电路中起着重要的作用，它能使丫形联结的不对称负载的相电压保持对称。这时不管负载怎样变化，各负载电压都比较稳定。当中线断开后，负载的相电压就不对称。当负载的相电压不对称时，势必引起有的相电压过高，高于负载的额定电压，有的相电压过低，低于负载的额定电压。所以在三相负载不对称的低压供电系统中，不允许在中线上安装熔断器，而且中线常用钢丝制成，以免中线断开发生事故。当然，另一方面要力求三相负载平衡以减少中线电流。如在三相照明电路中，就应将照明的电灯平均分接在三相上，而不要全部集中接到某一相上。

3.3　三相负载的△联结

如果将三相负载的首尾相联，再将三个联接点与三相电源端线 L_1、L_2、L_3 相联，即构成

负载的△联结，如图 3-9 所示。每相负载的阻抗分别用 Z_{12}、Z_{23}、Z_{31} 表示。电压和电流的参考方向如图所示。

在△联结中，由于各相负载接在两电源的两根火线之间，因此负载的相电压就是电源的线电压。所以无论负载对称与否，其相电压总是对称的。其大小总是有

$$U_{\mathrm{UV}} = U_{\mathrm{VW}} = U_{\mathrm{WU}} = U_1 = U_{\mathrm{P}} \tag{3-7}$$

△负载接上电源后，会产生相电流 I_{12}、I_{23}、I_{31} 与线电流 I_1、I_2、I_3，即

$$\dot{I}_{12} = \frac{\dot{U}_{12}}{Z_{12}}$$

$$\dot{I}_{23} = \frac{\dot{U}_{23}}{Z_{23}}$$

$$\dot{I}_{31} = \frac{\dot{U}_{31}}{Z_{31}} \tag{3-8}$$

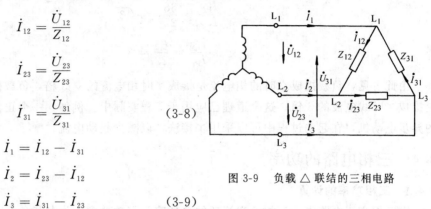

$$\dot{I}_1 = \dot{I}_{12} - \dot{I}_{31}$$

$$\dot{I}_2 = \dot{I}_{23} - \dot{I}_{12}$$

$$\dot{I}_3 = \dot{I}_{31} - \dot{I}_{23} \tag{3-9}$$

图 3-9　负载 △ 联结的三相电路

如果负载对称，即

$$|Z_{12}| = |Z_{23}| = |Z_{31}| = |Z|$$

$$\varphi_{12} = \varphi_{23} = \varphi_{31} = \varphi$$

则负载的相电流也是对称的，即

$$I_{12} = I_{23} = I_{31} = I_{\mathrm{P}} = \frac{U_{\mathrm{P}}}{|Z|}$$

$$\varphi_{12} = \varphi_{23} = \varphi_{31} = \varphi = \arctan\frac{X}{R}$$

至于负载对称时，线电流和相电流的关系，我们可以根据式（3-9）作出的相量图（图 3-10）中很容易得到

$$I_1 = \sqrt{3}\,I_{12} \qquad \dot{I}_1 \text{滞后于} \dot{I}_{12}30°$$

$$I_2 = \sqrt{3}\,I_{23} \qquad \dot{I}_2 \text{滞后于} \dot{I}_{23}30°$$

$$I_3 = \sqrt{3}\,I_{31} \qquad \dot{I}_3 \text{滞后于} \dot{I}_{31}30°$$

由此得　　　　$$I_1 = \sqrt{3}\,I_{\mathrm{P}} \tag{3-10}$$

即在三相负载△联结的对称电路中，线电流的大小是相电流的 $\sqrt{3}$ 倍，相位滞后于相应的相电流 30°。

例 3　若将例 1 的负载作△联结后接入对称三相电源，已知条件不变，试求相电流、线电流以及相电压、相电流之间的相位差。

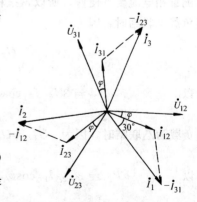

图 3-10　对称三相负载
△联结的电流相量图

解　　　　$$Z = \sqrt{R^2 + X_{\mathrm{L}}^2} = \sqrt{(6\Omega)^2 + (8\Omega)^2} = 10\Omega$$

$$I_P = \frac{U_P}{Z} = \frac{U_1}{Z} = \frac{380\text{V}}{10\Omega} = 38\text{A}$$

$$I_1 = \sqrt{3}\, I_P = 66\text{A}$$

$$\varphi = \arctan \frac{X_L}{R} = \arctan \frac{8\Omega}{6\Omega} = 53.1°$$

现在求一下例 1 与例 3 相对应的相电流、线电压的比值。

$$\frac{I_{P\triangle}}{I_{P\curlyvee}} = \frac{38}{22} = \sqrt{3}$$

$$\frac{I_{1\triangle}}{I_{1\curlyvee}} = \frac{66}{22} = 3$$

由此可见，负载接成△时的相电流是接成丫时相电流的 $\sqrt{3}$ 倍，负载接成△时的线电流是接成丫时线电流的 3 倍。这个道理已应用于工程实际中。例如，一个正常运行采用△接法的异步电动机，在起动过程中可以采用丫接法，以减少起动电流。

3.4　三相电路的功率

3.4.1　三相功率的计算

在三相交流电路中，三相负载消耗的总功率（有功功率）为各相负载有功功率之和，即
$$P = P_1 + P_2 + P_3 = U_1 I_1 \cos\varphi_1 + U_2 I_2 \cos\varphi_2 + U_3 I_3 \cos\varphi_3$$
式中　U_1、U_2、U_3 为三相负载上的相电压，I_1、I_2、I_3 为通过各相负载的相电流，$\cos\varphi_1$、$\cos\varphi_2$、$\cos\varphi_3$ 为各相负载的功率因数。

当负载对称时，每相的有功功率相同，即
$$P_P = U_P I_P \cos\varphi$$

　三相总的有功功率为　　　　　$P = 3P_P = 3U_P I_P \cos\varphi$ 　　　　　　　　　　(3-11)

式（3-11）是由相电压、相电流来表示三相有功功率的，在实际工作中，有时测量线电流比测量相电流要方便些，所以，三相功率的计算常用线电流、线电压来表示。

当负载丫联结时，因为
$$U_{P\curlyvee} = \frac{U_1}{\sqrt{3}} \qquad I_{P\curlyvee} = I_{l\curlyvee}$$

所以　　　$P_\curlyvee = 3U_{P\curlyvee} I_{P\curlyvee} \cos\varphi_\curlyvee = \frac{3U_{1\curlyvee}}{\sqrt{3}} I_{1\curlyvee} \cos\varphi_\curlyvee = \sqrt{3}\, U_{1\curlyvee} I_{1\curlyvee} \cos\varphi_\curlyvee$

当负载为△联结时，因为　　$U_{P\triangle} = U_{1\triangle} \qquad I_{P\triangle} = \frac{I_{1\triangle}}{\sqrt{3}}$

所以　　　$P_\triangle = 3U_{P\triangle} I_{P\triangle} \cos\varphi_\triangle = 3U_{1\triangle} \frac{I_1}{\sqrt{3}} I_{1\triangle} \cos\varphi_\triangle = \sqrt{3}\, U_{1\triangle} I_{1\triangle} \cos\varphi_\triangle$

因此，不论负载是联成丫形还是联成△形，其总的有功功率均为
$$P = \sqrt{3}\, U_1 I_1 \cos\varphi \tag{3-12}$$
同理，可得到对称三相负载无功功率为
$$Q = \sqrt{3}\, U_1 I_1 \sin\varphi \tag{3-13}$$

三相负载的视在功率为

$$S = \sqrt{3}\, U_1 I_1 \tag{3-14}$$

式（3-12）、式（3-13）、式（3-14）是计算三相对称电路功率的通用公式。但使用时应注意，式中的 U_1 是线电压，I_1 是线电流，φ 仍是相电压与相电流之间的相位差（阻抗角），而不是线电压与线电流之间的相位差。

例 4 工业上用的电阻炉，常常利用改变电阻丝的接法来控制功率大小，达到调节炉内温度的目的。有一台三相电阻炉，每相电阻为 $R = 5.78\Omega$，试求

（1）在 380V 线电压下分别接成△和丫时各从电网取用的功率。

（2）在 220V 线电压下，接成△所消耗的功率。

解 （1）接成△时的线电流

$$I_{1\triangle} = \sqrt{3}\, I_{P\triangle} = \left(\sqrt{3} \times \frac{380}{5.78} \right) A \approx 114A$$

接成△时的功率为

$$P_{\triangle} = \sqrt{3}\, U_{1\triangle} I_{1\triangle} \cos\varphi_{\triangle} = (\sqrt{3} \times 380 \times 114 \times 1) kW = 75kW$$

接成丫时的线电流为

$$I_{1Y} = I_{PY} = \left(\frac{380}{\sqrt{3} \times 5.78} \right) A = 38A$$

接成丫时的功率为

$$P_{Y} = \sqrt{3}\, U_{1Y} I_{1Y} \cos\varphi_{Y} = (\sqrt{3} \times 380 \times 38 \times 1) kW = 25kW$$

（2）接成△时所消耗的功率为

$$P_{\triangle} = \sqrt{3}\, U_{1\triangle} I_{1\triangle} \cos\varphi_{\triangle} = (\sqrt{3} \times 220 \times \sqrt{3} \times \frac{380}{5.78} \times 1) kW = 25kW$$

从上例分析可以看出以下两点

（1）在线电压不变时，负载作△联结时的功率为作丫联接时功率的 3 倍。

（2）只要每相负载所承受的相电压相等，那么不管负载接成△还是丫，负载所消耗的功率均相等。有的电动机有两种额定电压，如 220/380V，这表示当电源电压（指线电压）为 220V 时，电动机的绕组应联成△，当电源电压为 380V 时，电动机应联成丫，两者功率相等。

3.4.2 三相功率的测量

根据负载的联接方式和对称与否，三相功率的测量，可以用以下几种方法。

1. 一瓦特表法（一表法） 此法适用于三相对称负载，只要用一个瓦特表测出一相功率后乘以 3 即为三相总功率。一表法测量时，功率表电流线圈中通过的是相电流，加在电压线圈两端的是对应相的相电压，如图 3-11 所示。

2. 两瓦特表法（二表法） 此法适用于三相三线制电路，不论负载是丫或是△连接，也不论负载是否对称，都可以采用两表法测量功率，两表法测量时通过功率表电流线圈的是线电

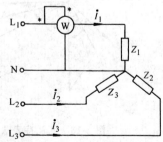

图 3-11 一表法测量三相功率

流，加在电压线圈两端的是线电压，如图 3-12 所示，两表读数的和，即为三相总功率。下面介绍使用两个瓦特表测量三相功率。

丫连结的负载，其三相瞬时功率为

$$P = u_1 i_1 + u_2 i_2 + u_3 i_3$$

因为 $\qquad i_1 + i_2 + i_3 = 0$

所以 $\qquad P = u_1 i_1 + u_2 i_2 + u_3(-i_1 - i_2)$

$$= (u_1 - u_3)i_1 + (u_2 - u_3)i_2$$

$$= u_{13} i_1 + u_{23} i_2 = P_1 + P_2$$

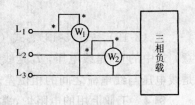

由上式可知，三相功率可用两个瓦特表来测量。

图 3-12 两表法测三相功率

应当注意，两个瓦特表的电流线圈可以串接在任意两根相线中，但两个电压线圈的另一端都必须接在未串接电流线圈的一根相线上。在图 3-12 中第一个功率表 W_1 的读数为

$$P_1 = \frac{1}{T} \int_0^T u_{13} i_1 \mathrm{d}t = U_{13} I_1 \cos\alpha$$

式中 α 为 u_{13} 与 i_1 之间相位角。

第二个瓦特表 W_2 的读数为

$$P_2 = \frac{1}{T} \int_0^T u_{23} i_2 \mathrm{d}t = U_{23} I_2 \cos\beta$$

式中 β 为 u_{23} 和 i_2 之间相位差

两功率表的读数之和为

$$P = P_1 + P_2 = U_{13} I_1 \cos\alpha + U_{23} I_2 \cos\beta$$

当负载对称时，由图 3-13 的相量图可知，两个功率表的读数分别为

$$P_1 = U_{13} I_1 \cos\alpha = U_1 I_1 \cos(30° - \varphi)$$

$$P_2 = U_{23} I_2 \cos\beta = U_1 I_1 \cos(30° + \varphi)$$

由此可知三相功率应是两个瓦特表读数的代数和，其中任意一个瓦特表的读数是没有意义的。

3. 三瓦特表法（三表法）　适用于三相不对称负载，用三个功率表分别测量每相的功率，然后相加即得三相功率，其测量原理与一瓦特表法相同，如图 3-14 所示。

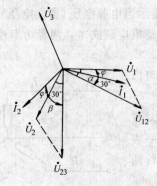

图 3-13　两瓦特表法
测量的相量图

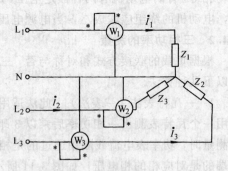

图 3-14　三表法测三相功率

3.5　安全用电知识

随着人们生活水准的不断提高，使用的电气设备日益增加。因此，我们必须懂得一些安全用电的常识和技术，这样，可以正确地使用电器，防止人身伤害和设备损坏事故，避免造

成不必要的损失。

3.5.1 安全用电常识

1. **安全电流与电压** 人之所以触电的原因之一是由于不遵守操作规程或粗心大意，误触到裸露的带电设备，另一种是接触到平时不带电而由于电器绝缘损坏等原因，使金属外壳忽然带电的设备。当人体受到一个危险的接触电压，就会有电流流过人的身体，一般认为 50Hz 交流电超过 10mA 或直流电超过 50mA 时，就使人难于独自摆脱电源，因而招致生命危险。

通过人体电流的大小，取决于所受电压的高低和人体电阻的大小。人体电阻各处都不一样，其中肌肉和血液的电阻较小，皮肤的电阻最大，干燥的皮肤电阻约为 $10^4 \sim 10^5 \Omega$。人体的电阻还与触电持续的时间有关，时间越长，电阻越小。一般情况下人体电阻以 1000Ω 计算，此外，触电时接触面积，皮肤的潮湿肮脏程度等对电阻的影响也很大。

因此，触电的电压高低，时间的长短和触电时的情况是决定触电伤害程度的主要因素，一般认为，通过人体的电流和持续时间的乘积为 50mAs（毫安秒）时是一个危险的极限。所以在人体皮肤干燥时，65V 以上的电压是危险的，潮湿时 36V 以上的电压就有危险，因此，为了减少触电的危险，规定在一般情况下，36V 为安全电压，在特别潮湿的环境里，以 24V 或 12V 为安全电压。

2. **几种触电方式** 如图 3-15 所示给出了三种触电情况，图 3-15a 所示的是双线触电，当人体同时接触两根火线，不管电网的中性点是否接地，人体受到的电压都是线电压，通过人体的电流很大，是最危险的触电事故。图 3-15b 所示的是电源中线接地时的单线触电情况，这时人体处在相电压之下，电流经过人体、大地和电网中性点的接地而形成一闭合回路，仍然非常危险。图 3-15c 所示

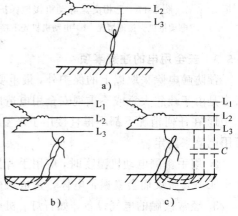

图 3-15　几种触电方式

a) 双线触电　b) 单线触电　c) 中线不接地时的触电

电源中线不接地时，因火线与大地间分布电容的存在，使电流形成了回路，也是很危险的。

3.5.2 防触电的安全技术

1. **接零保护** 把电器设备的外壳与电源的零线连接起来，称为接零保护，此法适用于 1000V 以下的中点接地良好的三相四线制系统中。采取接零保护措施后，当电器设备绝缘损坏时，相电压经过机壳到零线，形成通路，产生的短路电流使熔断器熔断，切断电源，从而防止了人身触电的可能性，如图 3-16 所示。

2. **接地保护** 把电器设备的金属外壳和与外壳相联的金属构架用接地装置与大地可靠地联接起来，称为接地保护。接地保护一般用在 1000V 以下的中性点不接地的电网与 1000V 以上的电网中，图 3-17a 所示为三相交流电动机的接地保护。由于每相火线与地之间分布电容的存在，当电动机某相绕组碰壳时，将出现通过电容的电流。但因人体电阻比接地电阻（约为 4Ω）大

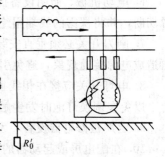

图 3-16　三相交流
电动机的接零保护

得多，所以几乎没有电流通过人体，人身就没有危险。但若机壳不接地，如图 3-17b 所示，则碰壳的一相和人体分布电容形成回路，人体中将有较大的电流通过，人就有触电的危险。

3. 三孔插座和三极插头　单相电器设备使用此种插座插头，能够保证人身安全。图 3-18 所示，给出了正确的接线方法。由此可以看出，因为外壳是与保护零线相连的，人体不会有触电的危险。

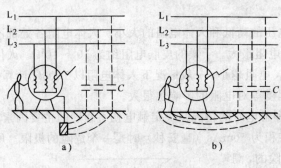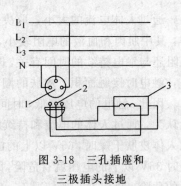

图 3-17　三相交流电动机接地保护　　　　图 3-18　三孔插座和
a）电动机机壳接地情况　b）电动机机壳不接地情况　　　三极插头接地

3.5.3　安全用电的注意事项

预防触电除采取以上的保护外，最重要的是遵守安全规程和操作规程，常见的触电事故，大多是由于疏忽大意或不重视安全用电造成的，故应特别注意下列安全常识：

1. 在任何情况下都不得直接用手来鉴定导线和设备是否带电，在低压 380/220V 系统中，可用电笔来鉴定。

2. 用手粗测电动机温度时，应用手背接触电动机外壳，不可用手掌，以免万一外壳有电，使手肌肉紧张反而会紧握带电体，造成触电事故。

3. 经常接触的电气设备，如行灯、机床上的照明灯等，应使用 36V 以下的安全电压。在金属容器内或特别潮湿的环境下工作时，电压不得超过 12V。

4. 更换熔丝或安装检修电器设备时，应先切断电源，切勿带电操作。

5. 进行分支线路检修时，打开总电源开关后，还应拔下熔断器，并在切断的电源开关上挂上"有人工作，不准合闸"的标志，如有多人进行电工作业，接通电源前应通知每一个人。

6. 电动机械、照明设备拆除后，不能留有可能带电的电线。如果电线必须保留，应将电源切断，并将裸露的线端用绝缘布包好。

7. 闸刀开关必须垂直安装，静触头应在上方，可动刀闸在下方，这样当刀闸拉开后不会再造成电源接通现象，避免引起意外事故。

8. 电灯开关应接在相线上，用螺旋口灯头时，不可把相线接在跟螺旋套相连的接线桩头上，以免在调换灯泡时发生触电。

9. 定期检修电器设备，发现温升过高或绝缘下降时，应及时查明原因，消除故障。

10. 在配电屏或起动器的周围地面上，应放上干燥木板或橡胶电毯，供操作者站立。

复习思考题

1. 指出图 3-19 中各负载的联结方式。

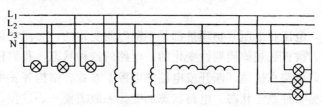

图 3-19 习题 1 图

2. 对称三相电路与每相负载的电阻 $R = 8\Omega$，感抗 $X_L = 6\Omega$。

(1) 设电源线电压 $U_l = 380V$，求负载丫联结时的相电压、相电流、线电流并作向量图。

(2) 设电源线电压 $U_l = 220V$，求负载△联结时的相电压、相电流、线电流并作向量图。

3. 某三相四线制电路的线电压为 380V，电路中装有丫联结的电灯，L_1 相 30 个，L_2 相 20 个，L_3 相 10 个。每个灯泡的额定电压为 220V，功率为 40W，求：

(1) 负载的各相电压和相电流。

(2) 若中线断开，求各相电压和相电流。

4. 为什么一般照明电路都采用丫联结的三相四线制？

5. 对称三相负载丫联结。已知每相阻抗 $Z = (31 + j22)\ \Omega$，电源线电压为 380V。求三相总功率 P、Q、S 及功率因数 $\cos\varphi$。

6. 三相对称负载△联结，其线电流 $I_l = 5.5A$，有功功率 $P = 7760W$，功率因数 $\cos\varphi = 0.8$。求电源的线电压 U_l、电路的视在功率 S 和每相阻抗。

7. 有一次某楼电灯发生故障，第二层和第三层楼所有电灯忽然都暗淡下来，而第一层楼的电灯亮度未变，试问这是什么原因？这楼的电灯是如何联接的？同时又发现三层楼的电灯比第二层楼的还要暗淡，这又是什么原因？试画出电路图。

8. 有一台三相发电机，其绕组联成丫，每相额定电压为 220V。在一次试验时，用伏特表计量得相电压 $U_U = U_V = U_W = 220V$，而线电压为 $U_{UV} = U_{WU} = 220V$，$U_{VW} = 380V$，试问这种现象是如何造成的？

第 4 章　电路的暂态分析

在直流电路中，电流和电压等物理量都是不随时间变化的，交流电路中，电压、电流都是时间的正弦函数，按正弦规律周期性变化的。电路的这种状态，我们称之为稳定状态，简称稳态。但实际上，电路在接通、断开或电路的电源、参数、结构等发生变化时，电路从一种稳定状态变化到另一种稳定状态。电路状态的变化一般需要一个过程，这个过程称为暂态过程，简称暂态，也叫过渡过程。对过渡过程的研究称为电路的暂态分析。暂态过程虽然为时短暂，但在不少实际工作中却极为重要，进行暂态分析有着十分重要的意义。

本章主要分析 RC、RL 一阶线性电路在恒定激励下的暂态过程。

4.1　换路定理

4.1.1　产生暂态过程的原因

产生暂态过程的原因有二：一是换路，二是电路中存有电感元件或电容元件。

电路的接通、断开、短路或电路的电源、参数、结构等发生的变化，统称为换路。

电路中存有电感或电容元件为何就会产生暂态过程呢？因为电感元件 L 和电容元件 C 会有一定的储能，能量是不会突变的，否则需要无穷大能量的电源才可以，客观上是不可能的。电感元件 L 上储能为 $W_L = \frac{1}{2} L i_L^2$，能量不能突变，则电感上电流 i_L 不能突变；而电容元件 C 上储能为 $W_C = \frac{1}{2} C u_C^2$，能量不能突变，则电容上的电压不能突变。因此，在换路时，电感上的电流和电容上的电压从一个稳态值变化到另一个稳态值，就需要一个过渡过程。

电感上的电流和电容上的电压不能突变也可以从另一个角度来解释。电感元件 L 和电容 C 元件上的电压、电流关系分别是：

$$u_L = L \frac{\mathrm{d}i}{\mathrm{d}t}$$

$$i_C = C \frac{\mathrm{d}u_C}{\mathrm{d}t}$$

由上二式可知，若电感上的电流和电容上的电压能够突变，则电感上的电压和电容上的电流应为无穷大，显然无穷大的电压、电流不存在，即电感中的电流和电容上的电压不能突变。

产生暂态过程的原因是换路和存在电感或电容元件，但并不是只要有电感或电容元件的电路换路时一定有暂态过程，如果换路前后电感中的电流和电容上的电压稳定值相同时，就不会产生暂态过程。

4.1.2　换路定理及初始值的确定

综上所述，电感中的电流和电容上的电压在换路后的瞬间将保持着换路之前的那一瞬间所具有的数值，然后 i_L 或 u_C 就以这个数值为初始值开始向新的稳态值变去，用数学关系式表示时，以换路时刻作为计时起点，以 0_- 表示换路前的那一瞬间，用 0_+ 表示换路后的那一瞬间，对电感电流和电容电压则有：

$$I_L(0_+)=I_L(0_-) \tag{4-1}$$

$$U_C(0_+)=U_C(0_-) \tag{4-2}$$

这就是换路定理,也称换路定则。利用它可确定换路后瞬间电路中有关量的初始值,这可由以下例题说明。

例1 图 4-1 所示电路中,$R=1\text{k}\Omega$,$L=1\text{H}$,$U=12\text{V}$,开关闭合前 $I_L=0$,电路在 $t=0$ 时开关 S 闭合,求开关 S 闭合后瞬间电感电流 $I_L(0_+)$ 及电压 $U_L(0_+)$。

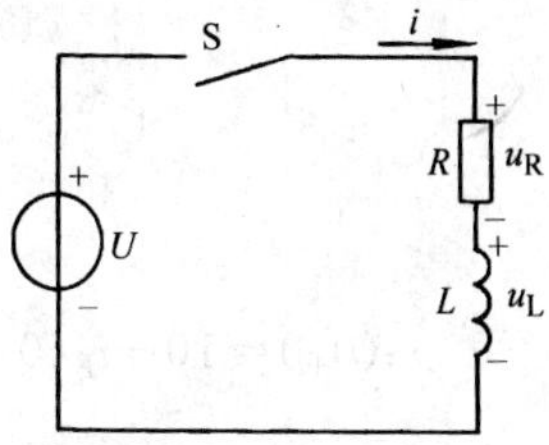

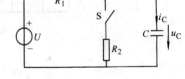

解 由题意知 $\qquad i_L(0_-)=0$

由式(4-1)知 $\qquad i_L(0_+)=i_L(0_-)=0$

按克希荷夫电压定律,开关 S 闭合后有

图 4-1 RL 换路电路

$$U=u_R+u_L$$

即

$$u_L=U-u_R$$

而

$$u_R=i_L R$$

$$u_L=U-U_R=U-i_L R$$

$t=0+$ 时 $\qquad\qquad I_L(0_+)=0$

$$u_L(0_+)=U-i_L(0_+)R=U=12\text{V}$$

例2 图 4-2 所示电路,在($t=0$ 时)开关 S 打开前,电路已处于稳定状态,求 $t=0_+$ 时电容电压 $U_C(0_+)$ 及电流 $I_C(0_+)$ 的值。已知 $R_1=1\text{k}\Omega$,$R_2=2\text{k}\Omega$,$U=12\text{V}$。

解 换路前电容相当于开路,电容电压

$$U_C(0_-)=\frac{R_2}{R_1+R_2}U=\frac{2000\Omega}{1000\Omega+2000\Omega}\times 12\text{V}=8\text{V}$$

根据式(4-2)可知 $\quad U_C(0_+)=U_C(0_-)=8\text{V}$

开关 S 断开后,电阻 R_1 上的电压为

图 4-2 RC 换路电路

$$U_{R1}(0_+)=U-U_C(0_+)=12\text{V}-8\text{V}=4\text{V}$$

$$I_C(0_+)=I_{R1}(0_+)=\frac{U_{R1}(0_+)}{R_1}=4\text{mA}$$

例3 在图 4-3a 所示电路中,设开关闭合前,电路已处于稳态。求开关闭合后瞬间的初始电压 $u_C(0_+)$、$u_L(0_+)$ 和初始电流 $i_C(0_+)$、$i_L(0_+)$、$i_R(0_+)$ 和 $i_S(0_+)$。

解 (1)画出 $t=0_-$ 电路处于稳态时的等效电路如图 4-3b 所示。并由此电路可求出

$$u_C(0_-)=10\text{mA}\times\frac{2000\Omega}{2000\Omega+2000\Omega}\times 2000\Omega=10\text{V}$$

$$I_L(0_-)=10\text{mA}\times\frac{2000\Omega}{2000\Omega+2000\Omega}=5\text{mA}$$

其中,电感视为短路,电容视为开路。

(2)根据换路定理得

$$u_C(0_+)=u_C(0_-)=10\text{V}$$

$$i_L(0_+)=i_L(0_-)=5\text{mA}$$

（3）画出 $t=0_+$ 的等效电路，如图 4-3c 所示。其中，电容元件做恒压源处理，数值为 $u_C(0_+)=10V$；电感元件作恒流源处理，数值为 $i_L(0_+)=5mA$

由图 4-3c 所示电路可求得其它各量的初始值分别为

$$i_R(0_+)=0A$$

$$i_C(0_+)=-\frac{10V}{1\Omega}=-10mA$$

$$u_L(0_+)=-5A\times 2\Omega=-10V$$

$$i_S(0_+)=10-i_R(0_+)-i_C(0_+)-i_L(0_+)=10mA-0mA-(-10mA)-5mA=15mA$$

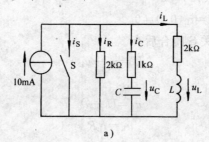

a)

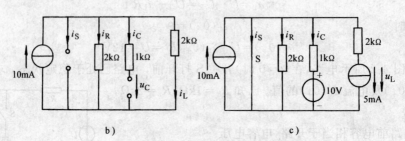

b)　　　　　　　　　　　　c)

图 4-3　例 3 电路

a)RLC 换路电路　b)$t=0_-$的电路　c)$t=0_+$的电路

电路中各电压、电流在 $t=0_+$ 时的值，称为暂态过程的初始值，确定初始值是暂态分析必不可少的首要问题。由上述例题可以得出求取初始值的一般步骤为：

（1）按换路前瞬间电路求出电容电压 $u_C(0_-)$ 和电感电流 $i_L(0_-)$。在直流稳态下电容元件视为开路，电感元件视为短路。

（2）根据换路定理，确定电容电压和电感电流初始值。

$$U_C(0_+)=U_C(0_-)$$

$$i_L(0_+)=i_L(0_-)$$

（3）画出 $t=0_+$ 的等效电路。电容元件作为恒压源处理，其数值和极性由 $U_C(0_+)$ 确定。电感元件作为恒流源处理，其数值和极性由 $i_L(0_+)$ 确定（若电容初始值为 0，则换路后可视为短路；若电感电流初始值为 0，则换路后瞬间可视为开路）。利用其等效电路求出其它各量的初始值。

4.2　RC 电路的暂态过程

电路中的电源（电压源或电流源）称为激励，而电路元件（如 R、L、C）上的电压或电流称为响应。电路的暂态分析就是根据激励求出电路的响应。最基本的分析方法就是经典法：根据电路基本定律列出以时间为自变量的微分方程，然后，利用已知的初始条件求解微分方程。

本节介绍用经典法来分析讨论 RC 电路的暂态过程。

4.2.1 零输入响应

所谓零输入响应就是指换路后的输入信号为零,即无激励时由电路初始储能产生的响应。

如图 4-4 所示电路中,换路前 S 处于位置"2",电容已充电完毕,电路处于稳定状态。当 S 由位置"2"在 $t=0$ 时刻切换到位置"1"后,激励为零,电容 C 开始放电,该电路零输入响应则是电容放电过程中电路的响应,其响应情况分析如下。

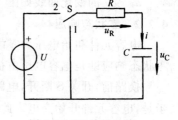

图 4-4 RC 放电电路

首先求得电容电压的初始值

$$u_C(0_+)=u_C(0_-)=U$$

列 KVL 方程有

$$iR+u_C=0$$

因为

$$i=C\frac{\mathrm{d}u_C}{\mathrm{d}t}$$

代入上式整理,得

$$RC\frac{\mathrm{d}u_C}{\mathrm{d}t}+u_C=0 \tag{4-3}$$

这是一个一阶常系数线性齐次微分方程,其通解形式为 $u_C(t)=Ae^{\rho t}$,解式(4-3)所示一阶微分方程并注意到 $u_C(0_+)=U$ 可得

$$u_C(t)=Ue^{-\frac{t}{RC}} \tag{4-4}$$

可见,电容上的电压随时间按指数规律衰减,变化曲线如图 4-5a 所示。电容上的电压 u_C 由初始值 U 按指数规律变化到新的稳态值 0。变化的速度取决于 RC 之积。令

$$\tau=RC$$

显然 τ 具有时间量纲,当电阻的单位用 Ω,电容单位用 F 时,τ 的单位是 S。所以称 τ 为电路的时间常数。

时间常数 τ 的大小决定了暂态过程的快慢,τ 越大,变化的速度则越慢,τ 越小,变化的速度则越快,暂态过程越短。道理很简单,当初始电压

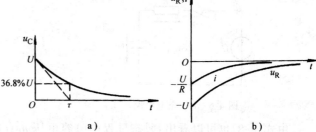

图 4-5 一阶 RC 电路零输入响应曲线
a)电容放电曲线 b)u_R、i 的变化曲线

一定时,C 越大,储存电荷就越多,而 R 越大则放电电流就越小。所以,R 或 C 越大,放电就越慢。因此,改变 R 或 C 的数值,都可以改变时间常数的大小,即改变电容的放电速度。

将 $t=\tau=RC$ 带入式(4-4)有

$$u_C(\tau)=Ue^{-1}=0.368U$$

可见,时间常数 τ 等于电容上的电压衰减到初始值 U 的 36.8% 所需的时间。理论上,当 $t\rightarrow\infty$ 时,电路才达到新的稳态值,而实际上,经过 5τ 时间后,就可以认为暂态过程结束,电路已达到新的稳定状态了。

由电路图 4-4 可求出电阻上的电压和电容上电流的变化规律为

$$u_R = -u_C = -Ue^{-\frac{t}{RC}} \tag{4-5}$$

$$I = \frac{u_R}{R} = -\frac{U}{R}e^{-\frac{t}{RC}} \tag{4-6}$$

u_R 及 i 的变化曲线如图 4-5b 所示。

4.2.2　零状态响应

电容元件初始电压为零的条件下,由电源激励产生的电路响应称为零状态响应。RC 电路零状态响应即是电容电压由初始值零开始充电的过程,电路如图 4-6 所示。

换路前,开关 S 断开,电路处于稳定状态,电容电压 $u_C = 0$。$t = 0$ 时将开关闭合,产生换路,于是,电容元件开始充电。此时有

$$iR + u_C = U$$

因为

$$i = C\frac{du_C}{dt}$$

代入上式整理有

$$RC\frac{du_C}{dt} + u_C = U \tag{4-7}$$

这是一个一阶常系数线性非齐次微分方程,它的通解是由特解和补函数两部分构成的。解方程式(4-7)并注意到 $t \to \infty$ 时 $u_C(\infty) = U$ 和 $u_C(0_+) = u_C(0_-) = 0$,可得

$$u_C(t) = U - Ue^{-\frac{t}{RC}} \tag{4-8}$$

由此可见,电容上的电压随时间按指数规律增加,其初始值为 0,终点值是稳态值 U,变化的速度仍取决于时间常数 RC,变化曲线如图 4-7 所示。

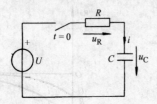

图 4-6　RC 充电电路

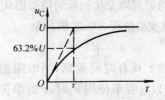

图 4-7　电容充电波形

由式(4-8)也可以看出,暂态过程中电容电压 $u_C(t)$ 包含两个分量:一是新的稳态值 U,称为稳态分量;二是仅存于暂态过程中的分量 $-Ue^{-\frac{t}{RC}}$,称为暂态分量,暂态分量存在的时间长短由时间常数 $\tau = RC$ 决定。

由图 4-6 可求出电阻电压和电路电流关系式为

$$u_R = U - u_C = Ue^{-\frac{t}{RC}} \tag{4-9}$$

$$i = \frac{u_R}{R} = \frac{U}{R}e^{-\frac{t}{RC}} \tag{4-10}$$

可见,当电路换路时,不仅电容电压有暂态过程发生,而且电容上电流和电阻上电压等也都存在暂态过程,并且具有相同的时间常数,均按指数规律变化(衰减或增加)。各量的暂态过程同时开始,同时结束,时间长短取决于时间常数,并且电路换路后的电路只有一个确定的时间常数。

4.2.3 全响应

RC 电路的全响应,就是电容电压初始值不为零并且换路后电路内有电源时的暂态过程。此时电容元件由一种储能状态转化到另一种储能状态。

图 4-8 所示电路中,开关 S 在位置"1"时电源电压对电容充电已达稳态,在 $t=0$ 时,将开关 S 由位置"1"切换到位置"2",电路发生换路,产生过渡过程如下

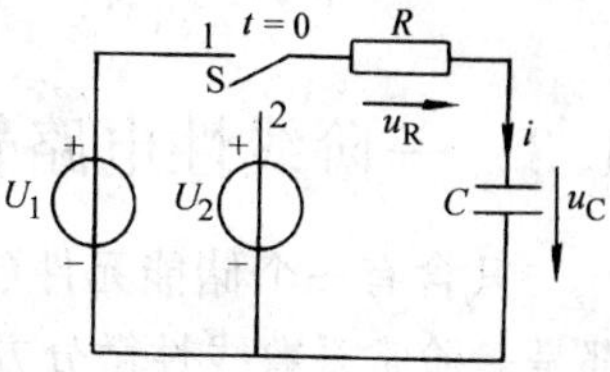

电容上电压初始值为

$$u_C(0_+)=u_C(0_-)=U_1$$

图 4-8 RC 全响应电路

换路后微分方程同零状态响应,即

$$RC\frac{du_C}{dt}+u_C=U_2 \tag{4-11}$$

其通解形式与式(4-7)类似。考虑初始条件 $u_C(0_+)=U_1$ 及 $t=\infty$ 时 $u_C(\infty)=U_2$,可得

$$u_C(t)=U_1e^{-\frac{t}{RC}}+U_2(1-e^{-\frac{t}{RC}}) \tag{4-12}$$

比较式(4-4)和式(4-8)可知,全响应的结果为零输入响应和零状态响应的线性叠加,即

全响应=零输入响应+零状态响应

将式(4-12)转换有

$$u_C(t)=U_2+(U_1-U_2)e^{-\frac{t}{RC}} \tag{4-13}$$

可见,电容电压为稳态分量 U_2 和暂态分量 $(U_1-U_2)e^{-\frac{t}{RC}}$ 的合成,即全响应也可用另一种形式表示

全响应=稳态分量+暂态分量

全响应时电容上的电压仍随时间按指数规律变化,变化的起点是初始值 U_1,变化的终点是稳态值 U_2,变化的速度取决于时间常数 RC。即以 RC 为时间常数,按指数规律由 U_1 变化到 U_2。

例 4 图 4-8 所示电路中,若 $U_1=6V,U_2=10V,R=10k\Omega,C=10\mu F$,在 $t=0$ 时开关 S 由位置"1"切换到位置"2",换路前电路已稳定。试求(1)$u_C(t)$、$u_R(t)$、$i(t)$ 的变化规律。(2)$t=0_+$ 时 $u_C(0_+)$、$u_R(0_+)$ 和 $i(0_+)$ 的值各是多少?(3)$t=1s$ 时,$u_C(1)$、$u_R(1)$、$i(1)$ 的值各是多少?

解 该电路的时间常数

$$\tau=RC=10\times10^3\Omega\times10\times10^{-6}F=0.1s$$

① $$u_C(t)=U_2+(U_1-U_2)e^{-\frac{t}{RC}}=10-4e^{-10t}V$$

$$u_R(t)=U_2-u_C(t)=4e^{-10t}V$$

$$i(t)=\frac{u_R}{R}=0.4e^{-10t}mA$$

② 当 $t=0_+$ 时

$$u_C(0_+)=10-4e^0=6V$$

$$u_R(0_+)=4e^0=4V$$

$$i(0_+)=0.4e^0=0.4mA$$

③ 当 $t=1s$ 时

$$t=1s>5\quad\tau=0.5s$$

可将 $t=1s$ 视为 $t\to\infty$

即

$$u_C(1) \approx 10 - 4e^{-\infty} = 10V$$

$$u_R(1) \approx 0$$

$$i_C(1) \approx 0$$

4.3 一阶线性电路暂态分析的三要素法

只含有一个储能元件(L 或 C)或者可以等效为一个储能元件的线性电路，它的微分方程都是一阶常系数线性微分方程，称这种电路为一阶线性电路。它包括 RC 电路及 RL 电路。

4.3.1 三要素分析法

通过前面的分析可知，对一阶 RC 线性电路而言，电路中电容电压的暂态过程总是由初始值开始，以 $\tau = RC$ 为时间常数按指数规律变化到稳态值，也就是说，只要知道初始值、稳态值和电路时间常数，电路的全响应也就确定了。故称初始值、稳态值和时间常数为电路的"三要素"。

由前面的分析知道，一阶线性电路的响应是稳态分量和暂态分量两部分的叠加，可以证明，一阶线性电路暂态过程中任意变量的变化规律都可用下式表示

$$f(t) = f(\infty) + [f(0_+) - f(\infty)]e^{-\frac{t}{\tau}} \tag{4-14}$$

式 4-14 表明，只要知道一个量的初始值 $f(0_+)$、稳态值 $f(\infty)$ 和电路的时间常数 τ 就可以求出该量的表达式。利用 $f(0_+)$、$f(\infty)$ 和 τ 这三个要素求解一阶电路暂态响应的方法就叫三要素法。其求解的一般步骤为：

(1) 计算初始值 $f(0_+)$。$f(0_+)$ 是 $t = 0_+$ 时的电压(或电流)值，是暂态过程变化的起始值，可按换路前后电路及换路定理求取，本章第一节已经介绍。

(2) 计算稳态值 $f(\infty)$。$f(\infty)$ 是 $t \to \infty$ 时电路处于新的稳定状态时的电压(或电流)值，是暂态过程变化的终了值，可按换路后稳态等效电路求取。

(3) 计算时间常数 τ。对 RC 电路来讲

$$\tau = RC \tag{4-15}$$

式中 R、C 分别是换路后的电路中化为单回路时的总的等效电阻和电容。

可求证，对 RL 电路来讲，其时间常数是

$$\tau = \frac{L}{R} \tag{4-16}$$

上式中 R、L 分别是换路后的电路等效为单回路时总的等效电阻和等效电感。

(4) 将上述所求的三要素代入式(4-12)即可求得电路的响应。

例 5 利用"三要素"法分析图 4-8 所示电路中电容电压 $u_C(t)$、电阻电压 $u_R(t)$、及电流 $i(t)$ 的全响应。

解 (1)初始值

$$u_C(0_+) = u_C(0_-) = U_1$$

$$u_R(0_+) = U_2 - u_C(0_+) = U_2 - U_1$$

$$i(0_+) = \frac{u_R(0_+)}{R}$$

(2) 稳态值

$$u_C(\infty) = U_2$$

$$u_R(\infty)=0$$

$$i(\infty)=0$$

（3）时间常数

$$\tau=RC$$

（4）将上列各式分别代入式(4-14)有

$$u_C(t)=u_C(\infty)+[u_C(0_+)-u_C(\infty)]e^{-\frac{t}{RC}}=U_2+(U_1-U_2)e^{-\frac{t}{RC}}$$

$$u_R(t)=u_R(\infty)+[u_R(0_+)-u_R(\infty)]e^{-\frac{t}{RC}}=0+[(U_2-U_1)-0]e^{-\frac{t}{RC}}=(U_2-U_1)e^{-\frac{t}{RC}}$$

$$i(t)=i(\infty)+[i(0_+)-i(\infty)]e^{-\frac{t}{RC}}=\frac{U_2-U_1}{R}e^{-\frac{t}{RC}}$$

例 6 图 4-9 所示电路，$t<0$ 时电路处于稳态，$t=0$ 时开关 S 打开。求换路后电容电压 $u_C(t)$ 和电流 $i_C(t)$ 以及电阻电压 $u_{R1}(t)$ 的变化规律，并画出他们的波形图。已知 $U=10\text{V}$，$R_1=2\text{k}\Omega$，$R_2=3\text{k}\Omega$，$C=1\mu\text{F}$。

解 图 4-9 电路换路前

$$u_C(0_-)=\frac{R_2}{R_1+R_2}U=6\text{V}$$

所以

$$u_C(0_+)=u_C(0_-)=6\text{V}$$

换路后

$$u_C(\infty)=U=10\text{V}$$

$$\tau=R_1C=0.002\text{S}$$

由式(4-14)得

$$u_C(t)=u_C(\infty)+[u_C(0_+)-u_C(\infty)]e^{-\frac{t}{\tau}}=10\text{V}+[6-10]Ve^{-500t}=10-4e^{-500t}\text{V}$$

电阻电压

$$u_{R1}=U-u_C(t)=4e^{-500t}\text{V}$$

电容电流

$$i_C=\frac{u_{R1}(t)}{R_1}=2e^{-500t}\text{mA}$$

电压 u_C、u_{R1} 电流 i_C 的波形如图 4-10 所示。

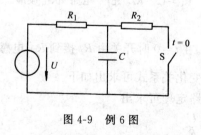

图 4-9　例 6 图

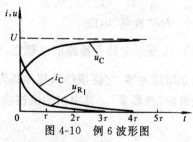

图 4-10　例 6 波形图

由上可以看出，"三要素"法简单明了，容易掌握，所以"三要素"法是暂态分析的一种有效方法。

4.3.2 *RL* 电路的暂态过程

对于 *RL* 电路的暂态过程分析方法与 *RC* 电路相似，可用经典法分析，即根据换路后的电路列出微分方程后,再找出它的解,从而得到 RL 电路中电压、电流在暂态过程中的变化规律,也可用一阶线性电路暂态分析的三要素法即式(4-14)求解。本节利用第二种方法对 L 元件的"充电"、"放电"给予分析。

4.3.2.1 串联电路与恒定电压接通

图 4-11 所示电路,$I_L(0_-)=0$,在 $t=0$ 时,接入恒定直流电压源,其电感 将"充电"。此时电路中电压、电流的变化规律如何呢?

按换路定理,$t=0$ 时换路后,i_L 初始值

$$i_L(0_+)=i_L(0_-)=0$$

换路后电路稳定时,电感 L 可视为短路,电感电流的稳态值

$$i_L(\infty)=\frac{U}{R}$$

此电路的时间常数由式(4-16)知

$$\tau=\frac{L}{R}$$

将上所求三要素值代入式(4-14)可得

$$i_L(t)=i_L(\infty)+[i_L(0_+)-i_L(\infty)]e^{-\frac{t}{\tau}}=\frac{U}{R}+\left[0-\frac{U}{R}\right]e^{-\frac{R}{L}t}=\frac{U}{R}(1-e^{-\frac{R}{L}t}) \tag{4-17}$$

可见,$i_L(t)$ 也由稳态分量 $\frac{U}{R}$ 和暂态分量 $-\frac{U}{R}e^{-\frac{R}{L}t}$ 组成。

图 4-11 所示电路中电阻电压

$$u_R(t)=i_L(t)R=U-Ue^{-\frac{R}{L}t}$$

电感电压

$$u_L(t)=U-u_R(t)=Ue^{-\frac{R}{L}t}$$

$u_L(t)$ 和 $i_L(t)$ 的波形如图 4-12 所示。

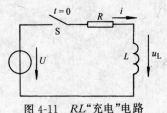

图 4-11 RL "充电"电路

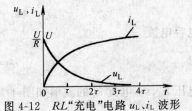

图 4-12 RL "充电"电路 u_L、i_L 波形

4.3.2.2 RL "放电"电路

图 4-13 所示电路在换路前已稳定,即 $i_L(0_-)=\frac{U}{R_1}$。在 $t=0$ 时开关由 R_1 接到 R_2,电感电流 i_L 不能立即降为零,它将按指数规律逐渐衰减到零,其变化关系式可求出如下

先求出"三要素"。其中初始值按换路前电路及换路定理可求出

$$i_L(0_+)=i_L(0_-)=\frac{U}{R_1}$$

稳态值和时间常数按换路后电路可求知

$$i_L(\infty)=0$$

$$\tau=\frac{L}{R_2}$$

再将三要素代入式(4-14),有

$$i_L(t)=i_L(\infty)+[i_L(0_+)-i_L(\infty)]e^{-\frac{t}{\tau}}=0+\left[\frac{U}{R_1}-0\right]e^{-\frac{R_2}{L}t}=\frac{U}{R_1}e^{-\frac{R_2}{L}t} \qquad (4\text{-}18)$$

所以,换路后电感电压

$$u_L(t)=-i_L(t)R_2=-\frac{R_2}{R_1}Ue^{-\frac{R_2}{L}t}$$

$u_L(t)$ 和 $i_L(t)$ 的波形如图 4-14 所示。

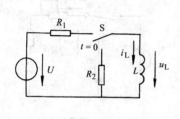

图 4-13 RL"放电"电路

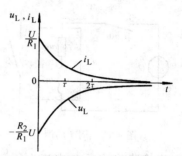

图 4-14 RL"放电"电路的 u_L、i_L 波形

换路后瞬间,$u_L(0_+)=-\frac{R_2}{R_1}U$,若 $R_2\gg R_1$,则在电感两端会感应出较高电压,这可以在电感两端并接一个二极管来续流嵌位,以防过压而损坏器件。

在 RL 电路中,电压、电流暂态过程同 RC 电路一样,按指数规律由初始值变化到稳态值,变化的快慢由电路时间常数决定,其时间常数 $\tau=\frac{L}{R}$。可见,电路的总电阻愈小,总电感量愈大,则暂态过程也就愈长。

例7 图 4-15 表示某继电器 K 的电路。已知 $R_L=100\Omega$,$L=0.5H$,它的最小启动电流 $I_{min}=152mA$。试问电源电压 U 等于多少时,才能使继电器在开关闭合后延迟 5ms 方才开始启动?

解 由式(4-17)知电路中电流 i 的变化规律为

$$i=\frac{U}{R_L}(1-e^{-\frac{R_L}{L}t})$$

代入已知数据 $t=5ms=0.005s$,$i=152mA=0.152A$,有

$$0.152=\frac{U}{100\Omega}(1-e^{-\frac{100\Omega}{0.5H}\times5\times0.001})=\frac{U}{100\Omega}\times0.632$$

故得

$$U=\frac{0.152\times100}{0.632}=24V$$

从本例可知:电源电压高低对继电器动作时间快慢有影响,电源电压愈低,则继电器电流达到动作之所需的时间愈长,即继电器缓动。

例8 在图 4-16 中,$R\text{-}L$ 是发电机的励磁线圈,其电感量较大。R_f 是调节励磁电流用的电位器。当将电源开关断开的同时,为了不使励磁线圈所处的磁场能量消失过快以至烧坏开关触头,往往用一个泄放电阻 R' 与线圈连接。开关 S 接通 R' 的同时将电源断开。经过一定时间后,再将开关 S 扳到"3"的位置,使电路完全断开。

已知 $U=220V$,$L=10H$,$R=80\Omega$,$R_f=30\Omega$,如果在电路已到达稳电状态时,开关断开电

源而与 R' 接通。

(1) 设 $R'=1000\Omega$ 试求当开关 S 接通 R' 的瞬间线圈两端的电压 u_{RL}。

(2) 在(1)中如果不使电压 u_{RL} 超过 220V,则泄放电阻 R' 应选多少欧?

(3) 根据(2)中所选用的电阻 R',试求开关接通 R' 后经过多长时间,线圈才能将所储的磁场能量放出 95%?

(4) 写出(3)中 u_{RL} 随时间变化的表达式。

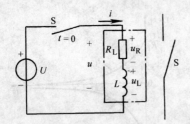

图 4-15 例 7 的图

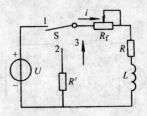

图 4-16 例 8 的图

解 在换路前,线圈中电流为

$$i(0_-)=\frac{U}{R+R_f}=\frac{220\text{V}}{80\Omega+30\Omega}=2\text{A}$$

所以,换路后,线圈中电流为

$$i(0_+)=2\text{A}$$

(1) 在 $t=0_+$ 时,线圈两端的电压即为电阻 R_f、R' 两者电压降之和,其绝对值为

$$|u_{RL}(0_+)|=i(0_+)(R_L+R')=i(0_-)(R_L+R')=2(30+1000)\Omega=2060\text{V}$$

(2) 如果不使 $u_{RL}(0_+)$ 超过 220V,则

$$2\text{A}(30+R')\Omega\leqslant220$$

即

$$R'\leqslant80\Omega$$

(3) 线圈储能为

$$W=\frac{1}{2}Li^2(0_+)$$

设磁场能放出 95% 时的电流为 i,则

$$\frac{1}{2}Li^2=(1-0.95)\times\frac{1}{2}Li^2(0_+)$$

即

$$\frac{1}{2}\times10i^2=0.05\times\frac{1}{2}\times10\text{H}\times2\text{A}^2$$

$$i=0.447\text{A}$$

由式(4-18),并取 $R'=80\Omega$ 有

$$i=\frac{U}{R+R_f}e^{-\frac{R+R_F+R'}{L}t}=2e^{-19t}$$

$$0.447=2e^{-19t}$$

$$t=0.079\text{s}$$

即开关接通 R' 后经过 0.079s,线圈储能放出 95%。

(4) 取 $R'=80\Omega$ 则

$$u_{RL}=-i(R_f+R')=-2e^{-19t}(30+80)=-220e^{-19t}\text{V}$$

复习思考题

1. 什么叫换路？换路定理的内容是什么？

2. 什么叫电路的暂态过程？它含有那些元件时电路存在暂态过程？

3. "电容器接在恒定直流电压源上是没有电流通过的"这话确切吗？试完整地说明之。

4. 在 RC 充电电路中，电容器两端电压及充电电流变化规律是怎样的？

5. 在 RC 放电电路中，电容电压及电流变化规律是怎样的？

6. 如何计算 RC 电路和 RL 电路的时间常数？

7. 一阶线性电路暂态分析的三要素法中的"三要素"指的是什么？你能写出三要素法的一般公式吗？

8. 试确定图 4-17 中开关 S 在 $t=0$ 时 突然从"a"转接至"b"时电容器 C 上的电压 $U_C(0_+)$ 及电容中的电流 $i(0_+)$。已知 $U_1=U_2=5\text{V}, R=2\text{k}\Omega, C=10\text{uF}$。

9. 在图 4-18 所示电路中，已知 $R_1=R_2=200\Omega, U=6\text{V}$，当开关 S 突然于 $t=0$ 时接通时，试求 $u_C(0_+)$、$u_{R1}(0_+)$、$u_{R2}(0_+)$、$u_C(\infty)$、$u_{R1}(\infty)$、$u_{R2}(\infty)$（设 $u_C(0_-)=0$）。

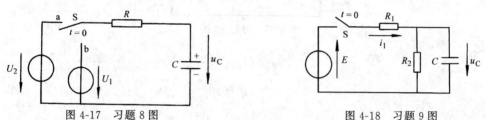

图 4-17 习题 8 图   图 4-18   习题 9 图

10. 确定图 4-19 所示电路中各储能元件的电流和电压的初始值。设开关 S 闭合前电感元件和电容元件均未储能。

11. 确定图 4-20 所示电路中各电流的初始值。换路前电路已处于稳态。

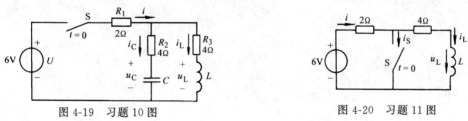

图 4-19   习题 10 图   图 4-20   习题 11 图

12. 图 4-21 所示电路中，已知 $u_C(0_-)=0$、$U=6\text{V}$、$R_1=R_2=2\text{k}\Omega$、$C=2\mu\text{F}$，求 $U_C(t)$、$i_C(t)$ 并画出它们的波形。

13. 图 4-22 中，$E=10\text{V}$、$R_1=200\Omega$、$R_2=300\Omega$、$C=10\mu\text{F}$、$t=0$ 时开关 S 闭合。设开关闭合前电路已稳定，试求开关闭合后 $u_C(t)$、$u_{R1}(t)$，并画波形图。

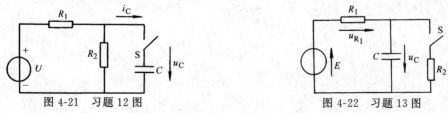

图 4-21   习题 12 图   图 4-22   习题 13 图

14. 在图 4-23 中，$E=20\text{V}$、$R_1=12\text{k}\Omega$、$R_2=6\text{k}\Omega$、$C_1=C_2=10\mu\text{F}$，电容原先均未储能。求 $t\geqslant0$ 时的 $u_C(t)$ 表达式，并画出曲线。

15. 图 4-24 所示电路中，$E_1=10\text{V}$、$E_2=5\text{V}$、$R_1=R_2=4\text{k}\Omega$、$R_3=2\text{k}\Omega$、$C=100\mu\text{F}$。开关 S 合在 E_1 时电路处于稳态，$t=0$ 时开关由 E_1 合到 E_2。求 $t\geqslant0$ 时的 $u_C(t)$。

16. 图 4-25 所示电路中，开关 S 闭合前电路已处于稳态。求开关闭合后的 $i_L(t)$。其中 $E=4\text{V}$、$R_1=5\Omega$、R_2 $=R_3=15\Omega$、$L=10\text{mH}$。

17. 试求题 11 中 $i_L(t)$ 和 $u_L(t)$ 的表达式。

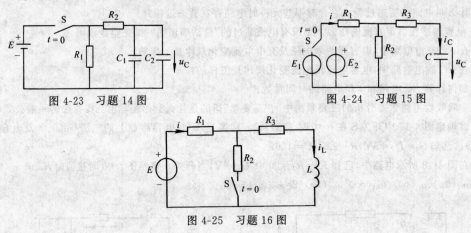

图 4-23　习题 14 图　　　　　　图 4-24　习题 15 图

图 4-25　习题 16 图

第5章 铁心线圈电路与变压器

前几章介绍了电路的基本概念、基本定律和基本分析方法，但是在很多电工设备（如电机、变压器、电磁铁、电工测量仪表以及其他各种铁磁元件）中，不仅有电路问题，同时还有磁路问题。只有同时掌握了电路和磁路的基本理论，才能对各种电工设备作全面的分析。

5.1 磁场的基本物理量

5.1.1 磁感应强度

磁场对通电导体有力的作用，这种力叫做磁场力或磁力，磁场愈强即表现出来的磁场力越大。磁感应强度 B 就是表示磁场内某点的磁场强弱和方向的物理量，它是一个矢量。它的大小可以这样定义：把通电导体与磁场方向垂直的放入磁场中，磁场对导体的作用力 F 与导体中的电流强度 I 和导体长度 l 的乘积之比，叫做磁感应强度 B，单位为 Wb/m²（韦伯/米²），也称特斯拉（T）。即

$$B = \frac{F}{lI} \tag{5-1}$$

其方向与（产生磁场的）电流之间符合右螺旋规则。

式中　F——力（N）；

　　　I——电流强度（A）；

　　　l——导体长度（m）。

曾用高斯（Gs）作磁感应强度的单位，两者关系是

$$1T = 10^4 Gs$$

如果磁场内各点的磁感应强度的大小相等，方向相同，这样的磁场称为均匀磁场。

5.1.2 磁通

磁感应强度 B 与垂直于磁场方向的面积 S 的乘积，称为通过该面积的磁通 Φ，即

$$\Phi = BS \tag{5-2}$$

式中　S——面积（m²）；

　　　Φ——磁通（Wb）；

　　　B——磁感应强度（Wb/m²）。

磁通 Φ，也就是磁通量，通常理解为是在磁场中垂直穿过面积 S 的磁力线数。

由式（5-2）得

$$B = \frac{\Phi}{S} \tag{5-3}$$

可见，磁感应强度在数值上可以看成与磁场方向垂直的单位面积所通过的磁通量，故也称磁感应强度为磁通密度。

5.1.3 磁场强度

磁场强度 H 是计算磁场时所引用的一个物理量，也是矢量，它与励磁电流的关系，遵循

安培环路定律（又称全电流定律），即在磁场中沿任何闭合曲线磁场强度矢量 H 的线积分，等于穿过该闭合曲线所围曲面的电流的代数和，其数学表达式为

$$\oint \vec{H} \mathrm{d} \vec{l} = \Sigma I \tag{5-4}$$

电流的正负是这样规定的：任意选定一个闭合回线的围绕方向（常取磁力线作为闭合回线），凡是电流方向与闭合回线围绕方向符合右螺旋定则的取正，反之为负。

图 5-1 所示理想磁路（无漏磁）是由某一种材料构成，各处截面积相等，若取铁心中线作为积分路径 l，沿路径 l 各点的 B 和 H 均有相同的值，其方向处处与积分路径的绕行方向一致（即 $\vec{H}$ 与 $\mathrm{d}\vec{l}$ 方向相同）。N 匝励磁线圈绕在铁心上，其中电流为 I，即线圈中电流 I 穿绕磁路 N 次。即

$$\oint \vec{H} \mathrm{d} \vec{l} = HL$$
$$\Sigma I = IN$$

由式（5-4）得

$$Hl = IN$$

即

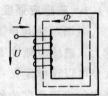

图 5-1　理想磁路

$$H = \frac{IN}{l} \tag{5-5}$$

式（5-5）中乘积 IN 称为磁动势，用 F 表示，即

$$F = IN \tag{5-6}$$

磁通就是由它产生的，常称为励磁安匝，它的单位是 A（安培）。

5.1.4 磁导率

磁导率 μ 是一个用来表示磁场媒质磁性的物理量，也就是用来衡量物质导磁能力的物理量。它与磁场强度的乘积等于磁感应强度。

即

$$B = \mu H \tag{5-7}$$

因此，在图 5-1 所示理想磁路中，磁心内各点的磁感应强度为

$$B = \mu H = \mu \frac{IN}{l} \tag{5-8}$$

由式（5-5）和式（5-8）可以看出，磁场内某一点的磁场强度 H 只与电流大小、线圈匝数、以及该点的几何位置有关，而与磁场媒质的磁性（μ）无关，就是说当电流值一定时，磁场强度的数值也一定，不因磁场媒质（μ）的不同而变化。但磁感应强度 B 是与磁场媒质的磁性有关的。当线圈内的媒质不同时，即媒质磁导率 μ 不同时，同样电流值产生的磁感应强度大小不同，线圈内的磁通也就不同了。

由式（5-5）知，磁场强度的单位是 A/m（安/米），磁导率 μ 的国际单位为 H/m（亨/米）。

由实验测出，真空的磁导率是常数，为

$$\mu_0 = 4\pi \times 10^{-7} \mathrm{H/m}$$

任意一种物质的磁导率 μ 和真空的磁导率 μ_0 的比值，称为该物质的相对磁导率 μ_r，即

$$\mu_r = \frac{\mu}{\mu_0} \tag{5-9}$$

自然界所有的物质按磁导率的大小，即按磁化的特性，大致可分为磁性材料和非磁性材料两大类。

对于非磁性材料而言，$\mu \approx \mu_0$，$\mu_r \approx 1$，磁导率 μ 基本为一常数。对于磁性材料 $\mu \gg \mu_0$，$\mu_r \gg 1$，其特性下节讨论。

5.2 磁路及其基本定律

5.2.1 磁性材料

磁性材料主要是指铁、镍、钴及其合金以及铁氧体等材料，它们具有下列几种磁性能。

1. **高导磁性** 磁性材料的相对磁导率 $\mu_r \gg 1$，可达数百、数千乃至数万之值。这是因为它们具有很强的被磁化的特性，在外磁场均匀的作用下，能产生远大于外磁场的附加磁场的缘故。而非磁性材料则不具有这种特性。

磁性材料的高导磁性，使得在一定的励磁电流下，可以得到较高的磁感应强度，即产生足够大的磁通，从而使得它在电工设备如电机、变压器、铁磁元件的线圈中以及电子技术领域都获得了广泛的应用。

2. **磁饱和性** 磁性材料中，磁感应强度 B（或磁通 Φ）与磁场强度 H（或励磁电流 I）的关系曲线 $B = f(H)$（或 $\Phi = f(I)$），称为磁化曲线。

可测得，在直流励磁下，磁性材料的磁化曲线 B-H，如图 5-2 所示。

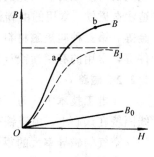

图 5-2 磁化曲线

各种磁性材料的磁化曲线均可通过实验得出，该曲线可分成三段：oa 段——B 随 H 差不多成正比的增加；ab 段——B 的增加缓慢下来；b 以后一段——B 增加的很少，达到了磁饱和。

磁性物质的 B 与 H 不成正比关系即说明磁性物质的磁导率 μ 不是常数，随 H 而变。当磁场强度为 H 达到一定数值后，磁性物质中的磁感应强度 B 基本不再增加，即达到了磁饱和状态。此时磁导率已变得较小，磁导率 μ 与 H 的变化关系曲线如图 5-3 所示。

3. **磁滞性** 交流励磁时磁性材料的 B-H 曲线是一条封闭曲线，称为磁滞回线，如图 5-4 所示。

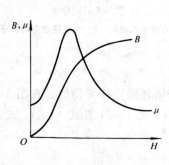

图 5-3 B、μ 与 H 的关系

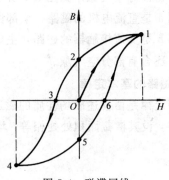

图 5-4 磁滞回线

由图可见，当 H（由 1 点或 4 点）减到零时，B 并未回到零值（而是回到 2 或 5 点），这种磁感应强度滞后于磁场强度变化的性质称为磁性物质的磁滞性。

在磁性材料如铁心线圈中，当线圈电流减小到零值（即 $H=0$ 时），铁心中仍有一定的磁感应强度值（或磁通量），称为剩磁，通常用 B_r 表示，即图 5-4 中的纵坐标 0-2 和 0-5 值。若要去掉剩磁，应施加反向的磁场强度（即通反向电流），使 $B=0$ 的 H 值，在图 5-4 为 0-3 和 0-6 的坐标值，称为矫顽磁力，通常用 H_c 表示。

磁性物质不同，其磁化曲线和磁滞回线（剩磁和矫顽磁力）也不同，可由实验测得。图 5-5 中示出了几种常见磁性材料的磁化曲线。按其磁滞性能，磁性材料可分成三种类型：一种是软磁材料，它具有较小的矫顽磁力，磁滞回线窄，剩磁少，一般用来制造电机、电器及变压器的铁心等，常用的有铸铁、硅钢、坡莫合金及铁氧体等。第二种叫永磁材料，它具有较大的矫顽磁力和较宽的磁滞回线，一般用来造永久磁铁，常用的由碳钢、钴钢及铁镍钴合金等。第三种叫矩磁材料，它具有较小的矫顽磁力和较大的剩磁，可用作记忆元件、逻辑元件等，常用的有镁锰铁氧体等。

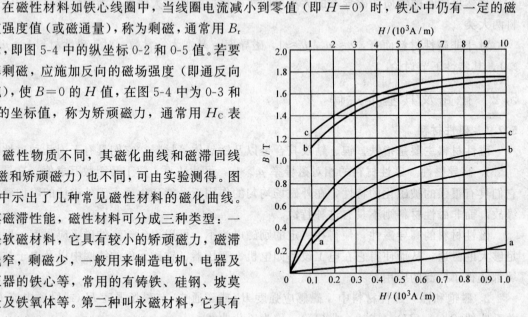

图 5-5　几种材料的磁化曲线

5.2.2　磁路

在电工技术中，为了获得强磁场，常将线圈绕在铁心上。由于铁磁物质的磁导率比周围空气的磁导率大的很多，所以磁力线的分布可看成集中在铁磁物质内。通常，工程上把这种主要由铁磁物质所组成的，能使磁力线集中通过的路径称为磁路。磁路是一个闭合回路，有的磁路全部由铁磁物质组成，也有的存有部分空气隙。如图 5-6 所示的磁路中，图 a 是直流电机的磁路，全部由铁心组成，图 b 是交流接触器的磁路，主要由铁心构成，还含有部分空气隙。

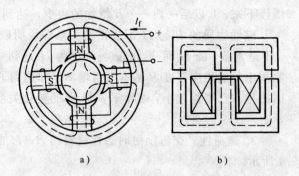

图 5-6　磁路

a）直流电机磁路　b）交流接触器的磁路

5.2.3　磁路的基本定律

磁路定律是由描述磁场性质的磁通连续性原理和安培环路定律导得的。在图 5-1 所示理想磁路中，设其横截面积处处相等，均为 S，由式（5-2）、式（5-5）及式（5-6）、式（5-7）有

$$\Phi = BS$$

$$H = \frac{IN}{l}$$

$$F = IN$$

$$B = \mu H$$

由上列各式整理得

$$\Phi = \mu \frac{IN}{l} S = \frac{F}{\frac{l}{\mu S}}$$

令 $R_\mathrm{m} = \frac{l}{\mu S}$，则

$$\Phi = \frac{F}{R_\mathrm{m}} \tag{5-10}$$

式 (5-10) 在形式上与电路中的欧姆定律 ($I = E/R$) 相似，称为磁路的欧姆定律。磁路中的磁通 Φ 对应于电路中的电流 I，磁路中的 F 对应于电路中的电动势 E，因而称 F 为磁通势；磁路中的 $R_\mathrm{m} = 1/\mu S$ 对应于电路中的电阻 $R = 1/\gamma S$ (γ 为电导率)，因而称 R_m 为磁阻。磁阻 R_m 表示磁路的材料对磁通起阻碍作用的大小，反映磁路导磁性能的强弱，它的大小与磁路的尺寸及材料的磁导率有关。由于磁性材料的磁导率 μ 不是常数，故 R_m 也不是常数，一般不能直接用式 (5-10) 计算磁路，只能用作定性分析。

计算磁路时通常利用安培环路定律。对于均匀磁路而言，前面已介绍，有

$$IN = Hl$$

如果磁路是由不同的材料或不同长度和截面积的几段组成时，按安培环路定律可推知

$$IN = \Sigma (Hl) = H_1 l_1 + H_2 l_2 + \cdots \cdots \tag{5-11}$$

其中 $H_1 l_1$、$H_2 l_2 \cdots \cdots$ 称为磁路各段的磁压降。显然式 (5-11) 与电路中克希霍夫电压定律相似。

例 1 设图 5-1 所示磁路由铸钢制成，其磁路截面积 $S = 6\mathrm{cm}^2$，平均长度 $l = 0.4\mathrm{m}$，若需要在磁路中产生 $4.2 \times 10^{-4}\mathrm{Wb}$ 的磁通量，求 IN。

解 磁路的平均磁感应强度为

$$B = \frac{\Phi}{S} = \frac{4.2 \times 10^{-4}\mathrm{Wb}}{6 \times 10^{-4}\mathrm{m}^2} = 0.7\mathrm{T}$$

查图 5-5 所示铸钢的磁化曲线，当 $B = 0.7\mathrm{T}$ 时所需的磁场强度为

$$H = 3.2 \times 10^2 \mathrm{A/m}$$

所以，

$$IN = Hl = 3.2 \times 10^2 \mathrm{A/m} \times 0.4\mathrm{m} = 128\mathrm{A}$$

若电流为 $0.1\mathrm{A}$，则线圈匝数 $N = 1280$ 匝。

5.3 交流铁心线圈电路

将线圈绕制在铁心上便构成了铁心线圈。根据线圈所接的电源不同，分为直流铁心线圈和交流铁心线圈。

直流铁心线圈接直流电源，即用直流励磁，如直流电机、直流电磁铁等。在直流铁心线圈中，磁通是恒定的，励磁电流 $I = U/R$，由外加电源电压 U 和励磁绕阻的电阻 R 决定其大小，不会在绕组上感应电动势，功率损耗也只有绕组电阻消耗的 $I^2 R$。而在交流铁心线圈中，外加电压与电流关系以及功率损耗等几个方面与直流铁心线圈是不同的。

交流铁心线圈用交流电励磁,如变压器、交流电机等。图 5-7 所示为交流铁心线圈原理图。下面讨论其电磁关系和功率损耗等问题。

1. **电磁关系** 当给线圈外加电源电压 u 时,在线圈中产生交流励磁电流 i,则磁动势 iN 产生磁通。产生的磁通有两部分:一部分叫主磁通——全部在磁路中闭合的磁通(如图 5-7 中的 Φ);另一部分叫漏磁通——部分经过磁路,部分经过磁路周围的物质而闭合的磁通以及全部不在磁路中闭合的磁通(如图 5-7 中的 Φ_σ)。这两个磁通在线圈中分别产生两个感应电动势,即主磁电动势 e 和漏磁电动势 e_σ,其参考方向符合右手螺旋法则,其电磁关系可表示为

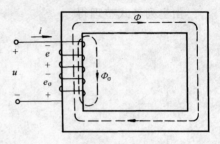

图 5-7 交流铁心线圈

$$u \to I(Ni) \quad \begin{matrix} \nearrow \Phi \to e = -N\dfrac{\mathrm{d}\Phi}{\mathrm{d}t} \\ \\ \searrow \Phi_\sigma \to e_\sigma = -N\dfrac{\mathrm{d}\Phi_\sigma}{\mathrm{d}t} = -L_\sigma\dfrac{\mathrm{d}i}{\mathrm{d}t} \end{matrix}$$

列回路电压方程得电压电流关系

$$u = (-e) + iR + (-e_\sigma)$$

可见,外加电压 u 可分成三个分量,第一个分量对应主磁通感应的电动势 e,第二个分量是在线圈电阻 R 上的压降,第三个分量则是漏磁通感应的电动势 e_σ。由于漏磁通主要不经过铁心,励磁电流 i 和漏磁通 Φ_σ 基本呈线性关系,通常用一个常数漏磁电感 L_σ 来表示。主磁通 Φ 与励磁电流的关系由于铁心磁导率的非线性而不是线性关系,即主磁电感 L 不是一个常数,总之,铁心线圈可以看作是一个非线性电感元件。

由于线圈的电阻 R 和漏感抗 $X_\sigma = \omega L_\sigma$(或漏磁通 Φ_σ)较小,即电阻上的压降和漏磁通感应电动势 e_σ 可忽略不计,这样就有外加电压与主磁通感应电动势 e 近似相等,即

$$u \approx -e \tag{5-12}$$

外加电源电压为正弦量时,主磁通也为一正弦量,设主磁通 $\Phi = \Phi_m \sin\omega t$ 时,感应主电势 e 也为一正弦量

$$e = -N\frac{\mathrm{d}\Phi}{\mathrm{d}t} = -N\frac{\mathrm{d}}{\mathrm{d}t}(\Phi_m\sin\omega t) = -N\Phi_m\omega\cos\omega t$$

$$= 2\pi f N\Phi_m\sin\left(\omega t - \frac{\pi}{2}\right) = E_m\sin\left(\omega t - \frac{\pi}{2}\right)$$

其中

$$E_m = 2\pi f N\Phi_m$$

或

$$E = 4.44 f N\Phi_m \tag{5-13}$$

由式 (5-12) 和 (5-13) 可得电源电压有效值

$$U \approx 4.44 f N\Phi_m \tag{5-14}$$

式中 U——电源电压有效值 (V);

f——交流电源频率 (Hz);

N——线圈匝数；

Φ_{m}——主磁通幅值（Wb）。

式（5-14）表明，在忽略线圈电阻和漏磁通的条件下，当线圈匝数 N 与电源频率一定时，主磁通的幅值 Φ_{m} 取决于励磁线圈外加电压的有效值而与铁心的材料及尺寸无关。该式是分析计算交流电器的重要公式。此公式还可写为：

$$U \approx 4.44 f N B_{\mathrm{m}} S \tag{5-15}$$

式（5-15）中　　B_{m}——铁心中磁感应强度的最大值（Wb/m²）或（T）；

Φ_{m}——主磁通幅值（Wb）；

S——铁心的截面积（m²）。

其它量同式（5-14）。

2. 功率损耗　铁心线圈的功率损耗包括两个部分，铜耗 ΔP_{Cu} 与铁耗 ΔP_{Fe}。铜耗 $\Delta P_{\mathrm{Cu}} = I^2 R$，是线圈导线（多为铜线）电阻 R 所消耗的功率，而铁耗 ΔP_{Fe} 是铁心在交变磁通作用下而产生的损耗，它又包括磁滞损耗 ΔP_{n} 和涡流损耗 ΔP_{e} 两部分。

由于铁磁材料的磁滞特性而产生的铁耗叫磁滞损耗 ΔP_{n}。可以证明，它与该铁心磁滞回线所包围的面积成正比，同时还与励磁电流的频率和磁感应强度有关系，f 越高、铁心磁感应强度越大，ΔP_{n} 也越大。为了减小 ΔP_{n}，可选用磁滞回线狭小的磁性材料等。

另一种铁耗-涡流的产生如图 5-8a 所示。当线圈中通入交流电流时，铁心中的交变磁通在铁心中产生感应电动势和感应电流，这种电流如同漩涡，故称为涡流。铁心有一定的电阻值，故涡流将使铁心发热，损耗电功率。涡流损耗与电源频率的平方及铁心感应强度幅值的平方成正比。

为了减小涡流损耗，当铁心线圈用于一般工频交流时，可采用由彼此绝缘且顺着磁场方向的硅钢片叠成铁心，如图 5-8b 所示，这样将涡流限制在较小的截面内流通，使涡流及其损耗都大为减小。

涡流能使铁心发热，这是不利的一面，但也有有利的一面，例如工业上常利用涡流的发热作用来熔化金属等。图 5-9 表示一感应炉的原理，当大小和方向不断变化的电流通过线圈时，铁心中便有变化的磁通穿过，因而在待熔金属中产生感应电动势和涡流，使金属发热以致熔化。

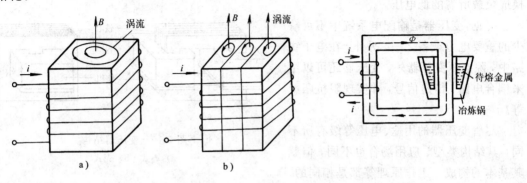

图 5-8　涡流　　　　　　　　　　　　　图 5-9　感应炉原理
a）涡流的产生　b）涡流的减少

例 2　要绕制一个交流铁心线圈，已知电源电压 $U = 220\mathrm{V}$，频率 $f = 50\mathrm{Hz}$，铁心截面积为 30.2cm²，铁心由硅钢片叠成，其叠片间隙系数为 0.91（一般取 0.9～0.93）。（1）如果取 $B_m = 1.2T$，线圈匝数应为多少？（2）磁路平均长度为 60cm 时励磁电流应为多大？

解 铁心的有效面积为

$$S = 30.2cm^2 \times 0.91 = 27.5cm^2$$

（1）由式（5-5）可求出线圈匝数为

$$N = \frac{U}{4.44 f B_m S} = \frac{220V}{4.44 \times 50Hz \times 1.2T \times 27.5 \times 10^{-4} m^2} = 300 \text{ 匝}$$

（2）由图 5-5 所示的磁化曲线中查出硅钢片中 $B_m = 1.2T$ 时

$$H_m = 700A/m$$

又

$$Hl = IN$$

所以

$$I = \frac{Hl}{N} = \frac{H_m l}{\sqrt{2} N} = \left(\frac{700 \times 60 \times 10^{-2}}{\sqrt{2} \times 300} \right) A = 1A$$

5.4 变压器

变压器是一种常见的电器设备，可用来把某一数值的交变电压变换为同频率的另一数值的交变电压，可以升压，也可以降压，在电力系统和电子线路中应用极为广泛。

5.4.1 变压器的用途和基本结构

把交流电功率从发电厂输送到用电的地方，通常要用很长的输电线。在输送一定的电功率时，如果电压 U 愈高，则输电线路电流 I 愈小，因而可以选择截面积较小的输电线，从而节省导线材料。远距离输送电能，采用高电压是最经济的。目前我国常用交流输电的电压有 35kV、110kV、220kV、500kV 等。但是，不论是从安全方面，还是从经济角度来考虑，发电机组的额定电压都不可能很高，发电机的额定电压一般有 3.15kV、6.3kV、10.5kV、15.75kV 等多种。因此，在输电之前，必须利用变压器把电压升高到所需的数值。

在用电方面，各类电器所需电压额定值不一，比如多数电器使用 220V、380V 电压，少数电动机采用 3kV 或 6kV 的电压等等。这就需要在供电之前，要利用变压器将电网高电压变换成负载所需的低电压。

可见，变压器是输配电系统中不可缺少的重要电力设备之一。另外，在电子线路中，除电源变压器外，变压器还可以用来耦合电路、传递信号，并实现阻抗匹配等。

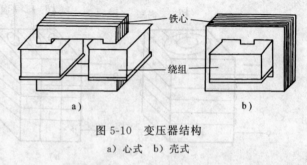

图 5-10 变压器结构
a) 心式 b) 壳式

尽管变压器的用途、电压等级有所不同，其结构类型、应用场合也不同，但就其基本的构成、工作原理等都是相同的。下面就以单相变压器为例，来介绍其基本结构、工作原理等。

变压器是由铁心和高、低压绕组构成的。按照铁心结构的不同，可分为心式与壳式两种，如图 5-10 所示。图 5-10a 为心式铁心变压器，绕组套在铁心柱上，多用于容量较大的变压器中。图 5-10b 为壳式铁心变压器，它的高、低压绕组都绕在当中的铁心柱上，当中的铁心柱的截面积为两边铁心柱的两倍，常用于小容量的变压器中。

绕组构成变压器的电路部分，一般小容量的变压器的绕组是用高强漆包线绕成，大容量变压器可用绝缘扁铜线或铝线绕制而成。而铁心则构成变压器磁路部分，为了减小磁滞及涡流损耗，变压器的铁心是用表面有绝缘层的硅钢片叠成。

5.4.2 变压器的工作原理

单相变压器的原理图如图 5-11 所示。它有高、低压两个绕组，其中接电源的绕组称为一次绕组，与负载相连接的称为二次绕组。设绕组的匝数分别为 N_1 和 N_2。

当一次绕组接上交流电压 U_1 时便有电流 i_1 流过。磁动势 i_1N_1 在铁心中产生磁通，从而在一次绕组中感应出电动势 e_1，而在二次绕组中感应出电动势 e_2。如果二次绕组接有负载，便有电流 i_2 通过，二次绕组的磁动势 i_2N_2 也将产生磁通，所以铁心中的主磁通 Φ，由一次、二次绕组共同产生，另外一次、二

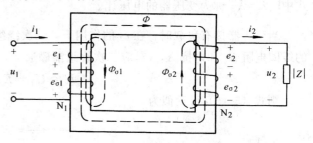

图 5-11 单相变压器的原理图

次绕组的磁动势还分别产生漏磁通 $\Phi_{\sigma1}$ 和 $\Phi_{\sigma2}$，从而各自感应出漏电势 $e_{\sigma1}$ 和 $e_{\sigma2}$，各有关量如图 5-11 所示。

上述的电磁关系可表示如下

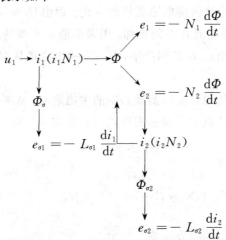

下面分别讨论变压器的"三变"作用，即电压变换、电流变换和阻抗变换。

1. 电压变换　对于一次绕组而言，同前所述铁心线圈相似，若忽略一次绕组电阻 R_1 和电抗 X_1（对应漏磁 $\Phi_{\sigma1}$ 的感抗值）上的电压降，则有

$$u_1 \approx -e_1$$

对于二次绕组，若设负载开路，则有

$$u_{20} = e_2$$

上两式用相量表示，为

$$\dot{U}_1 \approx -\dot{E}_1$$

$$\dot{U}_{20} = \dot{E}_2$$

根据式 (5-14) 可得

$$U_1 \approx E_1 = 4.44 f N_1 \Phi_m$$

$$U_{20} = E_2 = 4.44 f N_2 \Phi_m$$

上两式两边分别相比则得出变压器的电压变换关系为

$$\frac{U_1}{U_{20}} \approx \frac{E_1}{E_2} = \frac{N_1}{N_2} = K \tag{5-16}$$

式中 $K = \dfrac{N_1}{N_2}$ 称为变压器的电压比。

当变压器接有负载时，在 e_2 的作用下，二次绕组中就会产生电流 i_2，当忽略掉二次绕组的线圈电阻 R_2 和电抗 X_2（对应二次绕组漏磁通 $\Phi_{\sigma 2}$ 的感抗）的影响时，二次侧电压

$$U_2 \approx U_{20} = E_2$$

则式 (5-16) 可近似为

$$\frac{U_1}{U_2} \approx \frac{N_1}{N_2} = K \tag{5-17}$$

上式表明：变压器一次、二次绕组的电压比等于一次、二次绕组的匝数比。当 $K > 1$ 时为降压变压器，当 $K < 1$ 时则为升压变压器。对于已制成的变压器而言，K 值一定，故二次绕组电压随原绕组电压的变化而变化。

2. 电流变换 把变压器的二次绕组与负载接通后，二次绕组中便有电流 i_2 通过。二次侧感应电流 i_2 的出现，根据感应定律将削弱原磁场的变化。而由 $U_1 \approx 4.44 f N_1 \Phi_m$ 可知，主磁通 Φ 基本不变，这就使一次侧励磁电流 i_1 必须增加，用来抵消 i_2 来维持主磁通 Φ 值不变，总之，二次侧接通负载后铁心主磁通由 i_1、i_2 共同产生，而一次侧电流将从空载时的励磁电流 i_{10} 变化到 i_1 值。

不论二次侧绕组是否接通负载，变压器铁心中的主磁通 Φ_m 基本是一个常数，大小由 U_1 决定，所以变压器二次侧接入负载前后励磁安匝数（总磁动势）应当相等，即

$$\dot{I}_1 N_1 + \dot{I}_2 N_2 = \dot{I}_{10} N_1 \tag{5-18}$$

或写成

$$\dot{I}_1 N_1 = \dot{I}_{10} N_1 + (-\dot{I}_2 N_2)$$

所以

$$\dot{I}_1 = \dot{I}_{10} + \left(\frac{N_2}{N_1} \right) \dot{I}_2 \tag{5-19}$$

设

$$\dot{I}_1' = -\frac{N_2}{N_1} \dot{I}_2 \tag{5-20}$$

则

$$\dot{I}_1 = \dot{I}_{10} + \dot{I}_1' \tag{5-21}$$

式 (5-21) 表明，变压器二次侧接入负载后，随着负载电流 I_2 的增加，变压器一次侧电流 I_1 也要增加。

可以这样理解，当接入负载后，一次侧电流 I_1 由两个分量组成，一个分量是用来产生主

磁通 Φ 的励磁分量 I_{10}，另一个分量是克服二次侧负载电流对磁通作用的负载分量 I_1'。二次侧输出功率增大时，通过二次侧电流对磁通的影响使变压器 i_1 也相应增大，使电源供给变压器的功率也自动增大。

一般来说，变压器的励磁电流 I_{10} 较小，约为一次侧额定值 I_{1N} 的 $2\sim10\%$，若将其忽略不计，则由式（5-20）、式（5-21）可得

$$\dot{I}_1 = \frac{N_2}{N_1}\dot{I}_2 \tag{5-22}$$

一次侧、二次侧电流有效值之间的关系则为

$$\dot{I}_1 = \frac{N_2}{N_1}I_2 \tag{5-23}$$

或

$$\frac{I_1}{I_2} = \frac{N_2}{N_1} = \frac{1}{K} \tag{5-24}$$

上式表明，变压器一次、二次绕组的电流比与它们的匝数成反比，或者说，电流比为变压器变压比的反比。二次侧电流愈接近于满载，计算结果越准确。

式（5-24）也可以按功率关系求得。若忽略变压器的功率损耗时，则有

$$U_1 I_1 \approx U_2 I_2$$

即

$$\frac{I_1}{I_2} \approx \frac{U_2}{U_1} \approx \frac{N_2}{N_1} = \frac{1}{K}$$

3. 阻抗变换 所谓阻抗变换，是指把变压器二次侧所接的负载阻抗 $|Z_L|$ 变换为一次侧电路的等效阻抗 $|Z_L'|$。如图 5-12 所示。

在图 5-12a 所示电路中，变压器二次侧的负载阻抗为

$$|Z_L| = \frac{U_2}{I_2}$$

图 5-12b 则是图 5-12a 的等效电路。等效为 $|Z_L'|$ 后，原边电路的电压 u_1、电流 i_1 和功率 P_1 应保持不变。由等效电路知

$$|Z_L'| = \frac{U_1}{I_1}$$

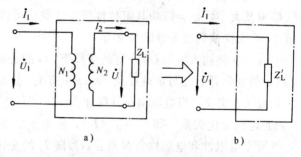

图 5-12 变压器的阻抗变换
a) 二次侧接有负载阻抗的变压器 b) 等效电路

因为

$$U_1 = KU_2 \qquad I_1 = \frac{1}{k}I_2$$

所以

$$|Z_L'| = \frac{KU_2}{\frac{1}{K}I_2} = K^2\frac{U_2}{I_2} = K^2|Z_L| = \left(\frac{N_1}{N_2}\right)^2|Z_L| \tag{5-25}$$

上式说明以下两点

（1）当变压器二次侧接入负载阻抗 $|Z_L|$ 时，相当于一次侧电路中接入等效阻抗 $|Z_L'| = K^2|Z_L|$。即变压器能将二次侧阻抗乘以变比的平方变换到一次侧。

(2) 当二次侧的负载阻抗 $|Z_L|$ 一定时，通过选取不同的匝数比的变压器，在一次侧可得到不同的等效阻抗值。

在电子线路中，有时利用变压器的变换阻抗作用，将二次侧的负载阻抗变换为适当的数值的一次侧等效阻抗，从而实现阻抗匹配。

例 3 一个 $R_L=8\Omega$ 的负载电阻，接在电动势有效值 $E=10V$、内电阻 $R_0=200\Omega$ 的交流信号源上，求 R_L 获得的交流功率 P。若将此 R_L 通过一个匝数比 $N_1/N_2=5$ 的降压变压器进行阻抗变换后，再接到上述电源上，求此时 R_L 获得的交流功率 P'（设变压器损耗忽略不计）。

解 直接接到电源上，R_L 获得的交流功率为

$$P=\left(\frac{E}{R_0+R_L}\right)^2 R_L=\left(\frac{10V}{200\Omega+8\Omega}\right)^2\times 8\Omega\approx 18mW$$

经过变压器阻抗变换后，等效负载为

$$R_L'=\left(\frac{N_1}{N_2}\right)^2 R_L=5^2\times 8\Omega=200\Omega$$

R_L 消耗的功率近似为变换后 R_L' 所获功率

$$P'=\left(\frac{E}{R_0+R_L'}\right)\times R_L'=\left(\frac{10V}{200\Omega+200\Omega}\right)^2\times 200\Omega=125mW$$

实际上，考虑到变压器的损耗，负载上所获得的功率稍小些，但与其直接接到电源上相比所获功率大大提高，这就是常说的，利用变压器使其负载与电源相匹配，以获得较高的功率输出。

5.4.3 变压器的外特性与效率

1. 变压器的外特性　前面介绍过，二次侧电流 I_2 的变化将会引起原边电流 I_1 的变化，不仅影响其大小，也会影响其阻抗性质，这完全可以由变压器的阻抗变换去理解。即将负载阻抗 Z_L 看为变换后的等效阻抗 Z_L'。

在一次侧输入电压 U_1 一定的条件下，I_2 的变化不仅影响原边电流 I_1，也会引起二次侧电压 U_2 的变化并且还与负载性质（$\cos\varphi_2$）有关，这是因为一次、二次绕组存有直流电阻和漏感抗的缘故。定义：当电源电压（即加在一次侧的电压 U_1）和负载的功率因数 $\cos\varphi_2$ 为常数时，U_2 随 I_2 的变化关系，即 $U_2=f(I_2)$，称为变压器的外特性。

对于电阻性和电感性负载而言，U_2 随 I_2 的变化有所不同，对于感性负载而言，U_2 随 I_2 的增加而下降的数值大些，如图 5-13 所示。

变压器空载时二次侧电压 U_{20} 最大，满载时（二次侧电流达额定值 I_{2N}）二次侧电压为 U_{2N}。变压器由空载到满载，二次侧电压 U_2 的相对变化量称为电压调整率，用 $\Delta U\%$ 表示，即

$$\Delta U\%=\frac{U_{20}-U_{2N}}{U_{20}}\times 100\% \qquad (5-26)$$

电压调整率表示了变压器运行时输出电压的稳定性，是变压器的主要性能指标之一。电力变压器的电压调整率一般是 5% 左右。

2. 变压器的效率　变压器存有两种损耗：一种是由一次、二次绕组的直流电阻 R_1 和 R_2

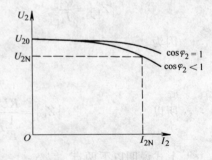

图 5-13　变压器的外特性

所耗,称为铜耗 ΔP_{Cu},它与负载电流的大小有关($\Delta P_{Cu}=I_1^2R_1+I_2^2R_2$);另一种损耗则是交变磁通在铁心中所产生的磁滞损耗和涡流损耗,称为铁耗 ΔP_{Fe},它与铁心的材料、电源电压 U_1、电源频率 f 等有关。

设变压器的输出功率为 P_2,则输入功率 P_1 为

$$P_1=P_2+\Delta P_{Cu}+\Delta P_{Fe} \tag{5-27}$$

则变压器的效率,即输出功率 P_2 与输入功率 P_1 的百分比值为

$$\eta=\frac{P_2}{P_1}\times 100\%=\frac{P_2}{P_1+\Delta P_{Cu}+\Delta P_{Fe}}\times 100\% \tag{5-28}$$

通常在额定负载的 80% 左右时,变压器的工作效率最高,大型电力变压器的效率可达 99%,小型变压器的效率为 60%～90%。

5.4.4 单相变压器的同极性端及其测定

有些单相变压器为多绕组变压器,它具有两个相同的一次绕组和几个二次绕组,以便适应两种不同的电源电压和输出几种不同的电压。在使用这种变压器时,需要辨别出绕组的同极性端(也叫同名端)按一定的方式联接绕组,否则接线错误有可能损坏变压器。

多绕组变压器示意图如图 5-14a 所示,以该图为例首先介绍什么是同极性端。在图中,若电流 i_1 和 i_2 分别从绕组的 1 端和 3 端流入,那么铁心中产生的磁通方向是一致的(可由右螺旋法则判定),我们就称 1 端和 3 端是这两个绕组的同极性端,显然这两绕组的另两端 2 端和 4 端也是同极性端。同极性端的概念也可以这样理解,若同时从两同极性端流入电流时,这两个电流产生的磁通是相互加强的。

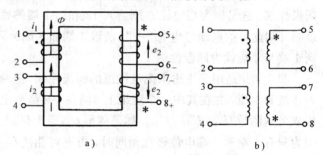

图 5-14　多绕组变压器

a)原理图　b)简化图

在变压器等绕组的符号上常用"＊"或"．"记号作为绕组同极性端的标志,两绕组的同极性端用统一的符号标志,如图 5-14b 所示。

在图 5-14 中,若两个原绕组相同,额定电压都是 110V。在电源电压为 220V 时,这两绕组需串联联接,在电源电压为 110V 的情况下,该两绕组则需要并联联接。

若两绕组串联联接时,则应将异名端 2 端与 3 端接在一起,1 端和 4 端接电源,如图 5-15a 所示。如果按图 5-15b 方式接则是错误的,这样联接时,任何时间两绕组产生的磁通均相互抵消,由于没有交变磁通,线圈中没有感应电动势,外加电源电压全部加在绕组电阻上,使得原边绕组中产生过大的电流,变压器迅速发热而烧毁。

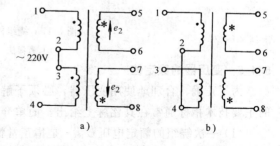

图 5-15　绕组的串联

a)正确接法　b)错误接法

如果两绕组并联联接时,则需同极性端分别相联接,即 1 端与 3 端、2 端与 4 端联接后再接电源,如图 5-16 所示。

综上所述，两绕组串联时，应把两个绕组的异极性端联在一起，而电源加在剩下的两个接线端上。两绕组并联时，应把两绕组的同极性端分别联在一起，电源加在并联绕组的两个接线端上。

二次绕组也有串联和并联两种联接方式，不过需要注意，只有完全相同的两绕组才可并联使用，否则，会因感应电动势不同而在绕组中产生环流而烧毁绕组。

绕组的同极性端取决于各自的绕向及相对位置等，实际工程中由于绕组经过浸漆处理和封装等不易直观辨认出来，需要用实验的方法来确定。常用的办法有直流法和交流法，下面分别给予介绍。

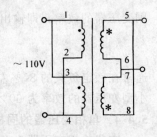

图 5-16　绕组的并联

直流法确定同极性端的试验电路如图 5-17a 所示。图中 1、2 为一个绕组，3、4 为另一个绕组。把绕组 1-2 通过开关 S 与直流电源相接，绕组 3-4 与直流电压表（或直流电流表）相接。当开关 S 迅速闭合时，就有随时间逐渐增大的电流 i_1 从电源的正极流入 1 端。若此时电压表（或电流表）的指针正向偏转，则 1 端和 3 端（即两绕组均接"＋"极的）为同极性端。这是因为当电流 i_1 刚流入 1 端时，1 端的感应电动势为"＋"，而电压表正向偏转，说明 3 端此时的电动势也为"＋"，所以 1 端和 3 端为同极性端。如果上述电压表反向偏转时，则 1 端与 4 端就为同极性端了。

图 5-17b 是用交流法来测量绕组的同极性端。把两个绕组的任意两个接线端连在一起，例如 2 端和 4 端，并在其中一个绕组上（例在 1-2 绕组上）加上一个较低的交流电压。用交流电压表分别测量 U_{12}、U_{13}、U_{34}，如果测得 U_{13} 等于 U_{12} 与 U_{34} 之差，则 1 和 3 为同极性端。这是因为只有 1 端和 3 端电位极性相同时，方有可能使 U_{13} 等于 U_{12} 与 U_{34} 之差。如果测得结果 U_{13} 等于 U_{12} 与 U_{34} 之和，则 2 端和 3 端为同极性端。

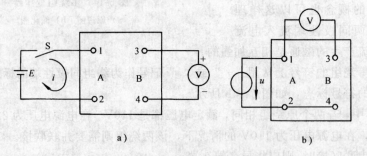

a)　　　　　　　　　　　b)

图 5-17　绕组同极性端的测定

a) 直流法　b) 交流法

5.4.5　变压器的额定值

为了正确、合理地使用变压器，必须了解掌握变压器的有关技术指标或额定值，变压器的主要技术指标通常在其铭牌上给出，简单介绍如下

（1）一次绕组的额定电压 U_{1N}　是指正常情况下一次侧绕组应当施加的电压值。

（2）二次绕组的额定电压 U_{2N}　是指一次侧绕组施加额定电压 U_{1N} 时二次侧绕组的空载电压。

（3）一次绕组的额定电流 I_{1N}　是指在 U_{1N} 作用下一次绕组允许长期通过的最大电流值。

（4）二次绕组的额定电流 I_{2N}　是指一次绕组在额定电压 U_{1N} 下二次绕组中允许长期通过的最大电流值。对于三相变压器而言额定电压或额定电流值都指线电压值或线电流值。

（5）容量 S_N　是指输出的额定视在功率，单位为 VA（伏安）。

单相变压器　$S_N = U_{2N}I_{2N} = U_{1N}I_{1N} \text{VA}$

三相变压器　$S_N = \sqrt{3}U_{2N}I_{2N} \approx \sqrt{3}U_{1N}I_{1N} \text{VA}$

（6）额定频率 f_N　指电源的工作频率，我国的工业频率为 50Hz。

例 4　在电子线路中，常应用具有多个副绕组的电源变压器，以便对电路的各部分供给不同的交流电压。电源变压器的容量一般也较小。图 5-18 为一多绕组变压器，二次侧的额定值已在图中说明。求

（1）二次侧的总容量 S_2。

（2）若变压器的效率为 80%，求一次侧的额定电流。

解　二次侧的总容量为各个二次绕组的额定电压和额定电流的乘积之和，即

$$S_2 = 25\text{V} \times 3\text{A} + 35\text{V} \times 1\text{A} \times 2 + 6.3\text{V} \times 2\text{A} \approx 157\text{VA}$$

一次侧的容量

$$S_1 = \frac{S_2}{\eta} = \frac{157\text{VA}}{0.8} \approx 200\text{VA}$$

一次绕组的额定电流

$$I_{1N} = \frac{S_1}{U_{1N}} = \frac{200\text{VA}}{220\text{V}} \approx 0.9\text{A}$$

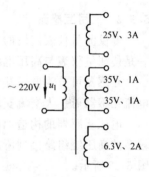

图 5-18　例 4 图

5.5　特殊变压器与三相变压器

本节介绍几种特殊变压器与三相变压器。

5.5.1　自耦变压器

图 5-19 所示为一自耦变压器，其特点是其二次绕组也是一次绕组的一部分，因此，一次、二次绕组之间不仅有磁的耦合，而且还有电的直接联系。其一次、二次边电压、电流之比分别为

$$\frac{U_1}{U_2} = \frac{N_1}{N_2} = K \qquad \frac{I_1}{I_2} = \frac{N_2}{N_1} = \frac{1}{K}$$

由于

$$U_2 = \frac{N_2}{N_1}U_1$$

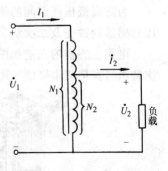

图 5-19　自耦变压器原理图

N_2 可调，所以 U_2 也可调。与具有两个绕组的变压器相比可以看出，自耦变压器节约了一个二次绕组，因而结构简单，节省用铜量，效率也比普通变压器高。它的缺点是，由于一次、二次绕组间有直接的电流联系，万一接错，将会发生触电事故或烧毁变压器，所以，自耦变压器不容许作为安全变压器使用。

低压小容量的自耦变压器，其二次绕组的分接头常做成能沿线圈自由滑动的触头，从而实现平滑地调节二次侧电压。这种自耦变压器称为自耦调压器。实验室中常用的调压器外形

和电路如图 5-20 所示。

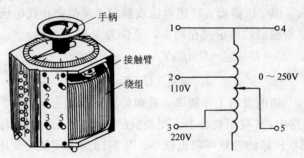

图 5-20　调压器的外形和电路

5.5.2　仪用互感器

　　专供测量仪表使用的变压器称为仪用互感器，简称互感器，采用互感器的主要目的有二：一是使测量仪表与高压电路绝缘，以保证工作安全；二是扩大测量仪表的量程。

　　互感器可分为电压互感器和电流互感器两种，电压互感器可扩大交流伏特表的量程，而电流互感器可扩大交流安培表的量程。

　　电压互感器的构造如图 5-21 所示，它类似于普通变压器的空载运行情况，使用时把匝数较多的高压绕组跨接到所需测量电压的供电线上，匝数较少的低压绕组则与伏特表相连，如图 5-22 所示。

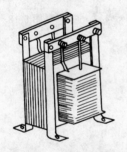

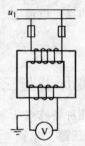

图 5-21　电压互感器　　　　　　图 5-22　电压互感器的接线图

　　通常电压互感器二次绕组的额定电压均设计为统一标准值100V。因此，在不同电压等级的电路中所用的电压互感器，其电压比是不同的，例如 10000/100、3500/100 等等。

　　为防高低压绕组间的绝缘层损坏，低压绕组及仪表对地具有高电压而危及人身安全，电压互感器的铁壳及二次绕组的一端都必须良好接地。

　　电流互感器的构造如图 5-23 所示。在使用时，它的一次绕组与待测电流的负载相串联，二次绕组与安培表串接成一闭合回路，如图 5-24 所示。

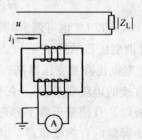

图 5-23　电流互感器　　　　　　图 5-24　电流互感器的接线图

电流互感器的一次绕组所用导线粗，匝数少，阻抗值很小，串接在电路中压降很小。二次绕组匝数虽多，但正常情况下感应电动势也只不过几伏。

通常电流互感器二次绕组的额定电流均设计为同一标准值5A。因此在不同电流的电路中所用电流互感器的电流比是不同的。电流互感器的电流变比有：10/5、20/5、30/5、40/5、50/5、75/5、100/5等等。

为了安全起见，电流互感器二次绕组的一端和铁壳必须良好接地，在电流互感器一次绕组接入一次侧电路之前，必须先把电流互感器的二次绕组连成闭合回路并且在工作中不得开路。

图 5-25 是钳形电流表，它是电流互感器的另一种形式。钳形电流表是由一只二次绕组和一只铁心构成，二次绕组与安培表接成闭合回路，铁心可以开合。在测量时，先张开铁心，把待测电流的一根导线放入钳中，然后闭合铁心。这样，载流导线便成为电流互感器一匝一次绕组，经过变换后，就可以在安培表上直接读出待测电流的大小了。

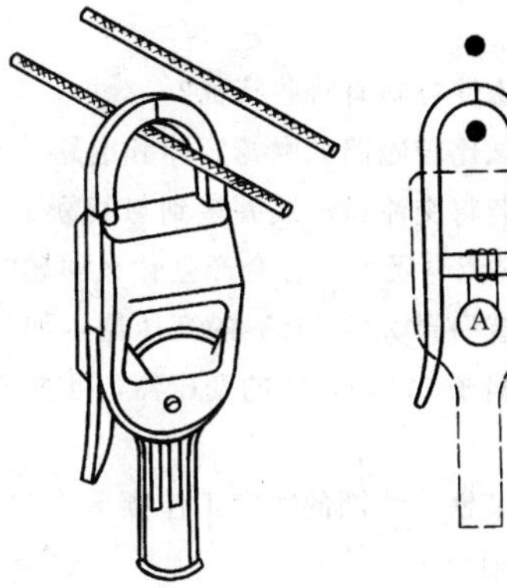

a）   b）

图 5-25 钳形电流表
a）外形图 b）测量电路

5.5.3 三相变压器

目前在电力系统中，普遍采用三相三线制或三相四线制供电，用三相电力变压器来变换三相电压。实现三相电压的变换可以通过三台相同的单相变压器，但通常是使用一台三相变压器。

三相变压器有三个一次绕组和三个二次绕组，其铁心有三个心柱，每相的一次、二次绕组分别同心装在一个心柱上。如图 5-26a 所示，其中一次绕组首端分别用 1U1、1V1、1W1，末端用 1U2、1V2、1W2 表示；而二次绕组则分别用 2u1、2v1、2w1 表示首端，2u2、2v2、2w2 表示末端。其变压器工作原理与单相变压器的工作原理相同。

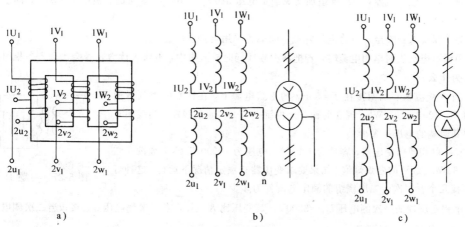

a）   b）   c）

图 5-26 三相变压器
a）铁心和绕组 b）丫/丫₀接法 c）丫/△接法

三相变压器的一次侧、二次侧的三个绕组都可以接成丫形联结，也可以接成△联结，或叫做 D（d）联结。丫接时，如果有中线则用丫₀表示。这样三相变压器一次、二次侧绕组的接法就有多种组合，为了使用方便，国家规定了一些标准联结组别。图 5-26b、c 分别表示丫/丫。接法和丫/D 接法，其中斜线上方表示一次绕组接法，斜线下方则表示二次绕组的接法。其中丫/丫。接法用于给三相四线制供电的配电变压器，一次侧高压不超过 35kV，低压为 400/230V 的市电。

复习思考题

1. 磁性材料有哪些特征？

2. 试比较磁路的欧姆定律和电路的欧姆定律，说明其异同点。

3. 若将交流铁心线圈接到与其额定电压相等的直流电压上，或将直流铁心线圈接到有效值与额定电压相同的交流电压上，各会产生什么问题？为什么？直流铁心线圈中有否铁耗？

4. 有一台 220/110V 的变压器，如果把一次绕组接 220V 的直流电源，会产生什么样的后果？为什么？

5. 对于 220/110V 的变压器，可否把变压器一次绕组绕 2 匝，二次绕组绕 1 匝来满足变比的要求？为什么？

6. 某铁心线圈的额定工作频率为 50Hz，用于 25Hz 的交流电路中，能否正常工作（输入电压仍为额定值）？为什么？

7. 变压器有什么用途？

8. 变压器的铁心有什么作用？任意改变铁心尺寸是否可行？为什么铁心要用硅钢片叠成？能否用整块的铁心？

9. 有一台 10000/400V 的变压器，其一次绕组有三个抽头，用来改变变压器的匝数，当电源电压升高至 10500V 时，要使二次绕组端电压仍为 400V，问：一次绕组的匝数应增加还是减少？

10. 变压器油箱上的出线端，其中一排的导线截面较小，另一排的截面积较大，问哪一侧是高压的出线端？哪一侧是低压的出线端？

11. 变压器的铭牌上标明 220/36V，300VA，问下列哪一种规格的电灯能接在此变压器的二次侧电路中使用？为什么？

    a）36V、500W。b）36V、60W。c）12V、60W。d）220V、25W。

12. 有一台空载变压器，一次绕组加交流额定电压 380V，已知一次绕组的直流电阻 10Ω，试问空载电流是否等于 38A？

13. 为了保证人身安全，可将电压降低，问能否采用自耦变压器？

14. 用钳形电流表测单相电流时，若把两根导线同时放入钳中，电流表读数是否会比套入一根时的读数大一倍？为什么？

15. 有一交流铁心线圈接在 $f=50$Hz 的正弦电源上，在铁心中得到磁通的最大值 $\Phi_m=2.5\times10^{-3}$Wb。现在此铁心上再绕一个 200 匝的线圈，当线圈开路时，求其两端的电压是多少？

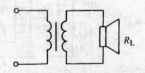

16. 有一单相照明变压器，容量为 10kVA，电压为 10000/220V，今欲在二次侧接上 60W、220V 的白炽灯泡，如果要求变压器在额定情况下运行，这种灯泡最多可接几个？一次、二次绕组的额定电流各为多少？

图 5-27　习题 18 图

17. 单相变压器的一次侧电压 $U_1=3300$V，其变压比 $K=15$，求二次侧电压 $U_2=$？；当二次侧电流 $I_2=60$A 时，求一次侧电流 $I_1=$？

18. 如图 5-27 所示，扬声器的电阻 $R_L=8$Ω，为了在输出变压器的一次侧得到 288Ω 的等效电阻，求输出变压器的匝数比。

19. 某单相变压器的容量 $S_N=2$kVA，一次侧额定电压是 220V，二次侧额定电压是 110V，求一次侧、二次侧的额定电流各为多少？

20. 单相变压器一次侧、二次侧的额定电压为 220/36V，容量 $S_N=2kVA$，要求：

(1) 分别计算一次侧、二次侧边的额定电流值；

(2) 当一次侧加一额定电压后，问是否在任何负载下一次、二次绕组中的电流都是额定值？

(3) 如在二次侧联接 36V、100W 的电灯 12 盏，求此时一次侧、二次侧的电流值。

第6章 异步电动机及其控制

电动机的作用是将电能转换为机械能，它是工农业生产中应用最为广泛的动力机械。

电动机有直流电动机和交流电动机，在交流电动机中还可分为异步电动机和同步电动机。由于异步电动机具有结构简单、价格便宜、工作可靠和维护方便等优点，所以在工农业生产、科学实验和日常生活中大多采用异步电动机，它由单相和三相之分。

三相异步电动机被广泛用于各种金属切削机床、起重机、锻压机、传送机、铸造机械、功率不大的通风机和水泵等。

本章以三相笼型电动机为重点，介绍异步电动机的结构、工作原理、使用方法以及它的基本控制电路等。

6.1　三相异步电动机的结构与工作原理

6.1.1　三相异步电动机的结构

三相异步电动机由两个基本部分组成：定子（固定部分）和转子（旋转部分），如图6-1所示。

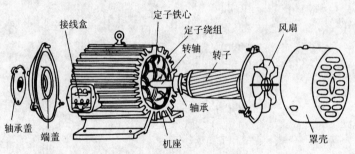

图6-1　三相异步电动机的结构

定子由机座、定子铁心和定子绕组三部分组成。

机座是用铸钢制成的，它有固定铁心、绕组和支撑端盖的作用。

定子铁心是电动机磁路的组成部分，一般是由互相绝缘的硅钢片叠成，见图6-2。铁心的表面冲有槽，用于嵌放三相对称绕组，称为定子绕组。定子绕组是定子中的电路部分，有六个出线端，分别接到机座的接线盒内，以便使用时与三相交流电相联结。

转子是电动机的旋转部分，用来带动机械负载转动，它主要由转子铁心和转子绕组两部分组成。

转子铁心是由许多硅钢片叠成的圆柱体，每一片转子硅钢片的形状如图6-3所示。其外圈冲有均匀分布的槽，槽内放置转子绕组。根据转子绕组结构不同分为笼型和绕线式两种。

笼型转子是在转子铁心槽内压进铜条，铜条两端分别焊在两个铜环上，如图6-4a。由于其形状好像笼型，所以由此得名。为了节省铜材，现在中、小型电动机一般采用铸铝转子，如图6-4b所示，即把熔化的铝浇铸在转子铁心的槽内，两个端环和风扇也一起铸成。铸铝转子不仅简化了制造工艺，也降低了成本。

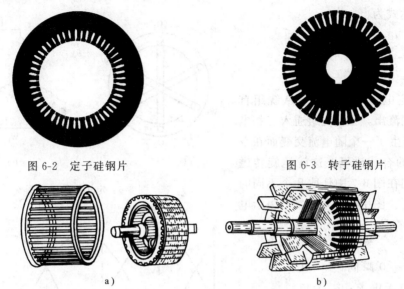

图 6-2　定子硅钢片　　　　　图 6-3　转子硅钢片

图 6-4　笼型电动机的转子

a）笼型转子　b）铸铝的笼型转子

　　绕线式转子绕组同定子绕组一样，也是用导线制成对称三相绕组，放置在转子铁心槽内。转子绕组固定联结成丫形，把三个接线端分别接到转轴上三个彼此绝缘的铜质滑环上，滑环与轴也是绝缘的，通过与滑环滑动接触的电刷，将转子绕组的三个始端接到机座的接线盒内，其结构示意图如图 6-5 所示。三个接线端可以把外加的三相变阻器串入转子绕组中，从而改善电动机的起动和调速性能。当不接外加三相变阻器时，必须把三个接线端短接，使转子绕组形成闭合通路，否则电动机将不能转动。

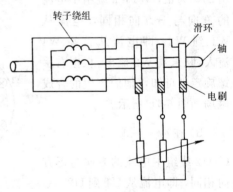

图 6-5　绕线式转子结构示意图

　　两种转子的电动机只是在转子结构上有所不同，其工作原理完全一样。笼型的最多，最普遍；绕线式电动机有较好的起动和调速性能，一般用于要求起动频繁和在一定范围内调速的场合，如大型立式车床和起重设备等。

6.1.2　三相异步电动机的工作原理

　　三相异步电动机的三相定子绕组通入三相电流，便产生旋转磁场，而三相异步电动机的工作原理基于对旋转磁场的利用，所以先说明旋转磁场是怎样产生的。

6.1.2.1　旋转磁场

　　1. 旋转磁场的产生　三相异步电动机的定子绕组如图 6-6a 所示。它是由在空间彼此相隔 120°的三组相同的线圈组成（即三相对称绕组），每组线圈是一相绕组，为了便于分析其基本原理，每组绕组以一个线圈表示。各相绕组的始、末端分别以 U1、V1、W1 和 U2、V2、W2 表示。定子绕组可以联成丫，也可以联成△，图 6-6b 所示为丫联结。

将定子绕组接在三相电源上,即产生三相电流,其波形如图 6-7a 所示。

瞬时表达式为

$$i_{U1} = I_m \sin\omega t$$

$$i_{V1} = I_m \sin(\omega t - 120°)$$

$$i_{W1} = I_m \sin(\omega t - 240°)$$

我们规定电流的正方向是从绕组首端流入,末端流出,三相绕组通入三相电流后,共同产生了一个随电流交变而在空间不断旋转的合成磁场,这就是旋转磁场。下面我们在图 6-7 中任取几个不同的瞬间进行分析。图中,符号"×"表示电流流入纸面,符号"·"表示电流流出纸面。

a)在 $\omega t = 0$ 瞬间,$i_U = 0$,U1U2 绕组中无电流;i_V 为负,V1V2 绕组中电流的方向与正方向相反,电流从 V2 到 V1,即电流从末端 V2 流入,从首端 V1 流出;i_{W1} 为正,W1W2 绕组中电流的方向与正方向相同,电流从 W1 到 W2,即电流从首端 W1 流入,从末端 W2 流出。根据右手螺旋定则可知,他们产生的合成磁场如图 6-7b 所示。

b)在 $\omega t = \dfrac{\pi}{2}$ 瞬间,i_{U1} 为正,U1U2 绕组中电流的方向与正方向相同,即电流从 U1 到 U2,i_{V1} 为负,V1V2 绕组中电流的方向与正方向相反,即电流从 V2 到 V1;i_{W1} 为负,W1W2 绕组中电流的方向与正方向相反,即电流从 W2 到 W1。此时产生的合成磁场如图 6-7 b 所示。与前图相比,在定子内空间旋转了 90°。

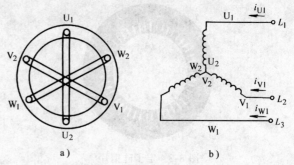

图 6-6　定子绕组示意图

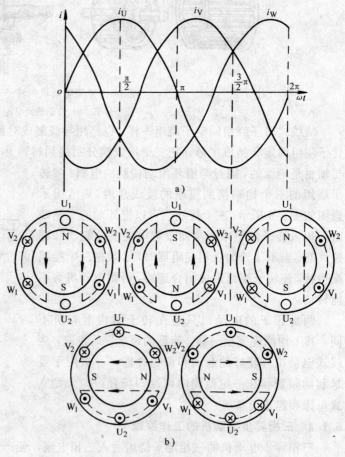

图 6-7　两极旋转磁场
a)三相电流的波形　b)合成磁场

同理可以得出在 $\omega t = \pi$ 的瞬间的合成磁场,它在定子内空间又转了 90°,如图 6-7b 所示。以此下去,可以得出在 $\omega t = \dfrac{3}{2}\pi$ 和 $\omega t = 2\pi$ 瞬间的合成磁场,它从一个位置转到另一个位置。

由上分析可见,当定子绕组(三相对称绕组)通过三相电流时,由于电流随时间不断的变化，所以他们产生的合成磁场就在定子内空间不停的旋转。

2. 旋转磁场的转速　由上分析可见，当电流变换一个周期时，旋转磁场在定子内空间转了一转（360°）。对于工频而言，由于电流的频率 $f=50\text{Hz}$，因此旋转磁场的转速

$$n_0 = 60f = 60 \times 50\text{Hz} = 3000\text{r/min} \tag{6-1}$$

以上是一对磁极（$P=1$）的旋转磁场。在旋转磁场具有两对磁极（6个绕组分两组）的情况下，当电流变化一个周期时，旋转磁场在定子内空间仅转了半转（180°），比 $P=1$ 的情况下的转速 n_0 慢了一半，即 $n_0 = \dfrac{60f}{2}$。其分析类似，这里从略。

由此可见，旋转磁场的磁极对数越多，其转速越慢，二者关系如下：

$$n_0 = \frac{60f}{P} \tag{6-2}$$

式（6-2）中　n_0——旋转磁场的转速（r/min）；

　　　　　f——电流（电源）的频率（Hz）；

　　　　　P——磁极对数（一般 $P=1$、2、3 和 4）。

在我国，工频 $f=50\text{Hz}$，由式（6-2）可知，对不同磁极对数所对应的旋转磁场的转速如表 6-1 所示。

旋转磁场的转速称同步转速，常用 n_0 表示。

表 6-1　不同极对数时的旋转磁场转速

p	1	2	3	4	5	6
$n_0/\text{r/min}$	3000	1500	1000	750	600	500

3. 旋转磁场的方向　旋转磁场的转向与三相电流的相序有关。图 6-7 中，三相电流的相序是 U1→V1→W1，旋转磁场的转向与这个相序一致。如果将三相电流的相序改变，把接在三相电源上的三根导线中的任意两根对调一下，按照以上方法分析可以得出，旋转磁场的转向就要改变。

6.1.2.2　转子转动原理

当电动机定子绕组通入三相电流产生旋转磁场，在图 6-8 中以旋转的磁极 N、S 表示，转子绕组用一个闭合线圈来表示。

旋转磁场以 n_0 速度顺时针方向旋转，切割转子绕组，转子绕组中产生感应电动势，其方向由右手定则来确定。应该注意，旋转磁场顺时针方向旋转，而转子绕组则是逆时针方向切割磁力线的。在 N 极下，导体中感应电动势垂直纸面向外（以·表示）；在 S 极下，导体中感应电动势垂直纸面向里（以×表示）。由于转子绕组是闭合的，因此在感应电动势作用下会产生电流，其方向与感应电动势相同。转子绕组中的电流与旋转磁场相互作用产生电磁力 F，其方向由左手定则确定。如图 6-8 所示。电磁力产生电磁转矩，使转子以 n 速度与旋转磁场相同的方向转动起来。但转子的速度 n 不可能与旋转磁场的转速 n_0 相等，如果两者相等，转向又相同。则转子与旋转磁场之间就没有相对运动，磁

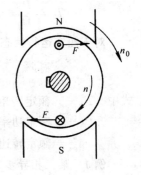

图 6-8　转动原理

力线不切割转子绕组，转子绕组中没有感应电动势和电流，电磁转矩也就无法形成，所以，异步电动机的转速一定低于旋转磁场的转速，二者不同步，这就是异步电动机名称的由来。由

于它是靠感应电动势和电流而工作，为此又叫感应电动机。

综上所述，三相异步电动机的工作原理是由定子绕组产生旋转磁场，在转子导体中产生感应电动势和电流，转子电流与旋转磁场相互作用产生电磁力，从而形成电磁转矩，转子就转动起来。

通常把旋转磁场的转速 n_0（又称同步转速）与转子转速 n 的差值称为转差，转差与 n_0 的比值称为转差率，用 s 表示，即

$$s = \frac{n_0 - n}{n_0} \tag{6-3}$$

或

$$s = \frac{n_0 - n}{n_0} \times 100\% \tag{6-4}$$

6.2 三相异步电动机的机械特性及其使用

6.2.1 三相异步电动机的电磁转矩与机械特性

由三相异步电动机的转动原理可知，驱动电动机旋转的电磁力矩是由转子导体中的电流与旋转磁场相互作用产生的，所以，电磁转矩的大小与电动机的转速密切相关。

在电源电压、频率不变的条件下，电动机的转速与电磁转矩的关系曲线，称为电动机的机械特性，如图 6-9 所示。该曲线可由实验测得，图中以横轴表示电动机的电磁转矩，纵轴表示转子的转速。

机械特性是三相异步电动机的主要特性，它表征一台电动机拖动生产机械能力的大小和运行性能。在分析机械特性时，应注意曲线中的三个转矩。

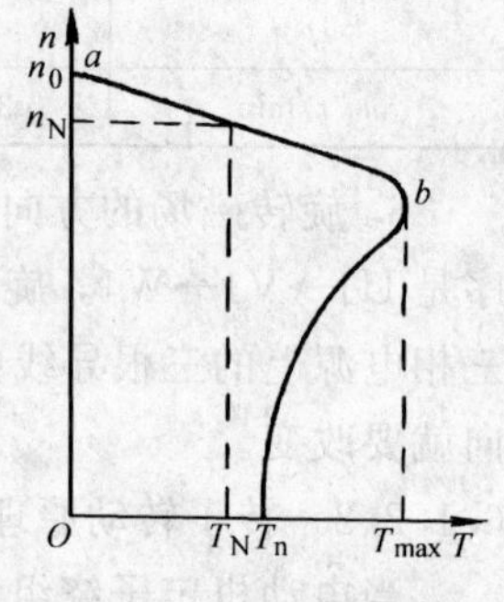

1. 额定转矩 T_N 电动机在额定电压下拖动额定负载（即电动机输出额定机械功率）工作的状态，叫做电动机的额定运行。此时的转矩叫做额定转矩 T_N，相应的转速是额定转速 n_N，额定转矩 T_N 的数值由额定功率 P_N 和额定转速 n_N 求得，其中

$$P = T\Omega$$

上式 Ω——机械角速度。

图 6-9 异步电动机的机械特性

$$T = \frac{P}{\Omega} = \frac{P}{2n\pi} \times 60 = \frac{60}{2\pi} \times \frac{P}{n} = 9.55 \frac{P}{n}$$

对于额定运行状态，则为

$$T_N = 9.55 \frac{P_N}{n_N} \tag{6-5}$$

式中 T_N——额定转矩（N·m）；

  P_N——额定功率（W）；

  n_N——额定转速（r/min）。

例 1 某三相异步电动机额定功率为 7.5kW，额定转速 r/min，求额定转矩。

解
$$T_N = 9.55 \times \frac{7.5 \times 10^3 \text{W}}{1440 \text{r/min}} = 49.74 \text{Nm}$$

在电动机等速运行时，其电磁力矩 T 与轴上的负载转矩 T_C 相平衡。图 6-9 中当电动机带上机械负载转矩运行在曲线 ab 段时，由于某种原因（例切削车床的进刀量加大）使负载转矩

T_C 增加，在最初瞬间电动机的电磁转矩 $T < T_C$，所以它的转速 n 开始下降，随着转速下降，可见，电动机的电磁转矩增加，当 $T = T_C$ 时，电动机在新的状态下运行，这时转速比原来的转速低些。同理，当负载转矩减少时，电动机也会在另一个新的转速较高状态下运行。

由上分析可见，电动机运行在曲线 ab 段，能自动的适应负载转矩的变化，这是电动机优于其它原动机的重要原因之一。由于 ab 段斜率很小，即负载转矩变化时，它的转速变化不大，通常这种机械特性称为硬特性。

2. 最大转矩 T_{max} 由机械特性曲线可以看出，转矩有一个最大值，称为最大转矩或临界转矩 T_{max}，当电动机所带的负载转矩超过最大转矩时，电动机就带不动了，发生所谓闷车现象。此时，电动机的电流马上增高到额定电流的六、七倍，电动机将要严重过热，以致烧坏。因此，电动机的最大转矩 T_{max} 反应了电动机能够承受过载能力的极限。

3. 起动转矩 T_{st} 电动机接上三相电源，电动机刚要起动瞬间（$n = 0$，$s = 1$）时所对应的转矩称为起动转矩。

6.2.2　三相异步电动机的接线

一般笼型电动机的接线盒中有三相绕组的六个接线柱，并有一定的标记：U1、U2、V1、V2、W1、W2，其中 U1、U2 是第一相绕组的两端，V1、V2 是第二相绕组的两端，W1、W2 是第三相绕组的两端。U1、V1、W1 分别为三相绕组的始端，U2、V2、W2 为相应的末端。

定子三相绕组有丫联结和△联结两种，如图 6-10 所示。图 6-10a 为丫联结，图 6-10b 为△联结。

可根据不同的电源电压选择合适的联接方法。如一台三相异步电动机铭牌上标出 380/220V、丫/△，说明每相绕组的额定电压为 220V，如果电源线电压是 220V，定子绕组作△联结；如果电源电压是 380V，则应作丫联结，上述两种情况电动机的每相绕组都承受 220V 电压。若电动机铭牌上标出 380V，说明它只有一种△联结，接到线电压为 380V 的电源上。

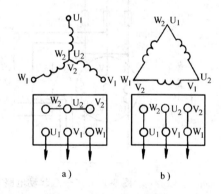

图 6-10　定子绕组的联结

a）丫联结　b）△联结

6.2.3　三相异步电动机的起动

电动机接通电源后开始转动，转速不断上升直至达到稳定转速，称为起动过程。

电动机刚接上电源的瞬间，由于转子处于静止状态，即 $n = 0$，而旋转磁场立即以 n_0 速度旋转，他们之间的相对速度很大，磁力线切割转子导体的速度很快，此时转子绕组中产生的感应电动势和电流都很大。这与变压器的道理一样，转子电流很大，定子电流相应地增大，在一般中小型电动机中，起动时的定子电流一般约为额定电流的 5～7 倍。

由于起动时间较短，所以电动机的起动电流虽大，也不会使电动机本身发生过热现象；当电动机转速上升时，起动电流会迅速减小，故对容量不大，且起动不频繁的电动机影响不大。如果连续频繁的起动，则由于热量的积累，可能使电动机过热，故在使用时应特别注意。

但是，电动机的起动电流对线路是有影响的。过大的起动电流会在线路上产生较大的压降，影响接在同一线路上其它负载的正常工作。例如，电灯瞬间变暗，运行中的电动机转速下降等。

对于功率较小的电动机，即电动机容量小于供电设备的 25%，它的起动电流不至于造成较大的影响，可以直接起动，即直接加额定电压。如果起动电流较大，以致影响其他负载正常工作，起动时应采取必要的措施以限制起动电流。通常采用降压起动，就是在起动时减小加在定子绕组上的电压，从而减小起动电流；电动机达到额定转速时再加上额定电压使电动机正常运行，降压起动有下列几种方法：

6.2.3.1　Y—△换接降压起动

这种方法只适用于正常运行时定子绕组接成△的电动机。图 6-11 是 Y—△起动电路。它是利用一个转换开关 Q_2 来实现的。在起动时，Q_2 向下合使定子绕组联结成 Y，此时加在每相定子绕组上的电压是电源线电压的 $1/\sqrt{3}$ 倍，待起动后，再将 Q_2 向上合使定子绕组联结成 △，这样可使起动电流减小到直接起动时的 $1/3$ 倍。Y—△起动具有设备简单、体积小、寿命长、动作可靠等优点。因此，Y—△起动得到了广泛的应用。

6.2.3.2　自耦变压器降压起动

自耦变压器降压起动的电路如图 6-12 所示，利用一台三相自耦变压器来实现。在起动时，Q_2 合到"起动"位置，而后再接上电源，此时定子绕组电压降低了，待起动后，再将 Q_2 合到"运行"位置，定子绕组便加上正常的工作电压。

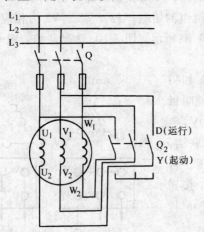

图 6-11　Y—△起动电路

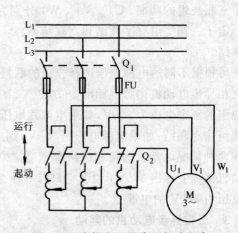

图 6-12　自耦变压器降压起动电路

降压起动可以减小起动电流，但电动机的起动转矩也降低了，所以一般是用于笼型异步电动机在轻载或空载下起动。

至于绕线式异步电动机的起动，只要在转子电路中串入适当大小的起动电阻，不仅减小起动电流，而且提高起动转矩，改善了起动性能。它是用于要求起动转矩较大的生产机械上，如卷扬机、起重机等。应该注意，起动完毕，一定要将起动电阻切除。

6.2.4　三相异步电动机的反转

如前所述，转子转动的方向与旋转磁场的转向相同，如果需要电动机反转，只要改变旋转磁场的转向即可。可将接在三相电源上的三根导线中的任意两根对调一下，使旋转磁场的转向改变，从而使电动机反转。可以利用双极双投开关 Q 来实现电动机的正、反转，如图 6-13 所示。

6.2.5　三相异步电动机的调速

电动机的调速就是用人为的方法改变它的转速，以满足生产机械的要求。由式（6-3）可

得出电动机的转速为

$$n = (1-S)n_0 = (1-S)\frac{60f_1}{P} \qquad (6\text{-}6)$$

由（6-6）式可知，改变电动机的转速有三种方法。即变频调速、变极调速、变转差率调速。

变频调速就是改变异步电动机供电电源的频率，需要一套复杂的变频设备。变极调速是通过改变磁极对数 P，使转速改变。对于可变磁极对数的异步电动机，一般定子每相有多个绕组，通过改变绕组的接法就可以改变磁极对数 P，为此，可专门制造多速电动机。变转差率调速适用于绕线式异步电动机，它是通过串在转子电路中的调速电阻实现的。改变调速电阻的阻值就可使转差率变化，能在一定范围内调速。

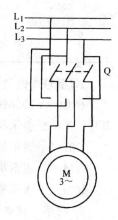

图 6-13　电动机的
正、反转

6.2.6　三相异步电动机的制动

所谓制动就是刹车。当切断电动机的电源后，电动机的转动部分有惯性，它将继续转动一定时间后才能停止，为了提高生产率和保证工作安全可靠，往往要求电动机停的既快又准，除采用某些机械制动外，还需要对电动机本身实行制动，也就是断开电源后给它加一个与转向相反的转矩，使电动机很快停转。通常有下面两种方法。

6.2.6.1　反接制动

反接制动就是当电动机停车时，将电源的三根导线中的任意两根对调一下，使旋转磁场的转向相反，而转子仍按原方向转动，由此产生的电磁转矩，其方向与电动机的转向相反，因而起制动作用，使电动机转速很快降低。当转速接近零时，利用某些控制电器再将电源自动切断，否则电动机将会反转。

反接制动的特点是简单，制动效果好，但能量消耗大。有些中小型车床和机床主轴的制动多采用这种方法。

6.2.6.2　能耗制动

电动机在断开三相电源的同时，接上直流电源，如图 6-14 所示，直流电流在定子绕组中产生固定的磁场，而转子由于惯性继续按原方向转动。根据右手定则和左手定则不难判定，这时转子电流和固定磁场相互作用产生的新转矩，其方向与电动机的转向相反，因此起制动作用。当电动机停转时，由于转子和固定磁场没有相对速度，转子绕组中没有感应电动势和电流产生，制动转矩随之消失。制动转矩的大小与直流电流的大小有关，可由图中 R 来调节，一般为额定电流的 0.5~1 倍。这种方法是消耗转子动能（转换成电能）来进行制动的，故称为能耗制动。其特点是制动平稳准确，能耗小，但需另加直流电源。

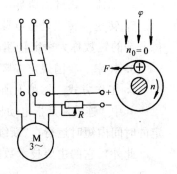

图 6-14　能耗制动

6.2.7　三相异步电动机的铭牌数据

电动机应该在一定条件下使用，才能充分发挥它的作用而不至于损坏。这些条件由制造厂给出，称为额定值。把它们打印在电动机外壳上的一块铭牌上，为了正确使用电动机，必须了解铭牌上各个技术数据的意义，现以 Y 系列三相笼型异步电动机为例来说明。下面是某个三相异步电动机的铭牌。

表 6-2　三相异步电动机的铭牌

三相异步电动机

型号　Y132M-4	功　率　7.5kW	频　率　50Hz
电压　380V	电　流　15.4A	接　法　△
转速　1440r/min	绝缘等级　B	工作方式　连续

年　　月　　日　　　　　　电机厂

1. 型号　电动机的型号由大写字母和阿拉伯数字组成，各有一定含义。

例如　Y132M-4

其中　Y——表示异步电动机；

132——表示机座中心高（mm）；

M——表示机座长度代号（M 表示中机座；S 表示短机座；L 表示长机座）；

4——表示磁极数为 4。

2. 功率　铭牌上所标出的功率是在额定运行情况下，电动机的转轴上输出的机械功率，又叫容量，用 P_N（或 P_{2N}）表示。它与电动机从电源取用的输入功率 P_{1N} 并不相等，它们之比称为效率。

$$\eta = \frac{\text{轴上输出的机械功率} P_N}{\text{定子绕组的输入电功率} P_{1N}}$$

电动机为三相对称负载，从电源输入的功率用下式计算

$$P_{1N} = \sqrt{3} U_N I_N \cos\varphi_N$$

3. 电压和接法　铭牌上所标出的电压是电动机额定运行时加在定子绕组上的线电压值。Y 系列基本型电动机的额定电压为 380V。容量为 3kW 以下为 Y 接法，4kW 以上者为 △ 接法。对于前者，如果三相电源线电压为 220V，应接成 △。

4. 电流　铭牌上所标出的电流是电动机额定运行时定子绕组的线电流值，用 I_N 表示。

5. 转速　转速是指电源为额定电压，频率为额定频率和电动机输出额定功率时，电动机每分钟的转数称为额定转速 n_N。

6. 频率　我国规定工频为 50Hz。

7. 工作方式　铭牌上所标出的工作方式按规定分为连续、短时、断续。

其中"连续"是指电动机在额定运行情况下长期连续使用；"短时"是指电动机只能在限定的时间内短时运行；"断续"是指电动机以间歇方式运行。

此外，它的主要技术数据还有：功率因数、效率、起动电流、起动转矩和最大转矩等。

例 2　有一台三相笼型电动机，其额定功率 $P_{2N} = 55\text{kW}$，额定转速 $n_N = 1480\text{r/min}$，$\dfrac{T_M}{T_N}$

$= 2.2$，$\dfrac{T_{st}}{T_N} = 1.3$。求电动机的额定转矩 T_N、起动转矩 T_{st} 和最大转矩 T_m 各是多少？

解　因为　　　　$T_N = 9550 \cdot \dfrac{P_{2N}}{n_N} = 9550 \times \dfrac{55}{1480}\text{kW} = 354.9\text{Nm}$

所以　起动转矩　　　$T_{st} = 1.3 \times T_N = 1.3 \times 354.9\text{Nm} = 461\text{Nm}$

最大转矩 $T_m = 2.2 \times T_N = 2.2 \times 354.9\text{Nm} = 780\text{Nm}$

6.3 常用低压控制电器

在工农业生产中，多数生产设备和机械都是用电动机来拖动的，而实现对电动机和生产设备控制及保护的电气设备，一般由按钮，接触器，继电器等有触点的电器组成。由这些电器组成的控制系统称为继电接触器控制系统。

按继电接触控制电器在控制系统中的作用，分为保护电器和控制电器；按操作方式又分为手控电器和自控电器两大类，手动电器是人工操纵的，如闸刀开关、组合开关、按钮等。自动电器是按某些信号（如电压、电流等）或某些物理量的变化而自动动作的，如电压继电器、交流接触器等。

6.3.1 手动电器

6.3.1.1 闸刀开关

闸刀开关是一种手动控制电器，它的外形和结构如图 6-15 所示，最主要的部件是闸刀（动触头）和刀座（静触头）。拉开或推上闸刀，就能切断或接通电路。

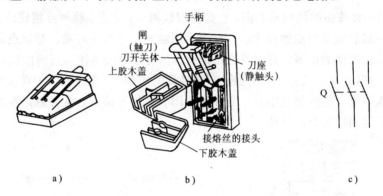

图 6-15 闸刀开关结构示意图及其符号
a) 外形 b) 结构 c) 符号

闸刀开关的极数可分为单极、双极和三极三种，每种又有单投与双投之别。

安装闸刀开关要把电源进线接在静触头上，负载线接在和可动的闸刀相联的端子上，这样，断开电源时，裸露在外面的闸刀就不带电。闸刀开关一般垂直安装在开关板上方。

闸刀开关一般不宜在带负载时切断电源，它在继电控制线路中，只做隔离电源的开关用，闸刀开关的符号见 6-15c 图。

6.3.1.2 组合开关

组合开关又称转换开关，常用来作为电源引入开关，也可用它来直接起动和停止小容量笼型电动机或控制电动机正反转，局部照明电路也常用它来控制。图 6-16 是一种组合开关结构示意图。它由三对静触片，每个触片的一端固定在绝缘垫板上，另一端伸出盒外，联在接线柱上。三个动触片套在装有手柄的绝缘转动轴上，转动转轴就可以将三个触点同时接通或断开，图 6-17 是用一个组合开关控制异步电动机启停示意图。

组合开关有单极、双极、三极和四极几种，额定电流有 10A、25A、60A 和 100A 等多种。

6.3.1.3 按钮

按钮是一种简单的手动开关，通常用来接通或断开低电流的控制电路，从而控制电动机或其它电器设备的运行。

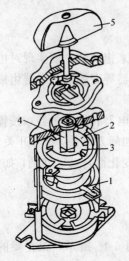

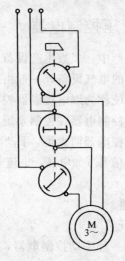

图 6-16　组合开关结构示意图　　　　图 6-17　组合开关接通异步电动机示意图

图 6-18a 是一种按钮的结构示意图，它是由按钮帽、动触点、静触点组成的。在未按动按钮之前，上面一对静触点与动触点接通，称为常闭触点，下面一对动、静触点是断开的，称为常开触点。按钮的种类很多，例如单按钮是指仅具有常开或常闭触点的按钮，符号见图 6-18b。复合按钮是既有常开又有常闭的触点，符号见图 6-18c 。复合按钮的动作原理是：按下按钮帽，动触点下落，常闭触点断开，常开触点闭合。松开按钮，常开触点恢复断开，常闭触点恢复闭合，这叫按钮自动复位。

图 6-18　按钮结构示意图与符号

a）结构示意图　b）单按钮的符号　c）复合按钮的符号

6.3.2　自动电器

6.3.2.1　交流接触器

交流接触器是利用电磁吸力来操作的电磁开关,常用来直接控制主电路的接通或断开,它是继电接触控制中的主要元件之一。主电路是指联接主要负载的电气线路，通常也是强电流通过的电气线路。图 6-19a 是交流接触器的结构示意图，其中电磁铁和触点是接触器的主要组成部分。电磁铁是由静铁心、动铁心和吸引线圈组成。铁心端面的一部分安装短路环。根据用途不同，触点可以分为主触点和辅助触点两类。主触点能通过大电流，一般接在主电路中。交流接触器的主、副触点的动触点与动铁心相互绝缘但联成一体，触点的开闭都是由动铁心带动的，各触点间没有电联系只有机械联系。主、辅触点的符号如图 6-19b ，如 CJ 10-20 型交流接触器由三个常开主触点，四个辅助触点（两个常开，两个常闭）。

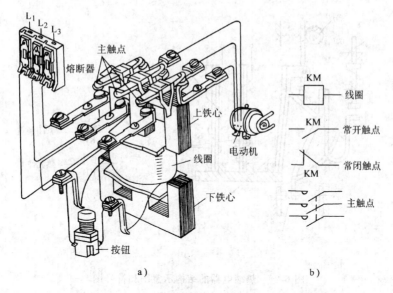

图 6-19　交流接触器的主要结构示意图和电路符号

a) 结构示意图　b) 符号

当吸引线圈通电时，动铁心下落，使常开的主、辅触点闭合，常闭的触点断开。当线圈欠电压或失去电压时，动铁心在支撑弹簧的作用下弹起，带动主、辅触点恢复常态。

主触点通过主电路的大电流，在触点断开时，触点间会产生电弧而烧坏触头。所以，交流接触器的主触点通常做成桥式。它由两个断点，以降低当触点断开时加在触点上的电压，使电弧容易熄灭，交流接触器一般都有灭弧罩。

选用接触器时，应注意它的额定电流，线圈电压及触点数量等。

6.3.2.2　中间继电器

中间继电器通常用在控制电路中，用来传递信号或同时控制几个电路。

中间继电器的结构和交流接触器基本相同只是其电磁系统比较小一些，触头多些。因触头通过电流较小，所以一般不配灭弧罩。

6.3.2.3　热继电器

热继电器是用来保护电动机免受长期过载危害的一种过载保护电器。电动机在运行中，或由于频繁起动，或因欠电压运行或因断了一相运行等原因，造成长期过载，电动机的电流虽然超过额定值，但超过不太多，因此电路中熔断器不会熔断，但此时会引起电动机绕组发热，温度升高。如超过允许温升，则影响电动机的寿命，严重时会烧坏电动机，所以必须采用过载保护。

图 6-20 是热继电器的结构示意图和符号图，它的主要部件是热元件、双金属片、执行机构、整定装置和触点。其中热元件 1 是电阻不太大的电阻丝，接在电动机的主电路中。热元件绕在上端固定于外壳上的双金属片 2 上，热元件和双金属片之间要绝缘。双金属片是由两种不同膨胀系数的金属碾压而成，每个双金属片右片比左片膨胀系数大。当主电路电流超过容许值一段时间后，热元件发热使双金属片受热膨胀向左弯曲，通过导板 3 推动补偿双金属片 4 向左移，使得常闭触点 5（串在控制电路中）断开、切断接触器线圈电路，从而使主电路断电。由于热元件断电而使双金属片冷却恢复常态，也可使用手动复位装置 6 使触点复位。

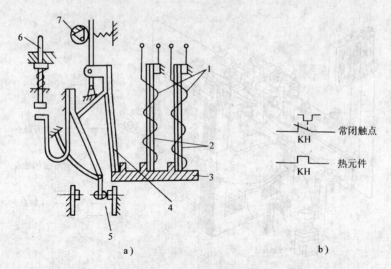

图 6-20　热继电器的结构示意图和符号图

a) 结构示意图　b) 符号

由于热继电器是间接受热而动作的，热惯性大，即使通过发热元件的电流短时间内超过额定电流几倍，热继电器也不会瞬时动作。例如在电动机起动过程中，是不希望热继电器动作的，否则电动机就无法起动。另一方面电动机具有一定的过载能力，只要它的温升不超过允许值。它就允许在过载能力的范围内作短时间的过载运转，因此，凡是电动机在短时间过载后，能恢复到正常负载情况的，热继电器都不会动作，避免了电动机一出现过载，就立即停车，反而影响生产正常运行的情况。

最后还需指出，热继电器只作过载保护，而不用作短路保护。

常用的热继电器有 JRO，JR10 及 JR16 等系列，JRO 系列热继电器额定电流为 20A、40A、60A 和 150A，热元件有 0.35～160A 各个不同等级，可根据额定电流和热元件等级来选择继电器。

6.3.2.4　熔断器

熔断器俗称保险丝，是最简单而有效的短路保护电器。它的主要部件是电阻率较高而熔点较低的合金制成的熔体（熔片或熔丝），也有用截面积小的良导体如细铁丝制成的。应用时熔体串联在被保护的电路之中。正常工作时，熔断器不应熔断。一旦发生短路或严重过载，熔体会立即熔断，切断电路而脱离电源，达到保护线路和电器设备的目的。图 6-21 所示是常见的几种熔断器。

选择熔体的方法如下

1. 保护电灯支线的熔丝　熔丝额定电流≥支线上所有电灯的工作电流之和

2. 保护一台电动机的熔丝　为了防止电动机起动时电流较大而将熔丝烧断，因此熔丝不能按电动机的额定电流来选择，应按下式计算

$$熔丝的额定电流 \geqslant \frac{电动机的起动电流}{2.5}$$

如果电动机起动频繁，则为

$$熔丝的额定电流 \geqslant \frac{电动机的起动电流}{1.6 \sim 2}$$

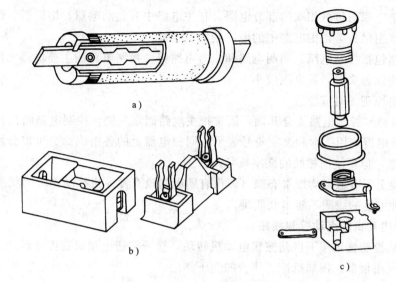

图 6-21 常见的几种熔断器

a）管式熔短器 b）插式熔短器 c）螺旋式熔短器

3. 保护几台电动机用的总熔丝 熔丝额定电流＝（1.5～2.5）×容量最大的电动机的额定电流＋其余电动机的额定电流之和。

6.3.2.5 自动空气开关

自动空气开关也叫自动空气断路器，它是低压电路中应用较广的一种保护电器，可以实现短路、失压和过载保护。它的特点是：动作后不需要更换元件，工作可靠，运用安全，操作方便，断流能力大等。

图 6-22 是自动空气开关的结构示意图。主触点 1 是由手动操作机构使之闭合的，正常情况下：连杆 2 和锁钩 3 紧扣在一起，过流脱扣器 4 的衔铁释放，欠压脱钩器 5 的衔铁吸合。过流时，过流脱扣器 4 的衔铁吸合，顶开锁钩使主触点断开以切断主电路。欠压或失压时，欠压脱钩器 5 的衔铁释放，顶开锁钩使主电路切断。过载一段时间后，双金属片 6 动作，通过推杆 7 顶开锁沟以断开主电路。故障排除后，重新合闸才能工作。

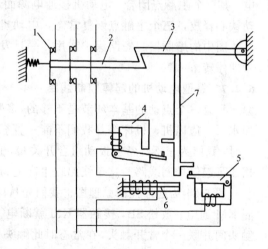

图 6-22 自动空气开关的结构示意图

6.4 三相笼型电动机的基本控制

各种生产机械，为满足生产工艺的要求，拖动电机的动作是多种多样的。其继电控制电路也是各不相同的，但无论是什么样的继电接触控制电路都可以用原理图和接线图表示，由于原理图便于说明电路的工作原理，容易理解，便于分析和设计，因此除了安装、接线和故障检查以外，大多采用原理图。

电气原理图分为主电路和辅助电路两部分。

主电路是电源与负载相联的部分电路。在主电路中有起动电器、熔断器、热继电器的热元件、接触器主触头等，主电路中的电流较大。

辅助电路包括控制电路，照明电路和信号电路等，控制电路的主要电器元件有按钮，接触器线圈和辅助触头等，其电流较小。

绘制电路原理图时应注意

(1) 主电路和控制电路要分开画，通常把主电路画在左侧，控制电路画在右侧；

(2) 所有电器均用图形和文字符号表示。同一电器上的各组成部分可以分别画在主电路和控制电路里，但要使用相同的文字符号；

(3) 电器上所有触点均按常态画（即没有通电和没有发生机械动作时的状态）；

(4) 各种电器的线圈不能串联联接。

6.4.1　笼型电动机的点动控制线路

所谓点动控制就是按下启动按钮电动机转动，松开按钮电动机就停止转动。这种电路在工业生产中应用很多，例如机床工作台的上下移动。

图 6-23 是鼠笼电动机点动控制原理图。

在主电路中，有组合开关（或闸刀开关）Q，熔断器 FU，接触器 KM 的三个主触点。

控制电路中，有：按钮 SB，接触器线圈 KM。

当电动机需要点动时，先合上组合开关 Q，按下按钮 SB，控制电路中接触器线圈 KM 通电，其三个主触点闭合，电动机接通电源而运转。松开 SB 后，接触器线圈 KM 失电，接触器动铁心释放，三个主触点恢复常态，电动机停转。

图中的熔断器起短路保护作用，一旦发生短路，其熔体立即熔断而切断主电路，电动机立即停转。

6.4.2　笼型电动机的起停控制线路

只有一个点动的基本环节是不够的，多数生产机械往往是要求比较长时间的连续运行。例如水泵、通风机、机床等，我们不能一直靠着按着点动按钮来工作，必须配上起动环节，要停止时，我们为了不经常去扳动组合开关 Q，也必须配上停止环节。考虑到以上两个环节时，就构成了起停控制线路。这个线路在生产上得到了广泛的应用。

图 6-24 为起停控制原理图。我们先从图 6-23 点动控制原理图来看，按下 SB，接触器线圈 KM 通电；放松 SB，接触器 KM 就断电。为了保证线圈 KM 一直通电，就在 SB 的两个静触头间并联一个常开触头，在常态时此触头是断开的，按下 SB 时线圈 KM 通电后，它才闭合，若松开 SB，由它来保持线圈 KM 通电，我们称这个环节为"自锁"。这时的按钮 SB 已不再起点动的作用，故我们改称它为起动按钮 SB_2，为了需要停车，必须使线圈断电，就在此控制电路中另串接一个常闭停止按钮 SB_1，在常态时它是闭合的，不影响起动，需停止时，按下 SB_1，即可断开控制回路，此时线圈断电，电动机停转，同时解除自锁。各触头又恢复到原来位置，为第二次起动做好准备。

交流接触器在此又起失压保护作用。当暂时停电或电源电压严重下降时，接触器的动铁心释放而使主触点断开，电动机自动脱离电源。当复电时，若不重新按 SB_2，则电动机不会自行起动。这种作用称为失压或零压保护。如果用闸刀开关直接控制电动机起停，若停电时未及时断开闸刀，复电时，电动机会自行起动而造成事故。必须指出，如果不使用按钮 SB_2 而使用不能自动复位的其它开关，即使用了接触器也是不能实现失压保护的。

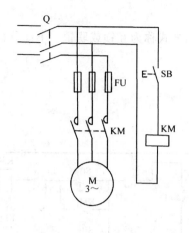

图 6-23　点动控制电路

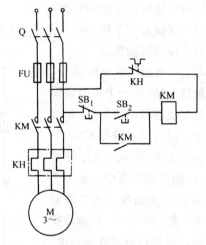

图 6-24　笼型电动机直接起停控制电路

热继电器起过载保护作用，当过载一段时间后，主电路中的热元件 KH 发热使双金属片动作，因而控制电路中的常闭触点 KH 断开，接触器线圈断电，主触点断开，电动机停转。另外，当电动机在单相运行时（断一根火线），两个热元件中至少有一个通有过载电流，因而也保护了电动机不会长时间单相运行。

6.4.3　笼型电动机的两地控制线路

两地控制，就是在两处设置的控制按钮，均能对同一台电动机实行起停控制。图 6-25 所示是在两地控制一台电动机的控制原理图，接线原则是两个起动按钮相并联，两个停车按钮相串联。

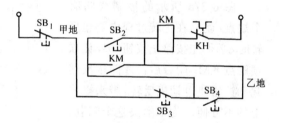

图 6-25　异地控制线路

在甲地：按 SB_2，控制电路电流经过 KH→线圈 KM→SB_2→SB_3→SB_1 构成通路，线圈 KM 通电，电动机起动；松开 SB_2，触点 KM 已经闭合自锁。按下 SB_1，电动机停转。

在乙地：按 SB_4，控制电路电流经过 KH→线圈 KM→SB_4→SB_3→SB_1 构成通路，线圈 KM 通电，电动机起动；松开 SB_4，触点 KM 自锁。按下 SB_3，电动机停转。

6.4.4　笼型电动机的正反转控制线路

在生产上往往要求运动部件能向正反两个方向运动。例如，机床工作台的前进与后退，机床主轴的正转与反转，起重机的提升与下降等等。为了实现三相异步电动机正反转，只要将电动机接入电源的任意两根联线对调一下即可，因此必须采用不同序列连接的两个交流接触器来实现这一要求，如图 6-26 所示。当正转接触器 KM_F 接通时，电动机正转；当反转接触器 KM_R 接通时，由于调换了两根电源

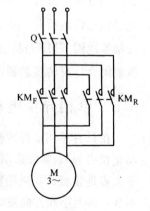

图 6-26　正反转控制
的主电路

线，所以电动机反转。如果两个接触器同时接通，那么从图 6-26 可以看到，将由两根电源线通过它们的主触点而使电源短路了，这是不允许的。所以对正反转控制线路最根本的要求是：

必须保证两个接触器不能同时接通。

　　在同一时间里两个接触器只允许一个接通的控制方式称为互锁或联锁。下面分析两种具有保护的正反转控制线路。

　　图 6-27a 所示的控制线路中，正转接触器 KM_F 的一个常闭辅助触点串接在反转接触器 KM_R 的线圈电路中，而反转接触器 KM_R 的一个常闭辅助触点串接在正转接触器 KM_F 的线圈电路中，这两个常闭触点称为连锁触点或互锁触点。这样一来，当按下正转起动按钮 SB_F 时，正转接触器线圈通电，主触点 KM_F 闭合，电动机正转。与此同时，联锁触点断开了反转接触器 KM_R 的线圈电路。因此，即使误按反转起动按钮 SB_R，反转接触器也不能动作。

　　图 6-27a 所示的控制线路有个缺点，就是在正转过程中要想反转时，必须先按停止按钮 SB，让联锁触点 KM_F 闭合后，才能按反转起动按钮使电动机反转，带来操作上的不方便。为了解决这个问题，在生产上常采用按钮和触点联锁的控制电路，如图 6-27b 所示。当

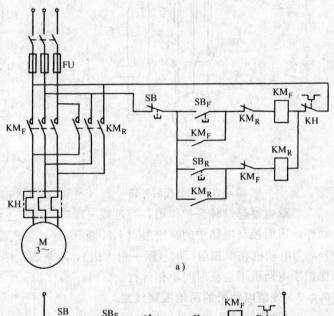

a)

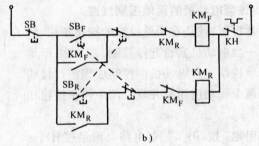

b)

图 6-27　笼型电动机的正反转控制电路

电动机正转运行时，按下反转起动按钮 SB_R，它的常闭触点先断开，常开触点后闭合，使正转接触器线圈 KM_F 先断电，其主触点 KM_F 断开；而后串接在反转控制电路中的常闭触点 KM_F 恢复闭合，反转接触器线圈 KM_R 通电，电动机即反转。

6.5　单相异步电动机

　　在只有单相电源或只需要较小容量电动机的地方（如电钻、电风扇、电唱机、录音机、自动化仪表等），常常采用单相异步电动机。单相异步电动机的结构特征为：定子绕组单相，转子大多是笼型；其磁场特征为：当单相正弦电流通过定子绕组时，会产生一个空间位置固定不变，而大小和方向随时间作正旋交变的脉动磁场，而不是旋转磁场，如图 6-28 所示。由于脉动磁场不能旋转，故不能产生起动转矩。假如转子原来是静止的，在脉动磁场作用下，它仍然是静止不动的，如果将转子拨动一下，转子便顺着拨动方向转动起来，可见脉动磁场不能使电动机自行起动，但一经起动后，脉动磁场产生的电磁转矩能使其继续沿原旋转方向运行。

为了使单相异步电动机通电后能产生一个旋转磁场，自行起动，常用电容式和罩极式两种方法。下面介绍电容式单相异步电动机的基本工作原理。

图 6-29 为电容式单相异步电动机的结构原理图。电动机定子上有两个绕组 U1U2 和 V1V2。U1U2 是工作绕组，V1V2 是起动绕组。两绕组在定子圆周上的空间位置相差 90°，如图 6-29a 所示。起动绕组 V1V2 与电容 C 串联后，再与工作绕组 U1U2 并联接入电源。工作绕组为感性电路，其电流 $\dot{i}_{U1}$ 滞后于电源电压一个角度 φ_{U1}，当电容 C 的容量足够大时，起动绕组为一容性电路，电流 $\dot{i}_{V1}$ 超前于电源电压一个角度 φ_{V1}，如果电容器的容量选择适当，可使两绕组的电流 $\dot{i}_{U1}$、$\dot{i}_{V1}$ 的相位差为 90°，这称为分相。即电容器的作用使单相交流电分解成两个相位相差 90° 的交流电。其接线图和向量图分别如图 6-29 b、c 所示。

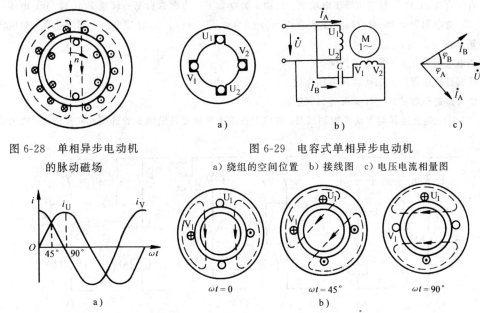

图 6-28 单相异步电动机
的脉动磁场

图 6-29 电容式单相异步电动机
a）绕组的空间位置 b）接线图 c）电压电流相量图

图 6-30 电容式单相异步电动机的电流波形和旋转磁场
a）电流波形 b）旋转磁场

空间位置相差 90° 的两个绕组通入相位相差 90° 的两个电流 $\dot{i}_{U1}$ 和 $\dot{i}_{V1}$ 以后，在电动机内部就会产生一个旋转磁场。在该旋转磁场的作用下，电动机便产生起动转矩，转子就自行转动起来。其分析方法如同三相异步电动机的转动原理一样。如图 6-30 是电容式单相异步电动机的电流波形和旋转磁场图。

电容式单相异步电动机起动后，起动绕组可以留在电路中，也可以在转速上升到一定数值后利用离心开关的作用切除它，只留下 U1U2 绕组工作。这时，电动机仍能继续运转。

电容式单相异步电动机也可以反向运行，如图 6-31，其工作原理读者可自行分析。

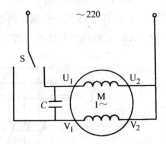

图 6-31 电容式单相异步
电动机的反向旋转

单相异步电动机的优点是能在单相电源上使用，其性能不如三相异步电动机，它的功率因数和效率都较低，过载能力较差，震动声较大，与同样功率的三相异步电动机相比其体积大，成本高，因此，目前主要生产小型的单相异步电动机，其容量一般不到 1kW。

复习思考题

1. 三相异步电动机的旋转磁场是如何产生的？怎样确定它的转速和转向。

2. 由一台三相异步电动机，转子额定转速 $n_N = 1440$r/min，电源频率为 50Hz，试求它的磁极对数 p 和额定转差率 S_N。

3. 三相异步电动机接通电源后，如果转轴被卡住，长久不能起动，对电动机有什么影响？为什么？

4. 有一台笼型电动机，其铭牌上规定电压为 380/220V，当电源电压为 380V 时，试问能否采用 丫—△ 降压起动？

5. 有一台三相异步电动机额定功率为 4kW，额定转速为 2890 r/min，求额定转矩 T_N 和额定转差率 S_N。

6. 有一台 Y132M-4 型三相异步电动机，其额定数据如下：功率 7.5kW；转速 1440 转/分；电压 380V；效率 87%；功率因数 0.85；$I_{st}/I_N = 7$；$T_{St}/T_N = 2.2$；$T_{max}/T_N = 2.2$。求额定电流，起动电流，额定转差率 S_N 和转矩 T_{St}、T_N 和 T_{max}。

7. 热继电器为什么不能作短路保护？

8. 什么是零压保护？如何实现零压保护？

9. 什么是过载保护？怎样实现过载保护？

10. 图 6-32 是直接起动电动机控制线路。请检查各图中接触器辅助触头的选用和联接情况，指出错误所在？

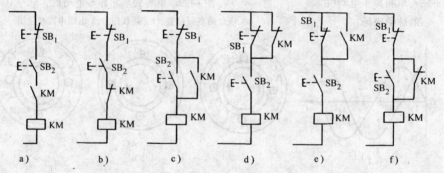

图 6-32　习题 10 图

11. 图 6-33 所示控制线路有哪些地方画错了？试加以更正，并说明改正理由。

12. 图 6-34 是一控制电路图，请指出控制电路能对电动机实现哪些控制。

13. 试画出既能连续工作，又能点动工作的电动机控制线路。

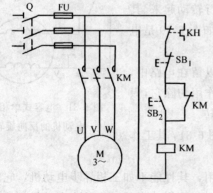

图 6-33　习题 11 图

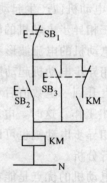

图 6-34　习题 12 图

第 7 章　半导体器件的基本知识

本章在简要说明半导体的导电规律后，对 PN 结的单向导电性、二极管的伏安特性，以及使用的一些主要参数作了介绍，并对稳压管也作了说明。在此基础上，进一步介绍了三极管的电流分配、放大作用、特性曲线、主要参数。并且介绍了绝缘栅型场效应管的结构、工作原理、特性曲线及主要参数。

7.1　半导体的导电特性

所谓半导体，顾名思义，就是它的导电能力介于导体和绝缘体之间。如硅、锗、硒以及大多数金属氧化物和硫化物都是半导体。

半导体的导电特性具有热敏性和光敏性。有些半导体对温度的反应特别灵敏，环境温度增高时，它的导电能力要增强很多，利用这种特性就做成了各种热敏元件。又如有些半导体受到光照时，它的导电能力变得很强，当无光照时，又变得如同绝缘体那样不导电。利用这种特性就做成了各种光电元件。

另外，如果在纯净的半导体中掺入微量的某种杂质后，它的导电能力就可增加几十万乃至几百万倍。利用这种特性就做成了各种不同用途的半导体器件，如半导体二极管、三极管、场效应管及晶闸管等。

下面首先介绍半导体物质的内部结构和导电机理。

7.1.1　本征半导体及其导电特性

用的最多的半导体是锗和硅。图 7-1 是锗和硅的原子结构图，它们各有四个价电子，都是四价元素。将锗和硅材料提纯（去掉无用杂质）并形成单晶体后，所有原子便基本上整齐排列，其平面示意图如图 7-2 所示。半导体一般都具有这种晶体结构，所以半导体也称为晶体，这就是晶体管名称的由来。

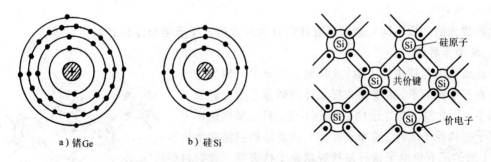

a) 锗 Ge　　　　　　b) 硅 Si

图 7-1　锗和硅的原子结构　　　　　图 7-2　硅单晶中的共价键结构

本征半导体就是完全纯净的、具有晶体结构的半导体。

在本征半导体的晶体结构中，每一个原子与相邻的四个原子结合。每一原子的一个价电子与另一原子的一个价电子组成一个电子对。这个电子对是每两个相邻原子共有的，它们把相邻的原子结合在一起，构成所谓共价键结构。

在共价键结构中，原子最外层虽然具有八个电子而处于较为稳定的状态，但是共价键中的电子还不象绝缘体中的价电子被束缚的那样紧，在获得一定能量（温度增高或受光照）后，即可挣脱原子核的束缚（电子受到激发），成为自由电子。温度愈高，晶体中产生的自由电子数目就愈多。

在电子挣脱共价键的束缚成为自由电子后，共价键中就留下一个空位，称为空穴。在一般情况下，原子是中性的。当电子挣脱共价键的束缚成为自由电子后，原子的中性便被破坏，而显出带正电。

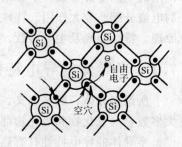

在外电场的作用下，有空穴的原子可以吸引相邻原子中的价电子，填补这个空穴。同时，在失去了一个价电子的相邻原子的共价键中出现另一个空穴，这个空穴也可以由它相邻原子中的价电子来递补，接着又出现一个空穴，如图 7-3 所示。如此继续下去，电子的逐次递补就好象空穴向反方向运动一样，因此空穴运动相当于正电荷的运动。

因此，当半导体两端加上外电压时，半导体中将出现两部分电流：一是自由电子作定向运动所形成的电子电流，二是由电子递补空穴所形成的空穴电流。在半导体中，同时存在着电

图 7-3　空穴和自由
电子的形成

子和空穴导电，这是半导体导电方式的最大特点，也是半导体和金属在导电原理上的本质差别。

自由电子和空穴统称为载流子，电子带负电，空穴带正电，它们定向移动都能形成电流。

本征半导体中的自由电子和空穴总是成对出现，成对复合，不断产生，不断复合。在一定温度下，载流子的产生和复合达到动态平衡，于是半导体中的自由电子和空穴数目便维持一定的数值。温度愈高，载流子数目愈多，导电性能也就增强。所以，温度对半导体器件性能的影响很大。

本征半导体虽然有自由电子和空穴两种载流子，但由于数量极少，导电能力仍然很低。如果在其中掺入微量的杂质（某种元素），这将使掺杂后的半导体（杂质半导体）的导电能力大大增强。

根据掺入的杂质不同，杂质半导体可分为两大类，N 形半导体和 P 形半导体。

7.1.2　N 型半导体

在硅或锗的晶体中掺入磷（或其他五价元素）。磷原子的最外层有五个价电子。由于掺入硅晶体的磷原子数比硅原子数少的多，因此整个晶体结构基本上不变，只是某些位置上的硅原子被磷原子取代。磷原子参加共价键结构只需四个价电子，多余的第五价电子很容易挣脱磷原子核束缚而成为自由电子(图 7-4)。于是半导体中的自由电子数目大量增加，自由电子导电成为这种导体的主要导电方式，故称它为电子型半导体或 N 型半导体。在 N 型半导体中，自由电子数目远多于空穴的数目，所以，自由电子被称为多数载流子，而空穴被称为少数载流子。

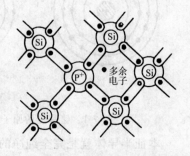

图 7-4　硅晶体中掺磷
出现自由电子

7.1.3　P 型半导体

在硅或锗晶体中掺入硼（或其它三价元素）。每个硼原子只有三个价电子，故在构成共价键结构时，将因缺少一个电子而形成一个空穴见图 7-5 所示。这样，在半导体中就形成了大量空穴。这种以空穴导电作为主要导电方式的半导体称为空穴半导体或 P 型半导体，其中空穴是多数载流子，自由电子是少数载流子。

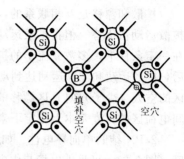

图 7-5　硅晶体中掺硼出现空穴

应注意，不论是 N 型半导体还是 P 型半导体，虽然它们都有一种载流子占多数，但是整个晶体仍然是不带电的。

7.2　半导体二极管

半导体二极管是利用杂质半导体做成的。首先来看一下，当 P 型半导体和 N 型半导体结合在一起时，将会发生什么情况。

7.2.1　PN 结的形成及单向导电性

1. PN 结的形成　当 P 型半导体和 N 型半导体联接为一体时，在交界的地方就必然发生由于浓度不均匀分布而引起电子和空穴的扩散运动，见图 7-6a。由于 P 区有大量的空穴（浓度大），而 N 区的空穴较少（浓度小），因此空穴要从浓度大的 P 区向浓度小的 N 区扩散，同样 N 区的自由电子要向 P 区扩散。随着扩散的进行，在交界面附近的 P 区留下一些带负电的离子，形成负空间电荷区。在交界面附近的 N 区留下带正电的离子，形成正空间电荷区。这样，在 P 型半导体和 N 型半导体交界面的两侧就形成了一个空间电荷区，见图 7-6b，这个空间电荷区就是 PN 结。

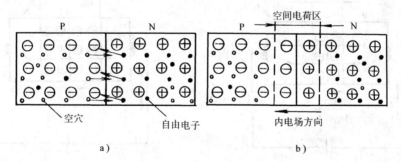

a)　　　　　　　　　　　b)

图 7-6　PN 结的形成

形成空间电荷区的正负离子虽然带电，但是他们不能移动，不参与导电，而在这区域内载流子极少，所以空间电荷区的电阻率很高。此外，这区域多数载流子已扩散到对方并复合掉了，或者说消耗尽了，故空间电荷区也叫耗尽层。

正负空间电荷在交界面两侧形成一个电场，称为内电场，其方向从带正电的 N 区指向带负电的 P 区，如图 7-6b 所示。由 P 区向 N 区扩散的空穴在空间电荷区将受到内电场的阻力，而由 N 区向 P 区扩散的自由电子也将受到内电场的阻力，即内电场对多数载流子的扩散运动起阻挡作用，所以空间电荷区又称为阻挡层。

空间电荷区的内电场对多数载流子的扩散运动起阻挡作用，但内电场对少数载流子（P 区的自由电子和 N 区的空穴）则可推动它们越过空间电荷区，进入对方。少数载流子在内电场的作用下有规则的运动称为漂移运动。

扩散和漂移是互相联系的，也是互相矛盾的。在开始形成空间电荷区时，多数载流子的扩散运动占优势。但在扩散运动进行过程中，空间电荷区逐渐加宽，内电场逐步加强，于是在一定条件下，多数载流子的扩散运动逐渐减弱，而少数载流子的漂移运动则逐渐增强。最后，扩散运动和漂移运动达到动态平衡，也就是 P 区的空穴（多子）向 N 区扩散的数量与 N 区的空穴（少子）向 P 区漂移的数量相等，对自由电子来讲也是这样。达到动态平衡后，空间电荷区的宽度基本上稳定下来，PN 结就处于相对稳定的状态。

2.PN 结的单向导电性　如果在 PN 结上加正向电压，即外电源的正端接 P 区，负端接 N 区（图 7-7）。可见外电场与内电场方向相反，因此扩散与漂移运动的平衡被破坏。外电场驱使 P 区的空穴进入空间电荷区抵消一部分负空间电荷，同时 N 区的自由电子进入空间电荷区抵消一部分正空间电荷。于是，整个空间电荷区变窄，内电场被削弱，多数载流子的扩散运动加强，形成较大的扩散电流。至于漂移运动，本来就是少数载流子的运动形成的，数量很少，故对总电流影响可以忽略。所以正向接法的 PN 结为导通状态，呈现的电阻很低。

如果在 PN 结上加反向电压，即外电源正端接 N 区，负端接 P 区，如图 7-8 所示，则外电场与内电场方向一致，也破坏了扩散与漂移运动的平衡。外电场驱使空间电荷区两侧的空穴和自由电子移走，空间电荷区变宽，内电场增强，使多数载流子的扩散运动难于进行。但另一方面，内电场的增强也加强了少数载流子的漂移运动，在电路中形成了反向电流。由于少数载流子数量很少，故反向电流很小，即 PN 结呈现的反向电阻很高。又因为少数载流子是由于获得热能（热激发）价电子挣脱共价键的束缚而产生的，环境温度愈高，少数载流子数量愈多，反向电流也就愈大。所以，温度对反向电流的影响很大。

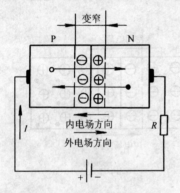

图 7-7　PN 结加正向电压

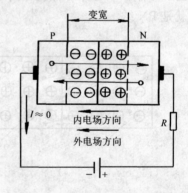

图 7-8　PN 结加反向电压

综上所述，PN 结具有单向导电性，即在 PN 结上加正向电压时，PN 结变窄，电阻很低，正向电流较大，PN 结处于导通状态；加反向电压时，PN 结变厚，电阻很高，反向电流很小（常被忽略不计），PN 结处于截止状态。

7.2.2　二极管的基本结构

将 PN 结加上相应的电极引线和管壳，就成为半导体二极管。按结构分，二极管有点接触型和面接触型两类。点接触型二极管的特点是 PN 结的面积小，因此管子中不允许通过较

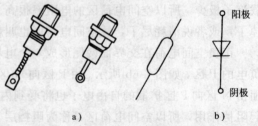

图 7-9　半导体二极管的外形及符号

a) 外形图　b) 符号

大的电流,但其高频性能好,适用于高频和小功率的工作。面接触二极管由于 PN 结结面积大,故允许流过较大的电流,但只能在较低频率下工作,可用于整流电路。图 7-9a 示出了一些常见二极管的外形图。图 7-9b 是二极管的图形符号,其中阳极从 P 区引出,阴极从 N 区引出。

7.2.3 二极管的伏安特性

在二极管的两端加上电压 U,然后测出流过管子的电流 I,电流与电压之间的关系曲线 $I = f(U)$ 即是二极管的伏安特性,如图 7-10 所示。由图可见,当外加正向电压很低时,由于外电场还不能克服 PN 结内电场对多数载流子扩散运动的阻力,故正向电流很小,几乎为零。当正向电压超过一定数值后,内电场被大大削弱,电流增长很快。这个定值被称为死区电压,其大小与材料及环境温度有关。通常,硅管的死区电压约为 0.5V,锗管约为 0.2V。管子导通后,正向电流在较大范围内变化时,管子的电压降变化很小,称为管子的导通压降,硅管约为 0.6V,锗管约为 0.3V。

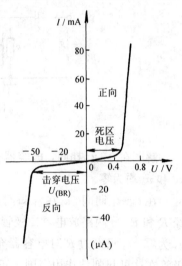

在二极管上加反向电压时,由于少数载流子的漂移运动,形成很小的反向电流。反向电流有两个特点,一是它随温度的上升增长很快,二是在反向电压不超过某一范围时,反向电流的大小基本不变,而与反向电压的高低无关,故通常称它为反向饱和电流,用符号 I_S 表示。而当外加反向电压过高时,超过 $U_{(BR)}$ 以后,反向电流将急剧增大,这种现象称为击穿,$U_{(BR)}$ 称为反向击穿电压。二极管击穿以后,不再具有单向导电性。

图 7-10 2CP10 硅二极管
的伏安特性

必须说明一点,发生击穿并不意味着二极管被损坏。实际上,当反向击穿时,只要控制反向电流的数值不过大而使二极管过热烧坏,则当反向电压降低时,二极管的性能就可以恢复正常。

7.2.4 二极管的主要参数

电子器件的参数是其特性的定量描述,也是实际工作中根据要求选用器件的主要依据。二极管的主要参数有以下几个

1. 最大整流电流 I_F 指二极管长期运行时,允许通过管子的最大正向平均电流。I_F 的数值是由二极管允许的温升所限定。使用时,管子的平均电流不得超过此值,否则可能使二极管过热而损坏。

2. 最高反向工作电压 U_R 工作时加在二极管两端的反向电压不得超过此值,否则二极管可能被击穿。为了留有余地,通常将击穿电压 $U_{(BR)}$ 的一半定为 U_R。

3. 反向电流 I_R I_R 系指在室温条件下,二极管两端加上规定的反向电压时,流过管子的反向电流值。通常希望 I_R 值越小愈好。反向电流越小,说明管子的单向导电性愈好。此外,由于反向电流是由少数载流子形成,所以 I_R 受温度的影响很大。

二极管的应用范围很广,主要是利用它的单向导电性。它可用于整流、检波、元件保护以及在脉冲与数字电路中作为开关元件等。

例 1 图 7-11a 中的 R 和 C 构成一微分电路。当输入电压 u_i 的波形如图 7-11b 中所示时,试画出输出电压 u_o 的波形。设 $u_c(0) = 0$。

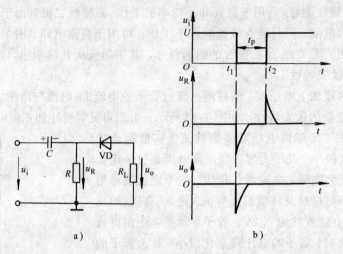

图 7-11 例 1 的图

解 在 $0 \sim t_1$ 期间，电容器很快被充电，其上电压 U 极性如图中所示（左正右负）。这时 u_R 和 u_o 均为零。

在 $t_1 \sim t_2$ 期间，u_i 在 t_1 瞬间由 U 下降到零，在 t_2 瞬间又由零上升到 U。在 t_1 瞬间，电容器经 R 和 R_L 分两路放电，二极管 VD 导通，$u_R \approx u_o$，均为负尖脉冲。在 t_2 瞬间，二极管截止，u_o 为零，u_i 只经过 R 对电容器充电，u_R 为一正尖脉冲。输出电压的波形如图 7-11b 所示。二极管在这里起削波作用，削去正脉冲，输出负脉冲。

7.2.5 稳压二极管

稳压管是一种特殊的面接触型半导体硅二极管。由于它在电路中与适当数值的电阻配合后能起稳定电压的作用，故称为稳压管，其伏安特性及符号见图 7-12。

稳压管工作于反向击穿区。从反向特性上可以看出，反向电压在一定范围内变化时，反向电流很小。当反向电压增高到击穿电压时，反向电流突然剧增，稳压管反向击穿。此后，电流虽然在很大范围内变化，但稳压管两端的电压变化很小。利用这一特性，稳压管在电路中能起稳压作用。稳压管与一般二极管不一样，它的反向击穿是可逆的。当去掉反向电压之后，稳压管又恢复正常。但是，若反向电流超过允许范围，稳压管将会发生热击穿而损坏。

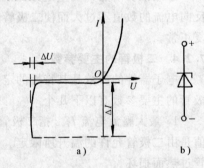

图 7-12 稳压管的伏安特性和符号
a）伏安特性 b）符号

稳压管的主要参数有

1. 稳定电压 U_Z U_Z 是稳压管在正常工作下管子两端的电压。手册中所列的都是在一定条件（工作电流、温度）下的数值，即使是同一型号稳压管，由于工艺方面和其它原因，稳压值也有一定的分散性。例如 2CW18 稳压管的稳压值为 $10 \sim 12V$。这就是说，如果把一个 2CW18 稳压管接到电路中，它可能稳压在 10.5V；再换一个 2CW18 稳压管，则可能稳压在 11.8V。

2. 电压温度系数 a_v 这个系数说明稳压值受温度变化影响的大小。例如 2CW18 稳压管的电压温度系数是 $0.095\%/℃$，这是说温度每增加 $1℃$，它的稳压值将升高 0.095%，假设在 $20℃$ 时的稳压值是 $11V$，那么在 $50℃$ 时的稳压值将是

$$11V + \frac{0.095}{100℃}(50-20)℃\times11V \approx 11.3V$$

一般来说，低于 6V 的稳压管，它的电压温度系数是负的；高于 6V 的稳压管，电压温度系数是正的；而在 6V 左右的管子，稳压值受温度的影响就比较小。因此，选用 6V 左右的稳压管，可得到较好的温度稳定性。

3. 动态电阻 r_Z 动态电阻是指稳压管工作在反向击穿稳压区时，端电压的变化量与相应的电流变化量的比值，即

$$r_Z = \frac{\Delta U_Z}{\Delta I_Z} \tag{7-1}$$

稳压管的反向伏安特性曲线愈陡，则动态电阻愈小，稳压性能也就愈好。

4. 稳定电流 I_Z 稳压管的稳定电流值是一个参考数值，若工作电流低于 I_Z，则管子的稳压性能变差，如果工作电流高于 I_Z，只要不超过额定功耗，稳压管可以正常工作。一般来说，工作电流较大时稳压性能较好。

5. 最大允许耗散功率 P_{ZM} 管子不致发生热击穿的最大功率损耗

$$P_{ZM} = U_Z I_{Zmax}$$

例 2 在图 7-13 中，通过稳压管的电流等于多少？R 是限流电阻，其值是否合适？

解 由图可知，稳压管被击穿稳压

$$I_Z = \frac{(20-12)\ V}{1.6k\Omega} = 5mA$$

所以

$$I_Z < I_{Zmax} = 18mA \quad 说明\ R\ 阻值合适$$

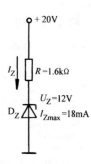

图 7-13 例 2 的图

7.3 半导体三极管

半导体三极管（简称晶体管）是最重要的一种半导体器件。半导体三极管的特性是通过特性曲线和工作参数来分析研究的。但是为了更好地理解和熟悉管子的外部特性，首先简单介绍管子内部的结构和载流子的运动规律。

7.3.1 基本结构

我国生产的半导体三极管，目前最常见的有平面型和合金型两类（图 7-14）。硅管主要是平面型，锗管都是合金型。

不论平面型或合金型，都有 N、P、N 或 P、N、P 三层，因此又把晶体管分为 NPN 型和 PNP 型两类，其结构示意图和表示符号如图 7-15 所示。当前国内生产的硅晶体管多为 NPN 型（3D 系列），锗晶体管多为 PNP 型（3A 系列）。

晶体管分为基区、发射区和集电区，分别引出基极 B，发射极 E 和集电极 C。它有两个 PN 结，基区和集电区之间的 PN 结称为集电结，而基区和发射区之间的 PN 结称为发射

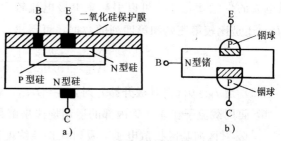

图 7-14 晶体管的结构

结。

NPN 型和 PNP 型晶体管的工作原理类似，仅在使用时电源极性联接不同而已。下面以 NPN 型晶体管为例来分析讨论。

7.3.2 晶体管的电流分配和放大原理

有关晶体管的放大作用和其中的电流分配，见图 7-16 电路所示。把晶体管接成两个回路：基极回路和集电极回路。发射极是公共端，因此这种接法称为晶体管的共发射极接法。如果用的是 NPN 型晶体管，电源 E_B 和 E_C 的极性如 7-16 图示。外加电源的极性使发射结处于正向偏置的状态，而集电结处于反向偏置状态。

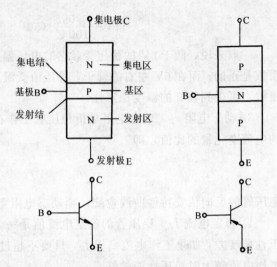

图 7-15　晶体管的结构示意图和符号

改变可变电阻 R_B，则基极电流 I_C、集电极电流 I_C 和发射极电流 I_E 都发生变化。测量结果列于表 7-1 中。

表 7-1　晶体管电流测量数据

I_B（mA）	0	0.02	0.04	0.06	0.08	0.10
I_C（mA）	<0.001	0.70	1.50	2.30	3.10	3.95
I_E（mA）	<0.001	0.72	1.54	2.36	3.18	4.05

由此实验及测量结果可得出如下结论

（1）观察实验数据中的每一列，可得

$$I_E = I_C + I_B$$

此结果符合基尔霍夫电流定律。

（2）I_C 和 I_E 都比 I_B 大得多。从第三列和第四列的数据可知，I_C 与 I_B 的比值分别为

$$\frac{I_C}{I_B} = \frac{1.50\text{mA}}{0.04\text{mA}} = 37.5 \quad \text{及} \quad \frac{2.3\text{mA}}{0.06\text{mA}} = 38.3$$

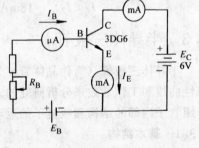

图 7-16　晶体管电流放大的实验电路

这就是晶体管的电流放大作用。电流放大作用还体现在基极电流的少量变化 ΔI_B 可以引起集电极电流较大的变化 ΔI_C。还是比较第三列和第四列的数据，可得出

$$\frac{\Delta I_C}{\Delta I_B} = \frac{(2.3 - 1.5)\ \text{mA}}{(0.06 - 0.04)\ \text{mA}} = 40$$

（3）当 $I_B = 0$（将基极开路）时，$I_C = I_{CEO}$，表中 $I_{CEO} < 0.001\text{mA} = 1\mu\text{A}$

下面用载流子在晶体管内部的运动规律来解释上述结论

1. 发射区向基区扩散电子　发射区掺杂浓度比较高，由于发射结又处于正向偏置，所以，大量的自由电子不断扩散到基区，并不断从电源补充进电子，形成发射极电流 I_E。

2. 电子在基区的扩散和复合　从发射区扩散到基区的大量自由电子起初都聚集在发射结附近，靠近集电结的自由电子很少，形成了浓度上的差别，因而自由电子将向集电结方向

继续扩散。在扩散过程中，自由电子不断与空穴（P 型基区中的多数载流子）相遇而复合。由于基区接电源 E_B 的正极，基区中受激发的价电子不断被电源拉走，这相当于不断补充基区中被复合掉的空穴，形成基极电流 I_{BE}。

在中途被复合掉的电子越多，扩散到集电结的电子就越少，这不利于晶体管的放大作用。为此，基区一般做得很薄，掺杂浓度也很少，以大大减少电子与基区空穴复合的机会，使绝大部分自由电子都能扩散到集电结边缘。

3. 集电结收集从发射区扩散过来的电子　由于集电结反向偏置，集电结内电场增强，它对多数载流子的扩散运动起阻挡作用，阻挡集电区的自由电子向基区扩散，但可将从发射区扩散到基区并达到集电区边缘的自由电子拉入集电区，从而形成电流 I_C。集电结面积做的比较大，以利于收集电子。

此外，由于集电结反偏，在内电场的作用下，集电区的少量载流子（空穴）和基区的少量载流子（电子）将发生漂移运动，形成电流 I_{CBO}。这电流数值很小，它构成集电极电流 I_C 和基极电流 I_B 的一小部分，但受温度影响很大，并与外加电压的大小关系不大。

上述晶体管中的载流子和电流分配见图 7-17 所示。

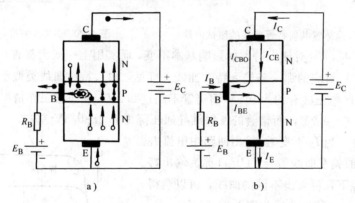

图 7-17　晶体管中的电流

如上所述，从发射区扩散到基极的电子只有很小一部分在基区复合，绝大部分到达集电区。即构成发射极电流 I_E 的两部分中，I_B 部分是很小的，而 I_C 部分所占的百分比是大的。这个比值用 β 表示，则

$$\beta = \frac{I_C}{I_B} = \frac{I_C - I_{CBO}}{I_B + I_{CBO}} \approx \frac{I_C}{I_B} \tag{7-2}$$

β 表征晶体管的电流放大能力，称为电流放大系数。

从前面的电流放大实验还知道，在晶体管中，不仅 I_C 比 I_B 大得多，而且当调节可变电阻 R_B 使 I_B 有一微小的变化时，将会引起 I_C 大得多的变化。

此外，从晶体管内部载流子的运动规律，也就理解了要使晶体管起电流放大作用时，发射结必须要正向偏置，集电结反向偏置。图 7-18 所示的是 NPN 型晶体管和 PNP 型晶体管中实际电流方向和各极极性。

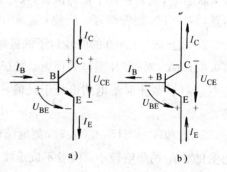

图 7-18　电流方向和各极极性

7.3.3 伏安特性曲线

晶体管的特性曲线是用来表示该晶体管各极电压和电流之间相互关系的，它反映出晶体管的性能，是分析放大电路的重要依据。最常用的是共发射极接法时的输入特性曲线和输出特性曲线。这些特性曲线可用晶体管特性图示仪直观的显示出来，也可以通过图 7-19 的实验电路进行测绘。

1. 输入特性　当 U_{CE} 不变时，输入回路中的电流 I_B 与电压 U_{BE} 之间的关系曲线 $I_B = f(U_{BE})$，称为输入特性，如图 7-20 所示。

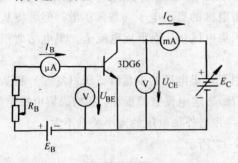

图 7-19　晶体管共射特性曲线的测试电路　　　图 7-20　3DG6 的输入特性曲线

当 $U_{CE} \geqslant 1V$ 时，U_{CE} 对输入特性的影响基本不变，而实用上一般大都有 $U_{CE} > 1V$，所以通常只画出 $U_{CE} \geqslant 1V$ 对应的那一条输入特性曲线。可见，输入特性曲线类似于 PN 结的伏安特性，发射结的死区电压硅管约为 0.5V 而锗管不超过 0.2V，在正常工作情况下，硅管的发射结导通压降为 0.6~0.7V，而锗管的发射结导通压降为 0.2~0.3V 左右。

2. 输出特性　当 I_B 不变时，输出回路中电流 I_C 与电压 U_{CE} 之间的关系曲线 $I_C = f(U_{CE})$ 称为输出特性。在不同的 I_B 下，可得出不同的曲线，可以测得三极管 3DG6 的输出特性曲线如图 7-21 所示。

通常把晶体管的输出特性曲线分为三个工作区，见图 7-21。

1. 放大区　输出特性曲线近于水平部分是放大区。在放大区，$I_C = \beta I_B$。放大区也称为线性区，因为 I_C 和 I_B 成正比的关系。如前所述，晶体管工作于放大状态时，发射结处于正向偏置，集电结处于反向偏置，对 NPN 型管而言，应使 $U_{BE} > 0$，$U_{BC} < 0$。

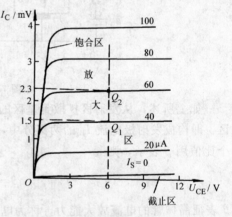

图 7-21　3DG6 的输出特性曲线

2. 截止区　$I_B = 0$ 的曲线以下的区域称为截止区。$I_B = 0$ 时，$I_C = I_{CEO}$，如表 7-1 中，$I_{CEO} < 0.001mA$。对 NPN 型硅管而言，当 $U_{BE} < 0.5V$ 时，即已开始截止，但是为了可靠截止，常使 $U_{BE} \leqslant 0$。截止时集电结也处于反偏，三个极的电流都近似为零，集—射极之间可视为开路。

3. 饱和区　当 $U_{CE} < U_{BE}$ 时，集电结处于正向偏置，晶体管工作于饱和状态。在饱和区，I_B 的变化对 I_C 的影响较小，两者不成正比，放大区的 β 不能用于饱和区。饱和时，集—射极之间电压降较小，称为管子的饱和压降（硅管 0.3V 左右、锗管 0.1V 左右），忽略此值不计时

可视为集—射极之间短路。

按照三极管工作于上述不同的区域，相应称三极管工作于放大状态、截止状态和饱和状态。

7.3.4 主要参数

晶体管的参数是设计电路时选用晶体管的依据，主要有

1. **电流放大系数 $\overline{\beta}$、$\widetilde{\beta}$** 当晶体管接成共发射极电路时，在静态（无输入信号）时集电极电流 I_C 与基极电流 I_B 的比值称为共发射极直流电流放大系数

$$\overline{\beta}=\frac{I_C}{I_B}$$

此即前述的式（7-2）。

当晶体管工作在动态（有信号输入）时，基极电流的变化量为 ΔI_B，它引起集电极电流的变化量为 ΔI_C。ΔI_C 与 ΔI_B 的比值称为交流电流放大系数

$$\widetilde{\beta}=\frac{\Delta I_C}{\Delta I_B} \tag{7-3}$$

例3 试从图 7-21 所给出的 3DG6 晶体管的输出特性曲线上，（1）计算 Q_1 点处的 $\overline{\beta}$；（2）由 Q_1 和 Q_2 两点，计算 $\widetilde{\beta}$。

解：（1）在 Q_1 点处，$U_{CE}=6V$，$I_B=40\mu A=0.04mA$，$I_C=1.5mA$。

故

$$\overline{\beta}=\frac{I_C}{I_B}=\frac{1.5}{0.04}=37.5$$

（2）由 Q_1 和 Q_2 两点（$U_{CE}=6V$）得

$$\widetilde{\beta}=\frac{\Delta I_C}{\Delta I_B}=\frac{(2.3-1.5)\ mA}{(0.06-0.04)\ mA}=40$$

上述可见，$\overline{\beta}$ 和 $\widetilde{\beta}$ 的含义是不同的，但在输出特性曲线近于平行等距并且 I_{CEO} 较小的情况下，两者数值较为接近。今后在估算时，常用 $\overline{\beta}\approx\widetilde{\beta}=\beta$ 这个近似关系。

由于晶体管的输出特性曲线是非线性的，只有在特性曲线的近于水平部分，I_C 随 I_B 成正比地变化，β 值才可以认为是基本恒定的。由于制造工艺的分散性，即使是同一型号的晶体管，β 值也有很大差别。常用晶体管的 β 值在 20～100 之间。

2. **集—基极之间的反向饱和电流 I_{CBO}** 表示当发射集开路时，集电极和基极之间的反向电流值。测量电路见图 7-22。在室温下，小功率锗管的 I_{CBO} 约为几微安到几十微安，小功率硅管在 1 微安以下。I_{CBO} 越小越好。因为 I_{CBO} 是少数载流子的运动形成的，大约温度升高 10℃ 时 I_{CBO} 翻番，所以受温度的影响非常大。硅管的温度稳定性好于锗管。

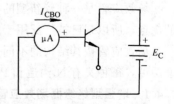

图 7-22 测量 I_{CBO} 的电路

3. **集—射极之间的穿透电流 I_{CEO}** 当基极开路时，集电极和发射极之间的电流，称为集—射极之间的穿透电流 I_{CEO}。测量电路见图 7-23。

可以证明 I_{CEO} 和 I_{CBO} 的关系为

$$I_{CEO}=\beta I_{CBO}+I_{CBO}=(1+\beta)\ I_{CBO} \tag{7-4}$$

而集电极电流 I_C 则为

$$I_C = \beta I_B + I_{CEO} \qquad (7\text{-}5)$$

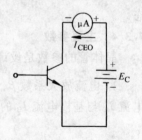

由于 I_{CBO} 对温度非常敏感，当温度升高时，I_{CBO} 增高很快，即 I_{CEO} 增加得也很快，I_C 也就相应增加。所以晶体管的温度稳定性较差，这是它的一个主要缺点。I_{CBO} 越大、β 越高的管子，稳定性越差。因此，在选管时，要求 I_{CBO} 尽可能小些，而 β 以不超过 100 为宜。

4. 集电极最大允许电流 I_{CM}　集电极电流 I_C 超过一定值时，晶体管的 β 值要下降。当 β 值下降到正常数值的三分之二时的集电极电流，称为集电极最大允许电流 I_{CM}。因此，在使用晶体管时，I_C 超过 I_{CM} 并不一定会使晶体管损坏，但以降低 β 值为代价。

图 7-23　测量 I_{CEO} 的电路

5. 集—射反向击穿电压 $U_{(BR)CEO}$　基极开路时，加在集电极和发射极之间的最大允许电压。当晶体管的集—射极电压 U_{CE} 大于 $U_{(BR)CEO}$ 时，晶体管就会被击穿而损坏。晶体管在高温下，$U_{(BR)CEO}$ 的值将要降低，使用时应特别注意。

6. 集电极最大允许耗散功率　由于集电极电流在流经集电结时将产生热量，使结温升高，从而会引起晶体管参数变化。当晶体管因受热而引起晶体管参数变化不超过允许值时，集电极所消耗的最大功率，称为集电极最大允许耗散功率 P_{CM}。

P_{CM} 主要受结温的限制，一般来说，锗管允许的结温约为 $70\sim90$℃，硅管约为 150℃左右，根据管子的 P_{CM} 值，有

$$P_{CM} = I_C U_{CE}$$

由上式可在晶体管的输出特性曲线上做出 P_{CM} 曲线，它是一条反比例曲线。

由 I_{CM}、$U_{(BR)CEO}$、P_{CM} 三者共同确定晶体管的安全工作区，如图 7-24 所示。

以上所讨论的几个参数，其中 β 和 I_{CEO}、I_{CBO} 是表明晶体管优劣的主要指标；I_{CM}、$U_{(BR)CEO}$ 和 P_{CM} 都是极限参数，用来说明晶体管的使用限制。

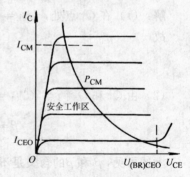

图 7-24　晶体管的安全工作区

7.4　绝缘栅型场效应管

场效应管是一种较新型的半导体器件，其外形与普通晶体管相似，由于它具有许多突出的优点，所以现已被广泛用于电子电路中。

场效应管按其结构的不同分为结型和绝缘栅型两类，绝缘栅场效应管又有增强型与耗尽型两种，每种又有 N 沟道和 P 沟道之分。本书只介绍绝缘栅型场效应管。

7.4.1　增强型绝缘栅场效应管

图 7-25 是 N 沟道增强型绝缘栅场效应管的结构示意图。用一块杂质浓度较低的 P 型薄硅片作为衬底，其上扩散两个相距很近的高掺杂浓度的 N^+ 区，并在硅片表面生成一层薄薄的二氧化硅绝缘层。在两个 N^+ 区之间的二氧化硅的表面及两个 N^+ 区的表面分别放置三个电极：栅极 G、源极 S 和漏极 D。由图可见，栅级和其它电极及硅片之间是绝缘的，所以称为绝缘栅场效应管，或称为金属—氧化物—半导体场效应管，简称 MOS 场效应管。由于栅极是绝

缘的，栅极电流几乎为零，栅源电阻 R_{GS} 很高，可高达 $10^{14}\Omega$。

从图 7-25 可见，N^+ 型漏区和 N^+ 型源区之间被 P 型衬底隔开，漏极和源极之间是两个背靠背的 PN 结，当栅—源电压 $U_{GS}=0$ 时，不管漏极和源极之间所加电压的极性如何，其中总有一个 PN 结是反向偏置的，反向电阻很高，漏极电流 I_D 近似为零。

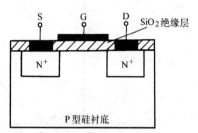

图 7-25　N 沟道增强型绝缘栅
场效应管的结构

如果在栅极和源极之间加正向电压 U_{GS}，情况就会发生变化。在 U_{GS} 的作用下，产生了垂直于衬底表面的电场。由于二氧化硅绝缘层很薄，因此即使 U_{GS} 很小如只有几伏，也能产生很强的电场强度。P 型衬底中的电子受到电场力的吸引到达表层，除填补空穴形成的耗尽层外，还在表面形成一个 N 型层（图 7-26），通常称它为反型层。它就是沟通源区和漏区的 N 型导电沟道（与 P 型衬底间被耗尽层绝源）。U_{GS} 正值越高，导电沟道越宽。形成导电沟道后，在漏极电源 E_D 的作用下，将产生漏极电流 I_D，管子导通，如图 7-27 所示。

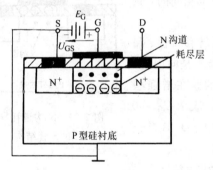

图 7-26　N 沟道增强型绝缘栅场
效应管导电沟道的形成

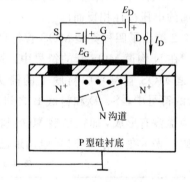

图 7-27　N 沟道增强型绝缘栅场
效应管的导通

在一定的漏—源电压 U_{DS} 下，使管子由不导通变为导通的临界栅—源电压称为开启电压，用 $U_{GS(th)}$ 表示。

由上所述可知，当 $U_{GS} < U_{GS(th)}$ 时，漏源极间沟道尚未联通，$I_D \approx 0$；当 $U_{GS} > U_{GS(th)}$ 时，漏源极间形成导电沟道。在 U_{DS} 一定和有导电沟道的前提下，栅极电压 U_{GS} 变化，则导电沟道的宽窄发生变化，漏极电流 I_D 亦随着相应发生变化，这就是栅源极间电压的控制作用。电压的变化即是电场强度的变化，故称为"场效应"管。图 7-28a 和图 7-28b 分别是管子的转移特性曲线和漏极特性曲线。所谓转移特性，就是输入电压对输出电流的控制作用。

7.4.2　绝缘栅场效应管的四种基本类型

在图 7-25 所示的 MOS 管中，当 $U_{GS}=0$ 时不存在导电沟道，只有在 U_{GS} 增加到一定数值后，才有导电沟道产生，我们称这种类型的 MOS 管叫做增强型 MOS 管。与此相反，也可以做出在 $U_{GS}=0$ 时就有导电沟道存在的 MOS 管，即具有原始的导电沟道，见图 7-29。我们把这种类型的 MOS 管叫做耗尽型 MOS 管。

N 沟道耗尽型 MOS 管在 $U_{GS}=0$ 时具有导电沟道，所以，它的开启电压 $U_{GS(th)}$ 一定是一

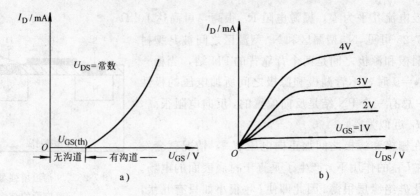

图 7-28　N 沟道增强型 MOS 管特性曲线

a）转移特性曲线　b）漏极特性曲线

个负值。也就是说，在 U_{DS} 为某定值时，耗尽型的 MOS 管不论栅—源电压是正是负还是零，在一定范围内都能控制漏极电流 I_D 的大小。这个特点使它的应用具有较大的灵活性。

此外，也可以在 N 型衬底上做成 P 型导电沟道的 MOS 管，P 沟道 MOS 管的工作原理与 N 沟道 MOS 管是完全相同的，只不过需加的电压极性相反而已。

表 7-2 给出了四种类型 MOS 管各自的符号及转移特性、漏极特性。在 N 沟道 MOS 管的符号中，衬底上的箭头是向内的，而 P 沟道 MOS 管符号中衬底上的箭头是向外的。在增强型 MOS 管的符号中，S、D 和衬底 B 之间是断开的，表示 $U_{GS}=0$ 时导电沟道没有形成，而耗尽型 MOS 管的符号中 S、D、B 是连在一起的，表示在 $U_{GS}=0$ 时导电沟道已存在。

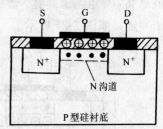

图 7-29　N 沟道耗尽型
MOS 管结构

表 7-2　MOS 管的四种类型

		符号	转移特性	漏极特性
绝缘栅型 N 沟道	增强型			
	耗尽型			
绝缘栅型 P 沟道	增强型			

（续）

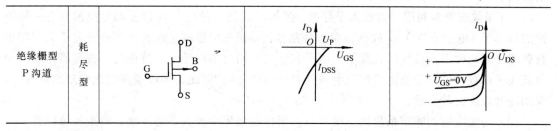

| 绝缘栅型
P 沟道 | 耗尽型 | | | |

7.4.3 主要参数

1. 饱和漏极电流 I_{DSS}　这是耗尽型场效应管的一个重要参数。它的定义是当栅源之间的电压 $U_{GS}=0$，而漏源之间的电压 U_{DS} 大于夹断电压时对应的漏极电流。

2. 夹断电压 $U_{GS(off)}$　这也是耗尽型场效应管的一个重要参数。其定义是当 U_{DS} 一定时，使沟道被夹断，I_D 减小到某一个微小电流时所需的 U_{GS} 值。

3. 开启电压 $U_{GS(th)}$　这是增强型场效应管的一个重要参数。它的定义是当 U_{DS} 一定时，使管子由不导通变成导通的临界栅—源电压 U_{GS} 的值。

4. 直流输入电阻 R_{GS}　即栅源之间加的电压与栅极电流之比。由于场效应管的栅极几乎不取电流，所以 MOS 管的输入电阻一般大于 $10^{10}\Omega$。

5. 低频跨导 g_m　跨导是衡量场效应管栅—源电压对漏极电流控制能力的一个重要参数，它的定义是当 U_{DS} 一定时，I_D 与 U_{GS} 的变化量之比，即

$$g_m = \frac{\Delta I_D}{\Delta U_{GS}}\bigg|_{U_{DS}=常数} \tag{7-6}$$

它的单位是 $\mu A/V$ 或 mA/V。手册中所列的跨导多是在低频（1000Hz）小信号（电压幅度不超过 100mV）情况下测得的，并且管子做共源极联接，故称为共源小信号低频跨导。从转移特性曲线上看，跨导就是特性曲线上工作点处切线的斜率。

6. 漏源击穿电压 $U_{(BR)DS}$　这是在场效应管的漏极特性曲线上，当漏极电流 I_D 急剧上升产生雪崩击穿时的 U_{DS}。工作时外加在漏源之间的电压不得超过此值。

7. 栅源击穿电压 $U_{(BR)GS}$　使栅极电流由零开始剧增时的 U_{GS} 为栅源击穿电压。当 U_{GS} 过高时，可能将二氧化硅绝缘层击穿，使栅极与衬底发生短路。这种击穿不同于一般的 PN 结击穿，属于破坏性击穿。栅源间发生击穿，MOS 管即被破坏。

8. 最大允许耗散功率 P_{DM}　场效应管的漏极耗散功率等于漏极电流与漏源之间电压的乘积，即 $P_D = I_D U_{DS}$。这部分功率将转化为热能，使管子的温度升高。漏极最大允许耗散功率决定于场效应管允许的温升。

使用 MOS 管时除注意不要超过它的极限参数外，还特别要注意可能出现栅极感应电压过高而造成绝缘层的击穿问题。为了避免这种损坏，在保存时，必须将三个电极短接；在电路中栅、源间应有直流通路；焊接时应使电烙铁有良好的接地。

7.4.4 场效应管和晶体三极管的比较

我们在了解了场效应管的一般性能以后，下面把它和晶体三极管作以比较。

（1）场效应管是电压控制元件而三极管则是电流控制元件，所以只允许从信号源取极少量电流的情况下，应该用场效应管；而在信号电压较弱但又允许取一定的电流的情况下，可

用三极管。

（2）场效应管是利用多数载流子导电（例如 N 沟道中的电子），即参与导电的只有一种极性的载流子（电子或空穴），故称为单极型晶体管；而三极管则是既利用多数载流子又利用少数载流子，两种不同极性的载流子（电子和空穴）同时参与导电，故称为双极型晶体管。少数载流子的数目容易受温度或核辐射等外界因素的影响，因此在环境条件变化剧烈的情况下，采用场效应管比较合适。

（3）场效应管的噪声系数比三极管小，所以在低噪声放大器的前级，常用场效应管。

（4）有些场效应管的源极和漏极可以互换，栅源电压可正可负，灵活性比三极管更强。

（5）场效应管的输入电阻很高（$10^9 \sim 10^{14} \Omega$），而三极管的输入电阻较低（$10^2 \sim 10^4 \Omega$）。

（6）场效应管能在小电流、低电压条件下工作，故适用于作为小功率无触点开关和由电压控制的可变电阻，而且它的制造工艺便于集成化，因此在电子设备中得到广泛的应用。

复习思考题

1. N 型半导体中的自由电子多于空穴，而 P 型半导体中的空穴多于自由电子，是否 N 型半导体带负电，而 P 型半导体带正电？

2. 二极管有一个 PN 结，三极管有两个 PN 结，所以，可用两个二极管联接成一个三极管，你认为对吗？

3. 如果把一个 1.5V 的干电池直接接到（正向接法）二极管的两端，会不会发生什么问题？

4. 如果用万用表的电阻档测二极管的正向电阻时，发现用 $\times 100 \Omega$ 档测出的阻值小，用 $\times 1000 \Omega$ 档测出的阻值大，这是为什么？

5. 有两个稳压管，其稳定电压 V_{Z1}、V_{Z2} 分别为 5.5V 和 8.5V，正向压降都是 0.5V。如果要得到 0.5V、3V、6V、9V 和 14V 几种稳定电压，这两个稳压管（还有限流电阻）应如何联接？画出各个电路。

6. 将 PNP 型晶体管接成共发射极电路，要使它具有电流放大作用，E_C 和 E_B 的正、负极应如何联接？请画出电路。

7. 有两个晶体管，一个管子 $\beta = 50$，$I_{CBO} = 0.5 \mu A$；另一个 $\beta = 150$，$I_{CBO} = 2 \mu A$。如果其它参数一样，选用哪一个管子较好，为什么？

8. 什么是增强型 MOS 管？什么是耗尽型 MOS 管？它们的主要区别何在？

9. 图 7-30a 是输入电压 u_i 的波形。试根据图 7-31b 所示电路画出对应于 u_i 的输出电压 u_o、电阻 R 上电压 u_R 和二极管 VD 上电压 u_D 的波形，并用基尔霍夫电压定律检验各电压之间的关系。二极管的正向压降忽

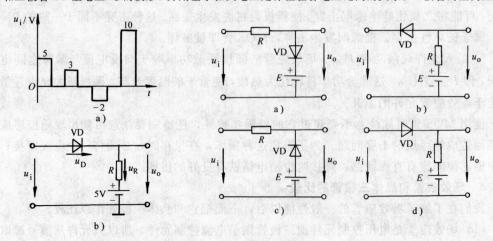

图 7-30 习题 9 图　　　　　　　　　　图 7-31 习题 10 图

略不计。

10. 在图 7-31 的各电路图中，$E=5V$，$u_i=10\sin\omega t V$，二极管的正向压降忽略不计，试分别画出输出电压 u_o 的波形。

11. 在图 7-32 中，试求下列几种情况下输出端 F 的电位 V_F 及各元件（R、VD_A、VD_B）中通过的电流：（1）$V_A=V_B=0V$；（2）$V_A=+3V$，$V_B=0V$；（3）$V_A=V_B=+3V$。二极管的正向电压可忽略不计。

12. 测得某电路中几个三极管的各极电位如图 7-33 所示，试判断各三极管分别工作在截止区、放大区还是饱和区？

13. 分别测得两个放大电路中三极管的各极电位如图 7-34 所示，试识别它们的管脚，分别标上 E、B、C，并判断这两个三极管是 NPN 型，还是 PNP 型，是硅管还是锗管。

14. 某一晶体管的 $P_{CM}=100mW$，$I_{CM}=20mA$，$U_{(BR)CEO}=1.5V$，试问在下列几种情况下，哪种是正常工作？（1）$U_{CE}=3V$，$I_C=10mA$；（2）$U_{CE}=2V$，$I_C=40mA$；（3）$U_{CE}=2V$，$I_C=20mA$。

15. 在图 7-35 中，$E=20V$，$R_1=900\Omega$，$R_2=1100\Omega$。稳压管 VD_Z 的稳定电压 $U_z=10V$，最大稳定电流 $I_{zmax}=8mA$。试求稳压管中通过的电流 I_z，是否超过 I_{zmax}？如果超过 I_{zmax}，该怎么办？

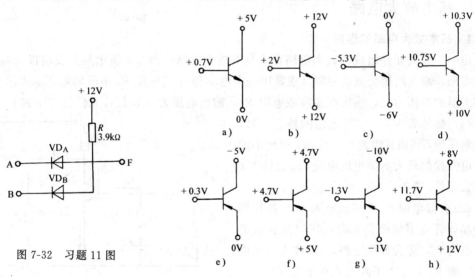

图 7-33 习题 12 图

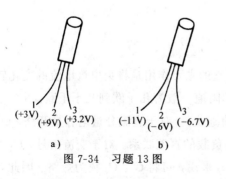

图 7-32 习题 11 图

图 7-34 习题 13 图

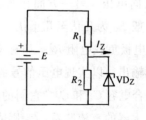

图 7-35 习题 15 图

第8章　放大电路的原理和分析基础

晶体管的主要用途之一是利用其放大作用组成各种放大器，将微弱的信号放大到满足要求的信号。例如，在温度控制系统中，首先将温度这个非电量通过温度传感器变为微弱的电信号，经过放大以后，再去推动执行元件以实现温度的自动调节等等。再如收音机、电视机的天线收到微弱的信号后，经过放大以后才能达到推动扬声器和显像管的程度。放大电路在工业、农业、国防和日常生活中等应用极为广泛，本章所讨论的各种放大电路等内容是整个电子电路的基础内容，是以后进一步学习电子电路的良好基础。

8.1　基本放大电路

8.1.1　基本放大电路的组成

由一个放大元件组成的放大电路称为基本放大电路。图 8-1 所示是共发射极的基本交流放大电路。输入端接交流信号源（通常用一个电动势 e_S 与电阻 R_S 串联的电压源表示），输入到放大器的电压为 u_i，输出端接负载电阻 R_L，输出电压为 u_o，其各元件的作用如下。

（1）晶体管 VT　它是电路的核心元件，起控制作用，利用其电流放大作用，用较小的基极电流控制较大的集电极电流，故也称 VT 为放大元件。

（2）基极电源 E_B 和基极电阻 R_B　其作用是给晶体管发射结提供正向电压以及合适的基极电流 I_B，称为偏置电路，R_B 称为偏置电阻，一般 R_B 为几十千欧至几百千欧。

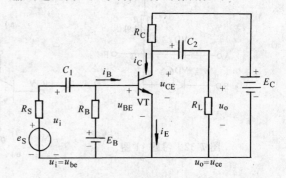

图 8-1　基本放大器

（3）集电极电源 E_C　一方面给晶体管集电结施加反向电压，另一方面作为输出信号的能源。一般 E_C 为几伏至几十伏。

（4）集电极负载电阻 R_C　简称集电极电阻，它的主要作用是将集电极电流的变化转换为电压的变化输出，以实现电压信号的放大。R_C 的阻值一般为几千欧到几十千欧。

（5）耦合电容 C_1 和 C_2　它们的作用是"隔直通交"。对于直流分量电容是开路，C_1 隔断信号源与放大器的直流联系，C_2 则隔断放大器与负载的直流联系。对于交流信号，C_1、C_2 的容抗值较小，其交流压降可忽略不计，对交流信号来说，可将 C_1、C_2 视为短路。因此，需将其容量取的大些，一般为几微法至几十微法，常用的是极性电容器，正极必须接高电位，联接时需注意极性。

图 8-1 所示电路的电压信号放大过程如下　电路参数保证晶体管 VT 工作于放大状态。输入信号通过电容 C_1 直接耦合到晶体管发射结上，从而引起基极电流的变化，基极电流的变化经过晶体管放大后，集电极电流便有较大的变化量，从而集电极电阻 R_C 上也有较大的电压

变化量。又从集电极回路（即输出回路）可以看出，电阻 R_C 上的电压与集—射间的电压之和恒为电压源 E_C，所以，在集—射之间就有一个与 R_C 上等大反相的电压变化量，该变化量经电容 C_2 耦合输出，在输出端便得到了放大的电压信号。

可见，组成电压放大电路的原则为

（1）晶体管工作于合适的放大状态；

（2）输入信号能引起控制量——基极电流的变化；

（3）能将集电极电流的变化转换为电压的变化而输出。

图 8-1 中使用了两个直流电源，其中可以将 E_B 省去，再设电源负极为参考"地"电位，便得到该电路的习惯画法如图 8-2 所示，其中 $U_{CC}=E_C$。

由于放大电路中既有直流分量也有交流分量，电压和电流的名称较多，符号不同，今规定如下，以便区别。

（1）直流分量用大些字母加大写下标表示，如 I_B、I_C、U_{CE} 等。

（2）交流分量的瞬时值用小写字母加小写下标表示，如 i_b、i_c、u_{ce} 等；有效值用大写字母加小写下标表示，如 I_b、I_c、U_{ce} 等，而幅值是在有效值基础上加"m"下标，如 I_{bm}、I_{cm}、U_{cem} 等。

（3）总电压或总电流则用小写字母加大写下标表示，如 i_B、u_{CE} 等，其中 $i_B=I_B+i_b$。

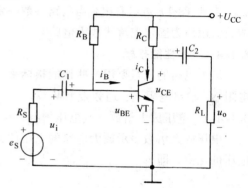

图 8-2　基本放大电路的习惯画法

8.1.2　直流通路和交流通路

放大电路中既有直流电源 E_C 又有输入的交流信号，所以说放大电路是一个交流直流共存的非线性的复杂电路，其中直流分量所通过的路径叫直流通路，而交流分量所通过的路径则叫交流通路。

直流电源单独作用时，C_1、C_2 视为开路，由图 8-2 可得其直流通路如图 8-3 所示。

交流电源单独作用时，C_1、C_2 视为短路，直流电源作用为零，视为短路，由图 8-2 可得其交流通路如图 8-4 所示。

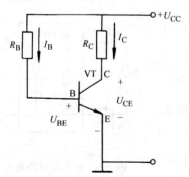

图 8-3　放大电路的直流通路

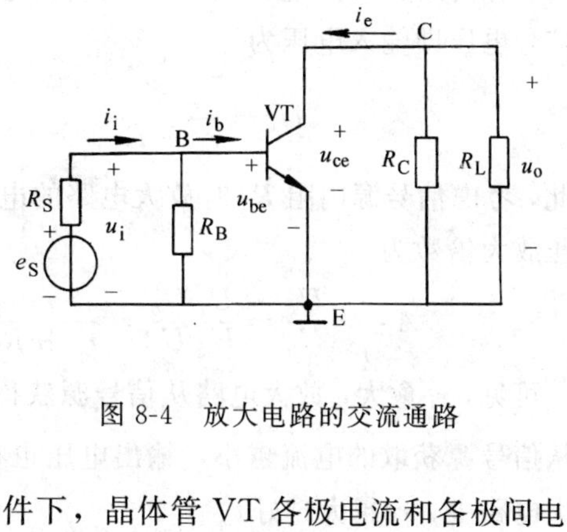

图 8-4　放大电路的交流通路

8.1.3　静态工作点及其估算

所谓静态工作点 Q，就是指输入信号为零的条件下，晶体管 VT 各极电流和各极间电压值。由于三个极电流只有两个是独立的，通常求基极电流 I_B 与集电极电流 I_C 值。而三个极间电压也是有两个是独立的，且因发射结正向偏置而导通压降基本不变（硅管 0.6V 左右，锗管 0.3V 左右），所以只求一个集—射电压值即可。因此，静态工作点 Q，就是指输入信号为零时，晶体管 VT 的基极电流，集电极电流和集—射间的电压值。

　　显然，图 8-2 所示放大电路的静态工作点可由其直流通路即图 8-3 所示电路求出。

$$I_{BQ} = \frac{U_{CC} - U_{BE}}{R_B} \approx \frac{U_{CC}}{R_B} \qquad (U_{CC} \gg U_{BE}) \tag{8-1}$$

$$I_{CQ} = \beta I_{BQ} \tag{8-2}$$

$$U_{CEQ} = U_{CC} - I_{CQ} R_C \tag{8-3}$$

　　由式（8-1）可以看出，当电路参数一定，基极偏流 I_B 将基本不变，故也称图 8-2 所示基本放大电路为固定偏流式放大电路。

8.1.4　主要性能指标

　　放大电路的质量要用一些性能指标来评价，常用的性能指标主要包括放大倍数 A_u、输入电阻 r_i、输出电阻 r_o、通频带 BW 等。

8.1.4.1　电压放大倍数（或电压增益）

　　电压放大倍数表示放大电路的电压放大能力，它等于输出波形不失真的输出电压与输入电压的比值，即

$$A_u = \frac{U_o}{U_i} \tag{8-4}$$

其中　U_o 和 U_i 分别是输出电压和输入电压的正弦有效值。当考虑其附加相移时，可用复数值之比来表示。

　　放大倍数也称增益，也可以用"分贝"来表示

$$A_u(dB) = 20 \lg A_u \tag{8-5}$$

8.1.4.2　输入电阻

　　输入电阻是从放大电路的输入端看进去的交流入端电阻，相当于信号源的负载电阻。如图 8-5 所示，即

$$r_i = \frac{U_i}{I_i} \tag{8-6}$$

设信号源内阻为 R_S、电压为 U_S，则放大电路输入端所获得的信号电压即输入电压为

$$U_i = \frac{r_i}{r_i + R_S} U_S \tag{8-7}$$

因此，考虑信号源内阻 R_S 时放大电路的电压放大倍数即源电压放大倍数为

$$A_{Us} = \frac{U_o}{U_S} = \frac{U_i}{U_S} \frac{U_o}{U_i} = \frac{r_i}{r_i + R_S} A_u \tag{8-8}$$

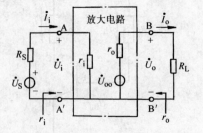

图 8-5　放大电路的输入、输出电阻

　　可见，r_i 愈大，放大电路从信号源获得的电压愈大，同时从信号源获取的电流越小，输出电压也将愈大。一般情况下，特别是测量仪表用的第一级放大电路中，r_i 越大越好。

8.1.4.3 输出电阻

输出电阻 r_o 是从放大电路的输出端看进去的交流入端电阻值。放大电路对于负载而言是一个有源二端网络，根据戴维南定理，可用开路电压 U_{oo} 与输出电阻 r_o 等效替代，如图 8-5 所示。

输出电阻 r_o 的大小直接影响放大电路的负载能力，r_o 愈小，输出电压 U_o 随负载电阻 R_L 的变化就愈小，负载能力就愈强。输出电阻 r_o 可通过实测电压后由下式求的：

$$r_o = \frac{U_{oo} - U_o}{U_o} R_L \tag{8-9}$$

式中　U_{oo} 为负载开路时放大电路的输出电压（即开路电压），U_o 为放大电路接入负载电阻 R_L 时的输出电压。

8.1.4.4 通频带 BW

由于放大电路中存有电抗元件（如图 8-2 所示电路中的耦合电容 C_1、C_2）以及晶体管极间存有极间电容等，放大电路的电压放大倍数将随着信号频率的高低而有所不同。一般情况是当频率过高、过低时放大倍数下降，在中间一段频率范围内，放大倍数基本不变。放大倍数的大小随频率的变化称为频率响应，仅讨论幅度而不考虑相位差时称幅频响应，图 8-2 所示放大电路的幅频响应曲线如图 8-6 所示。

在中频段的放大倍数为 A_{U0}，它与频率无关，随着频率的升高或降低，电压放大倍数都要减小。当放大倍数下降为 $A_{U0}/\sqrt{2}$ 时所对应的两个频率，分别为下限截止频率 f_L 和上限截止频率 f_H。f_H 与 f_L 之差值称为放大电路的通频带，或叫带宽，用 BW 表示，即

$$BW = f_H - f_L \tag{8-10}$$

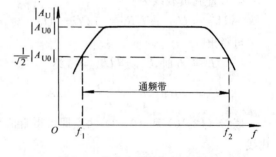

图 8-6　放大电路的幅频响应

在电子电路中常遇到的信号往往不是单一频率的信号，而是在一段频率范围内，例如广播中的音频信号，其频率范围通常在几十赫至几十千赫之间，要使放大后的信号不失真，放大电路应有足够宽的通频带。

8.2　放大电路的图解分析法

所谓电路的图解法，就是利用晶体管的特性曲线按照作图的办法对放大电路的静态和动态进行分析的一种方法。

8.2.1　静态分析

在图 8-2 所示放大电路的直流通路图 8-3 中，按输出回路（集电极回路）可列出

$$U_{CE} = U_{CC} - I_C R_C$$

或

$$I_C = -\frac{1}{R_C} U_{CE} + \frac{U_{CC}}{R_C} \tag{8-11}$$

在 $I_C - U_{CE}$ 输出特性曲线坐标系中，这是一个直线方程，其斜率为 $-1/R_C$，可过两点作出。它在横轴上的截距为 U_{CC}，在纵轴上的截距为 U_{CC}/R_C。因为它是由直流通路得出的，且与集电极负载电阻 R_C 有关，故称为直流负载线。

用图解法确定静态工作点的步骤如下：

（1）在直流通路中，由输入回路求出基极电流

$$I_{BQ} \approx \frac{U_{CC}}{R_C}$$

可知，所要求的静态工作点 I_{CQ}、U_{CEQ} 一定在 I_{BQ} 所对应的那条输出特性曲线上。

（2）作直流负载线

$$U_{CE} = U_{CC} - I_C R_C$$

即过 $(U_{CC}, 0)$、$\left(0, \dfrac{U_{CC}}{R_C}\right)$ 两点作直线。所要求的静态工作点 (I_{CQ}, U_{CEQ}) 一定在直流负载线上。

（3）按上所述，I_{BQ} 所对应的输出特性曲线与直流负载线的交点即为所求静态工作点 Q，其纵、横坐标值即为所求 I_{CQ}、U_{CEQ} 值。

例1 在图 8-2 所示电路中，已知 $U_{CC}=12\text{V}$，$R_C=4\text{k}\Omega$，$R_B=300\text{k}\Omega$。晶体管的输出特性曲线已给出（如图 8-7），试求静态值。

解 （1）由式（8-1）有

$$I_{BQ} \approx \frac{U_{CC}}{R_B} = \frac{12\text{V}}{300 \times 10^3 \Omega} = 40\mu\text{A}$$

（2）直流负载线为

$$U_{CE} = U_{CC} - I_C R_C = 12\text{V} - 4I_C$$

可得出

$$I_C = 0 \text{ 时}, U_{CE} = U_{CC} = 12\text{V}$$

$$U_{CE} = 0 \text{ 时}, I_C = \frac{U_{CC}}{R_C} = 3\text{mA}$$

联接（12，0）和（0，3）两点即可得直流负载线。

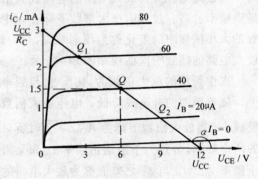

图 8-7 例1图

（3）直流负载线与 $I_{BQ}=40\mu\text{A}$ 的输出特性曲线的交点 Q 即为所求静态值，即

$$I_{BQ} = 40\mu\text{A}$$

$$I_{CQ} = 1.5\text{mA}$$

$$U_{CEQ} = 6\text{V}$$

由图 8-7 可以看出 Q 点对应了三个值（I_{BQ}、I_{CQ}、U_{CEQ}），这也就是静态工作点的由来。改变电路的参数，即可改变静态工作点。通常是改变 R_B 的阻值来调整偏流 I_{BQ} 的大小，从而实现静态值的调节。

8.2.2 动态分析

利用晶体管的特性曲线在静态工作点的基础上，用作图的方法可以进行动态分析，即分析各个电压和电流交流分量之间的传输关系。

1. 交流负载线　放大电路动态工作时，电路中的电压和电流都是在静态值的基础上产生与输入信号相对应的变化，晶体管的工作点也将在静态工作点附近变化。对于交流信号来说，它们通过的路径为交流通路，如图 8-4 所示的交流通路，得

$$u_o = u_{ce} = -i_c R_L' \tag{8-12}$$

式中　$R_L' = \dfrac{R_C R_L}{R_C + R_L}$，称为集电极等效负载电阻。

式（8-12）是反映交流电压 u_{ce} 与 i_c 电流关系的，是一线性关系，故称为交流负载线，其斜率为 $-1/R_L'$。而当交流信号为零时，其晶体管的工作点一定是静态工作点，所以，交流负载线一定过静态工作点。

由上分析可得出交流负载线的画法

过静态工作点作斜率为 $-1/R_L'$ 的直线。

因为直流负载线的斜率为 $-1/R_C$，而交流负载线的斜率为 $-1/R_L'$，故交流负载线比直流负载线要陡。如图 8-8 所示。

2.图解分析步骤　在确定静态工作点、画出交流负载线的基础上，根据已知的电压输入信号 u_i 的波形，在晶体管特性曲线上，可按下列作图步骤画出有关电压电流波形。

（1）在输入特性曲线上可由输入信号 u_i 叠加到 U_{BE} 上得到的 u_{BE} 而对应画出基极电流 i_B 的波形。

（2）在输出特性曲线上，根据 i_B 的变化波形可对应得到集射电压 u_{CE} 及集电极电流 i_C 的变化波形，如图 8-9 所示。

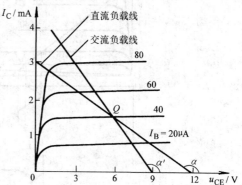

图 8-8　直流负载线与交流负载线

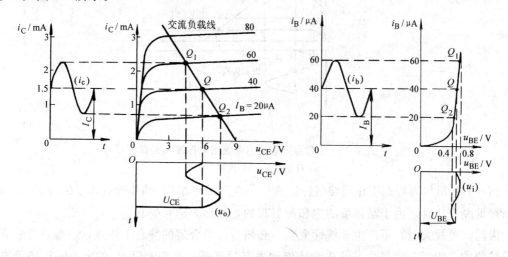

图 8-9　交流图解分析

由以上分析可以得出下述结论：

（1）晶体管各相电压和电流均有两个分量——直流分量和交流分量。

（2）输出电压 u_o（u_{ce}）与输入电压 u_i（u_{be}）相位相反，即晶体管具有倒相作用，集电极电位的变化与基极电位的变化极性相反。

（3）负载电阻 R_L 愈小，交流负载线就愈陡直，输出电压就愈小，即接入 R_L 后使放大倍数降低，负载电阻 R_L 愈小，电压放大倍数愈小。

3.非线性失真　所谓失真，是指输出信号的波形不同于输入信号的波形。显然，要求放大电路应该尽量的不发生失真现象。引起失真的主要原因是静态工作点选择不合适或者信号过大，使晶体管工作于饱和状态或截止状态。由于这种失真是因为晶体管工作于非线性区所致，所以通常称为非线性失真。

图 8-10 所示为静点 Q 不合适引起输出电压波形失真的情况。其中图 8-10a 表示静态工作点 Q_1 的位置太低，输入正弦电压时，输入信号的负半周进入了晶体管的截止区工作，使输出电压交流分量的正半周削平。这是由于晶体管的截止而引起的，故称为截止失真。

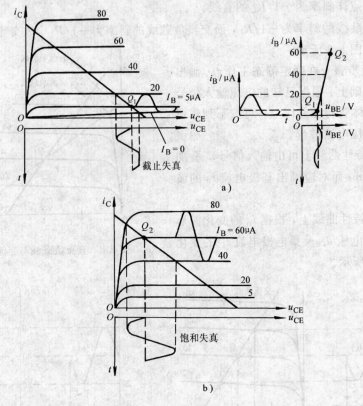

图 8-10　工作点不合适引起输出电压波形失真
a）截止失真　b）饱和失真

图 8-10b 所示为静态工作点 Q_2 过高，在输入电压的正半周，晶体管进入了饱和区工作，使输出严重失真。这是由于晶体管的饱和而引起的，故称为饱和失真。

因此，要放大电路不产生非线性失真，必须有一个合适的静态工作点，一般设置在直流负载线的中点附近。当发生截止失真或饱和失真时可通过改变电阻 R_B 的大小来调整静态工作点，实用电路中常用一固定电阻和一电位器的串联作为偏置电阻，以实现静态工作点的调节。另外，输入信号 u_i 的幅值不能太大，以免放大电路的工作范围超过特性曲线的线性范围，发生"双向"失真。在小信号放大电路中，一般不会发生这种情况。

8.3　基本放大电路的微变等效电路法

在放大电路中，交流信号是叠加在直流分量基础上而工作的，若交流信号比较小，电压电流的变化是在静态工作点附近的小范围内变化，这时可以将晶体管看为是一个线性元件。所谓放大电路的微变等效电路法，就是在小信号工作条件下，用一个线性等效电路来替代晶体管，从而得到一个放大电路的线性等效电路，然后按线性电路的分析理论对该等效电路进行分析求解，求出其电压放大倍数 A_u、输入电阻 r_i 和输出电阻 r_o 等。

8.3.1 晶体管的微变等效电路

如何把晶体管线性化，用一个什么样的线性模型（即等效电路）来代替，这是首先要讨论的问题。

晶体管的输入特性曲线是非线性的，但当输入信号很小时，在静态工作点 Q 附近可视为直线，如图 8-11 所示，当 U_{CE} 为常数时，ΔU_{BE} 与 ΔI_B 之比

$$r_{be} = \frac{\Delta U_{BE}}{\Delta I_B} = \frac{u_{be}}{i_b} \tag{8-13}$$

称为晶体管的输入电阻。小信号下 r_{be} 是一个常数，即晶体管的输入回路可用 r_{be} 等效替代，如图 8-12a 所示。

低频小功率晶体管的输入电阻常用下式估算

$$r_{be} = (100 \sim 300) + (1 + \beta)\frac{26mV}{I_E mA}\Omega \tag{8-14}$$

式（8-14）中 I_E 为发射极静态电流值，r_{be} 大约为几百欧至几千欧，它是一个交流等效电阻，手册中常用 h_{ie} 来表示。

由于晶体管工作于放大状态，所以对于交流而言，集电极电流 $i_c = \beta i_b$，受基极电流 i_b 控制，集电极电路便可用一个受控电流源替代，这样晶体管的微变等效电路就可用图 8-12b 所示电路替代。

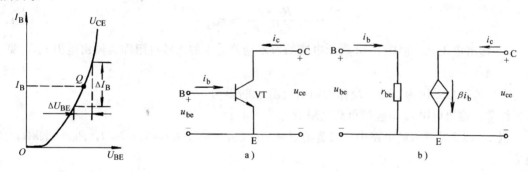

图 8-11 从晶体管输入特性
曲线求 r_{be}

图 8-12 晶体管及其微变等效电路
a）晶体管 b）等效电路

此外，由于集射电压 U_{CE} 的大小对晶体管的放大能力也有影响，考虑此因素，可用一电阻 r_{ce}（称晶体管的输出电阻）与受控电流源并联来表示，该电阻一般为几十千欧至几百千欧，由于 r_{ce} 阻值较大，故可视为开路，图 8-12 所示便没考虑 r_{ce}。

对于 PNP 型的管子来讲，只是静态电压电流极性与 NPN 型的相反，对于交流而言均有正负半周，可以认为是相同的，所以，其微变等效电路与 NPN 型的相同，也如图 8-12b 所示。

8.3.2 放大电路的微变等效电路

求放大电路的微变等效电路的步骤有二：首先得到放大电路的交流通路，然后再按图 8-12b 所示的电路等效代替晶体管。

如图 8-2 所示的放大电路中，将耦合电容 C_1、C_2 短路，直流电源 U_{CC} 作用为零也视为短路，则得到交流通路如图 8-4 所示，再替换掉晶体管 VT 则得到其微变等效电路如图 8-13 所示。电路中电压电流均为交流分量。

将放大电路等效为线性电路后便可按照线性电路理论，由图 8-13 求取电压放大倍数、输入电阻 r_i 和输出电阻 r_o 等参数了。

8.3.3 放大电路的性能指标

1. 电压放大倍数 A_u 根据图 8-13 可列出

$$u_i = i_b r_{be}$$

$$u_o = -i_c R_L' = -i_b \beta R_L'$$

式中

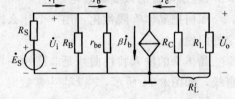

图 8-13 图 8-2 所示放大电路的微变等效电路

$$R_L' = \frac{R_C R_L}{R_C + R_L}$$

为集电极等效负载，故电压放大倍数

$$A_u = \frac{u_o}{u_i} = -\beta \frac{R_L'}{r_{be}} \tag{8-15}$$

上式中的符号表示输出电压 u_o 与输入电压 u_i 相位相反。

当放大电路输出端开路（未接 R_L）时

$$A_U = -\frac{\beta R_C}{r_{be}} \tag{8-16}$$

可见，接入 R_L 会使 A_u 降低，R_L 愈小，则放大倍数愈低，与图解法的结论相同。

2. 输入电阻 r_i 由图 8-13 输入端看进去的入端电阻即为输入电阻 r_i，考虑到 $R_B \gg r_{be}$ 有

$$r_i = \frac{R_B \cdot r_{be}}{R_B + r_{be}} \approx r_{be} \tag{8-17}$$

3. 输出电阻 r_o 由图 8-13 所示电路的输出端看进去的入端电阻即为输出电阻 r_o，可见

$$r_o \approx R_C \tag{8-18}$$

上式的近似是因为忽略了晶体管输出电阻 r_{ce} 的影响。

注意：输出电阻 r_o 不包括负载电阻 R_L。

例 2 图 8-2 所示的电路中三极管的 $\beta = 60$，$U_{CC} = 6V$，$R_C = R_L = 5k\Omega$，$R_B = 530k\Omega$，试完成

(1) 估算静态工作点；

(2) 求 r_{be} 的值；

(3) 求电压放大倍数 A_u、输入电阻 r_i 和输出电阻 r_o。

解 (1)
$$I_{BQ} = \frac{U_{CC} - U_{BE}}{R_B} = \frac{(6 - 0.7)\ V}{530k\Omega} = 10uA$$

$$I_{CQ} = \beta I_{BQ} = 0.6mA$$

$$U_{CEQ} = U_{CC} - I_{CQ} R_C = 6V - 0.6mA \times 5k\Omega = 3V$$

(2)
$$r_{be} = 300 + (1 + \beta) \frac{26}{I_E} \approx \left(300 + 61 \times \frac{26}{0.6}\right)\Omega \approx 2.9k\Omega$$

(3)
$$A_u = -\frac{\beta R_L'}{r_{be}} = \frac{-60 \times \frac{5k\Omega \times 5k\Omega}{(5+5)\ k\Omega}}{2.9} \approx -52$$

$$r_i \approx r_{be} = 2.9k\Omega$$

$$r_o \approx R_C = 5k\Omega$$

8.4 静态工作点稳定的放大电路

通过前面的分析可以知道，放大电路不设置静态工作点不行，静态工作点不合适不行，静态工作点不稳定也不行，当静态工作点不断变化时，将会引起输出的交流发生失真。那么，静态工作点为什么不稳定呢？

静态工作点不稳定的原因主要是因为温度变化使晶体管的参数发生变化。

可以证明，当温度升高时，晶体三极管的发射结导通压降 U_{BE} 降低，β 和 I_{CEO} 都将增大，这些参数的变化都将使 I_C 增大。反之，温度降低时，管子参数的变化将使 I_C 减小。

图 8-14a 为静态工作点稳定的放大电路，图 8-14b 为其直流通路，下面对它进行讨论。

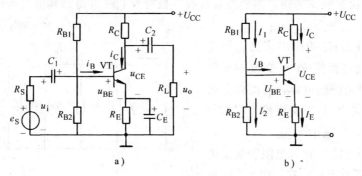

图 8-14 静态工作点稳定的放大电路

a) 放大电路 b) 直流通路

8.4.1 静态工作点的稳定

在图 8-14b 所示的直流通路中

$$I_1 = I_2 + I_B$$

选择电路参数，使

$$I_2 \gg I_B$$

则有

$$U_B \approx \frac{R_{B2}}{R_{B1} + R_{B2}} U_{CC} \tag{8-19}$$

由上式可见，基极电位由偏置电阻 R_{B1}、R_{B2} 分压所得，与晶体管的参数基本无关，不受温度影响，故也称该电路为分压式偏置放大电路或固定偏压式放大电路。

图 8-14a 所示放大电路的静态工作点稳定的物理过程为：

$$温度升高 \rightarrow I_C \uparrow \rightarrow U_E \uparrow \rightarrow U_{BE} \downarrow \ (U_B - U_E \uparrow) \rightarrow I_B \downarrow \rightarrow I_C \downarrow$$

即当温度升高晶体管参数变化而使 I_C 和 I_E 增大时，$U_E = I_E R_E$ 也增大。由于基极电位由 R_{B1}、R_{B2} 分压电路所固定，所以发射结正偏电压 U_{BE} 将减小，从而引起 I_B 减小，I_C 也自动下降，使静态工作点恢复到原来位置而基本不变。可见，R_E 愈大，U_E 随 I_E 的变化就会愈明显，稳定性能就愈好。

8.4.2 静态工作点的估算

由图 8-14b 所示直流通路不难列出下列各式

$$U_B \approx \frac{R_{B2}}{R_{B1} + R_{B2}} U_{CC}$$

$$I_{CQ} \approx I_{EQ} = \frac{U_B - U_{BE}}{R_E} \approx \frac{U_B}{R_E} \qquad (8\text{-}20)$$

$$I_{BQ} = \frac{I_{CQ}}{\beta} \qquad (8\text{-}21)$$

$$U_{CE} = U_{CC} - I_{CQ}R_C - I_{EQ}R_E$$
$$\approx U_{CC} - I_{CQ}(R_C + R_E) \qquad (8\text{-}22)$$

对硅管而言，一般取 $I_2 = (5\sim10)\ I_B$，$U_B = (5\sim10)\ U_{BE}$

8.4.3 性能指标

1. 分压式偏置电路的微变等效电路　将图 8-14a 所示放大电路中的电容 C_1、C_2、C_E 和直流电源 U_{CC} 短路得到交流通路，然后再替代掉三极管 VT 就可得到其微变等效电路如图 8-15 所示。

由上可以看出 C_E 的作用是交流短路让其交流分量通过而使 R_E 对交流不起作用，通常称为交流旁路电容，后面将会讨论。若没有 C_E 时 R_E 将对交流信号有抑制作用使放大倍数 A_u 减小等。

2. 电压放大倍数、输入电阻和输出电阻　由图 8-15 不难看出，它与图 8-2 所示固定偏流式放大电路的微变等效电路图 8-13 所示电路相似，同样可求得

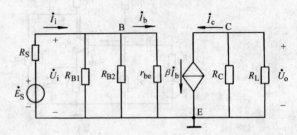

图 8-15　图 8-14a 所示放大电路的微变等效电路

$$A_u = \frac{-\beta R_L^{'}}{r_{be}} \qquad (8\text{-}23)$$

$$r_i = \frac{R_{B1}R_{B2}r_{be}}{R_{B1}R_{B2} + R_{B1}r_{be} + R_{B2}r_{be}} \approx r_{be} \qquad (8\text{-}24)$$

$$r_o \approx R_C \qquad (8\text{-}25)$$

例 3　图 8-14 所示静态工作点稳定的放大电路中，已知晶体管的 $\beta = 40$，$U_{CC} = 12\text{V}$，$R_C = 2\text{k}\Omega$，$R_E = 2\text{k}\Omega$，$R_{B1} = 20\text{k}\Omega$，$R_{B2} = 10\text{k}\Omega$，$R_L = 2\text{k}\Omega$。试求：

（1）估算静态值。

（2）晶体管输入电阻 r_{be}。

（3）电压放大倍数 A_u。

（4）输入电阻 r_i 和输出电阻 r_0。

解　（1）由公式 (8-19) ～ (8-22) 可得：

$$U_B = \frac{R_{B2}}{R_{B1} + R_{B2}}U_{CC} = \frac{10 \times 10^3 \Omega}{(20+10)10^3 \Omega} \times 12\text{V} = 4\text{V}$$

$$I_{CQ} \approx \frac{U_B}{R_E} = \frac{4\text{V}}{2 \times 10^3 \Omega} = 2\text{mA}$$

$$I_{BQ} = \frac{I_{CQ}}{\beta} = 50\text{uA}$$

$$U_{CEQ} \approx U_{CC} - I_{CQ}(R_C + R_E) = 12\text{V} - 2\text{mA}(2+2)\text{k}\Omega = 4\text{V}$$

（2）由式 (8-14) 得

$$r_{be} = 300 + (1 + \beta)\frac{26}{I_E}$$

$$\approx \left(300 + 40 \times \frac{26}{2}\right)\Omega \approx 0.8k\Omega$$

（3）由式（8-23）得

$$A_u = \frac{-\beta R_L'}{r_{be}} = -\frac{40 \times \frac{2k\Omega \times 2k\Omega}{(2+2)k\Omega}}{0.8k\Omega} = -50$$

（4）由式（8-24）、（8-25）得

$$r_i \approx r_{be} = 0.8k\Omega$$

$$r_o \approx R_c = 2k\Omega$$

8.5 射极输出器

前面介绍的放大电路，其输入信号 u_i 接到基极，输出信号 u_o 由集电极输出，发射极为公共极，故称之为共射极基本放大电路。下面介绍射极输出器，也称为共集电极放大电路，信号从基极输入，从发射极输出，集电极为交流公共极，如图 8-16 所示。

8.5.1 射极输出器的静态分析

静态工作点的计算方法同前所介绍：由其直流通路可推导出静态工作点的计算公式如下

$$I_{BQ} = \frac{U_{CC} - U_{BE}}{R_B + (1 + \beta)R_E} \approx \frac{U_{CC}}{R_B + (1 + \beta)R_E}$$
$$(8\text{-}26)$$

$$I_{CQ} = \beta I_{BQ} \qquad (8\text{-}27)$$

$$U_{CEQ} \approx U_{CC} - I_{CQ}R_E \qquad (8\text{-}28)$$

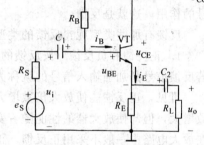

图 8-16　射极输出器

8.5.2 射极输出器的特点

对于交流分量，C_1、C_2 均可视为短路，此时由图 8-16 可以看出，输出电压 u_o 与发射结上的交流电压分量 u_{be} 的和为输入电压 u_i，即输出电压 u_o 小于输入电压 u_i 一个很小的电压值 u_{be}（注意：不是零点几伏的发射结直流压降 U_{BE}，而是很小的交流分量 u_{be}），故 u_o 小于而近似等于 u_i，且相位相同，即射极输出器的电压放大倍数

$$A_u < 1 \text{ 且 } A_u \approx 1 \qquad (8\text{-}29)$$

按前面分析共射放大电路的方法，可以求出射极输出器的输入电阻 r_i 和输出电阻 r_o 的计算公式如下

$$r_i = \frac{R_B[r_{be} + (1 + \beta)R_E']}{R_B + [r_{be} + (1 + \beta)R_E']} \qquad (8\text{-}30)$$

式中，$R_E' = \dfrac{R_E R_L}{R_E + R_L}$ 称为射极等效负载电阻

$$r_o \approx \frac{r_{be} + R_S'}{1 + \beta} \qquad (8\text{-}31)$$

式中，$R_{S'} = \dfrac{R_S R_B}{R_S + R_B}$

由上可以看出，射极输出器有如下特点

(1) 电压放大倍数小于而近似等于 1，相位相同，即 $u_o \approx u_i$，具有电压跟随作用。

(2) 输入电阻 r_i 比较大，可达几十千欧到几百千欧。因而常被用在电子测量仪表等多级放大器的输入级，以减少从信号源所吸取的电流值，同时，分得较多的输入电压 u_i 值。

(3) 输出电阻 r_o 较小，一般只有几十欧到几百欧。因此，射极输出器具有恒压输出特性，负载能力强，即输出电压 u_o 随负载的变化而变化很小，常用作多级放大器的输出级。

另外，射极输出器也常作为多级放大器的中间缓冲级，解决前一级输出电阻比较大，后一级输出电阻比较小，而造成阻抗匹配不好的问题。射极输出器的应用极为广泛。

8.6 负反馈放大器

负反馈放大器在电子技术中应用相当广泛。负反馈可以稳定静态工作点，也可以改善放大电路的放大性能，首先介绍反馈的基本概念及其反馈的类型。

8.6.1 反馈的概念及其组态

反馈可以这样定义：将放大电路的输出电压（或电流）的全部（或一部分）经过某一个电路（称为反馈网络）引接到放大电路的输入端一个信号（称为反馈信号），从而影响输入信号的作用，这就是反馈。

反馈有那些类型呢？反馈的类型，也称为组态，从不同的角度可分为以下情况

1. 正反馈和负反馈　按反馈的极性即反馈信号对输入信号的影响分为正反馈和负反馈。若反馈信号是加强输入信号的就称为正反馈，若反馈信号是削弱输入信号的，则称为负反馈。

可见，正反馈能使放大倍数增大，而负反馈则使放大倍数减小。虽然正反馈能使放大倍数增大，但却使放大器的性能随着变差，例如，使放大器的工作不稳定，失真增加等。所以在放大电路中一般不采用正反馈。正反馈多用于振荡电路中。

2. 电压反馈和电流反馈　按反馈信号是与输出电压还是与输出电流有关，反馈类型分为电压反馈和电流反馈。若反馈信号取自于输出电压则称为电压反馈，若反馈信号取自于输出电流，则称为电流反馈。

3. 串联反馈和并联反馈　根据反馈信号与输入信号在放大电路输入端联接形式的不同，可分为串联反馈和并联反馈。

如果反馈信号在输入端是以电压的形式与输入电压信号串联在一个回路中，称为串联反馈。如果反馈信号在输入端是以电流的形式与输入电流信号并联接于一节点，则称为并联反馈。对于串联反馈，信号源内阻愈小，反馈效果就愈好，而对于并联反馈，信号源内阻愈大，反馈效果就愈好。

另外，从反馈性质上，按反馈信号是直流还是交流，反馈还可分为直流反馈和交流反馈。常用的放大电路是负反馈放大电路。由上分类可知，常见交流负反馈的组态有下述四种：串联电压负反馈、串联电流负反馈、并联电压负反馈和并联电流负反馈。

8.6.2 负反馈的作用

在放大电路中引入负反馈后，虽然使放大倍数有所下降，却能使放大器性能得到改善。例如，能使放大器放大倍数的稳定性提高，减小非线性失真，提高或降低输入电阻和输出电阻（根据需要而定），以及提高放大器的抗干扰能力、展宽通频带等。

前面所介绍过的图 8-14 所示静态工作点稳定的放大电路中，R_E 即引入了直流负反馈，可

见，直流负反馈能够稳定静态工作点。如果将图 8-14 所示电路中的旁路电容 C_E 去掉，如图 8-17 所示，则 R_E 将引入交流串联电流负反馈。

图 8-17 所示电路的微变等效电路如图 8-18 所示。

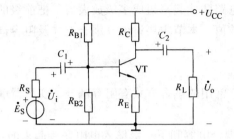

图 8-17　串联电流负反馈放大电路

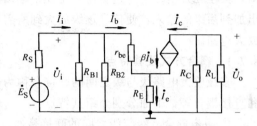

图 8-18　图 8-17 所示电路的微变等效电路

由图 8-18 所示可以看出，R_E 既在输入（基极）回路中，又在输出（集电极）回路中，R_E 上的电压降与输出回路的电流 I_e（即 I_c）有关，故为电流反馈，而该电压降与输入信号 u_i 和净输入信号 u_{be} 串联在一个回路中，故是串联型的反馈。R_E 引入串联电流反馈后，对放大电路的性能参数有那些影响呢？

由图 8-18 不难列出

$$u_o = - i_C R_L' = - \beta i_b R_L'$$
$$u_i = i_b r_{be} + i_e R_E = i_b [r_{be} + (1 + \beta) R_E]$$

所以，电压放大倍数

$$A_u = \frac{u_o}{u_i} = \frac{- \beta R_L'}{r_{be} + (1 + \beta) R_E} \tag{8-32}$$

与式（8-23）相比，可见电压放大倍数降低了。

由图 8-18 不难求出输入电阻 r_i 和输出电阻 r_o 分别为：

$$r_i = \frac{R_{B1} R_{B2} [r_{be} + (1 + \beta) R_E]}{R_{B1} R_{B2} + R_{B1} [r_{be} + (1 + \beta) R_E] + R_{B2} [r_{be} + (1 + \beta) R_E]} \tag{8-33}$$

$$r_o \approx R_C \tag{8-34}$$

由上可知，引入串联电流负反馈以后，电压放大倍数下降，输入电阻提高了。而实际上输出电阻也有所提高，在无反馈时（有旁路电容 C_E 情况）输出电阻为 R_C 与晶体管输出电阻 r_{ce} 的并联，而有反馈后则为 R_C 与比 r_{ce} 大的电阻并联了。

可以证明，负反馈对放大器性能的影响（或者作用）主要有以下几点结论

（1）降低了放大倍数，但可以提高放大倍数的稳定度；

（2）可以改变输入电阻 r_i。串联负反馈能提高输入电阻，并联负反馈能减小输入电阻，这样就可以根据对输入电阻的要求，引入适当的反馈；

（3）对输出电阻 r_o 有影响。电压负反馈能够减小输出电阻，从而提高带负载能力，稳定输出电压；而电流负反馈则能提高输出电阻，稳定输出电流；

（4）负反馈能够展宽频带；

（5）负反馈能够减小非线性失真，降低噪声，提高抗干扰能力等。

在实用电路中，常采用单级的反馈电路，也采用多级间的反馈电路。直流负反馈用来稳定静态工作点，而交流负反馈则用来改善放大性能。

8.7 多级放大电路

单级放大器的放大倍数一般只有几十倍。而应用中常需要把一个微弱的信号放大到几千倍，甚至几万倍以上。这就需要用几个单级放大电路联接起来组成多级放大器，把前级的输出加到后级的输入，使信号逐级放大到所需要的数值。本节主要讨论其耦合方式及阻容耦合放大电路。

8.7.1 耦合方式及其特点

多级放大电路级与级之间的联接，称为耦合，常用的耦合方式有阻容耦合、变压器耦合和直接耦合等，下面分别介绍其特点。

1. 阻容耦合　级与级之间的联接是通过一个耦合电容和下一级输入电阻联接起来的，故称之为阻容耦合，如图 8-19 所示。

阻容耦合方式的优点是：由于耦合电容的存在，使得前、后级之间直流通路相互隔断，即前、后级静态工作点各自独立，互不影响，这样就给分析、设计和调试静态工作点带来了很大的方便。另一方面，若耦合电容选得足够大，就可以将一定频率范围内的信号几乎无衰减地加到后一级的输入端上去，使信号得以充分的利用。因此，阻容耦合方式在多级放大电路中获得了广泛的应用。

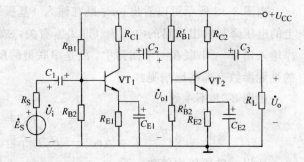

图 8-19　两级阻容耦合放大电路

阻容耦合方式也有它的局限性：不适合于传送缓慢变化的信号，否则会有很大的衰减。对于输入信号的直流分量，根本不能传送到下级。另外，由于集成电路中不易制造大容量的电容，因此阻容耦合方式在线性集成电路中几乎无法采用。

2. 变压器耦合　因为变压器能够通过磁路的耦合把原边的交流信号传送到副边，所以，可以采用它作为耦合器件，将放大器连接起来，实现级间联接，这就是变压器的耦合方式。

变压器耦合多级放大器，除静态工作点前、后级各自独立外，还有一个重要的特点，就是它可以在传递信号的同时，实现阻抗的变换，从而实现阻抗匹配。

变压器耦合方式，在半导体收音机的中频放大级和扩音器的功率放大级中常用到，但现在用的越来越少了，主要原因是它的体积大，不易集成，不易传送变化缓慢的信号等。

3. 直接耦合　为了放大缓慢变化的信号或直流量变化的信号（直流信号），不能采用上述两种耦合方式，只能把前级的输出端直接接到后级的输入端，即采用直接耦合方式。

直接耦合方式放大电路主要存有两个问题，一个是前后级静态工作点相互影响，相互牵制，这就需要采取一定的措施，保证既能有效的传送信号，又能使每一级静态工作点合适。另一个问题是零点漂移现象严重。

一个理想的直接耦合放大电路，当输入信号为零时，其输出电压应保持不变。但实际上，当输入信号为零（即将输入端短路）时，输出端的值在无规则地、缓慢地变化，这种现象称为零点漂移。

当放大电路输入信号后，零点漂移就伴随着实际信号共同输出，使信号失真。若零点漂移严重则放大电路就很难工作了，特别是在多级直接耦合放大电路中，前级放大电路的零点漂移影响更为严重。所以，必须搞清产生零点漂移的主要原因，并采取措施加以抑制。

引起零点漂移的原因很多，其中主要的原因是晶体管的参数（U_{BE}、I_{CEO}、β）随温度的变化而发生变化，电源电压的波动以及电路元件参数的变化等。特别是温度的影响最为严重，通常称为温漂。特别是第一级的温漂，应该着重抑制。

作为评价放大电路零点漂移的指标，只看输出端漂移电压的大小是不充分的，必须同时考虑放大倍数的大小。通常将漂移量折合到输入端来衡量漂移的大小，即

$$u_{id} = \frac{u_{od}}{|A_u|} \tag{8-35}$$

式中　u_{id}——输入端等效漂移电压；

　　$|A_u|$——放大电路电压增益；

　　u_{od}——输出端漂移电压；

显然，输入端等效漂移电压 u_{id} 越小，放大性能就越好。

由于零点漂移主要由温度变化引起，故也常用温度变化 $1℃$ 时在输入端的等效漂移电压来作为一项指标衡量直接耦合放大电路的漂移大小。

抑制零点漂移的措施很多，比如选取高质量的硅管作为放大元件，其温度特性比较稳定，零点漂移就小。再如利用热敏元件进行温度补偿，以抵消温度变化使晶体管参数变化带来的影响等。

8.7.2　RC 耦合多级放大电路

图 8-19 所示为两级阻容耦合的放大电路，并且很容易推广到 3 级、4 级、n 级放大电路。

对于 RC 耦合多级放大电路来说，由于各级静态工作点各自独立，互不影响，所以计算确定各级静态工作点单独进行就可以了。那么，对于多级放大电路的主要性能指标（A_u、r_i、r_o）应该如何确定呢？

多级电压放大倍数为各级电压放大倍数之积，即对于两级放大电路有

$$A_u = A_{u1} A_{u2} \tag{8-36}$$

多级放大器的输入电阻等于第一级的输入电阻，即

$$r_i = r_{i1} \tag{8-37}$$

多级放大器的输出电阻等于最后一级的输出电阻，即对于两级放大器而言

$$r_o = r_{o2} \tag{8-38}$$

例 4　在图 8-19 所示两级阻容耦合放大电路中，已知 $U_{CC}=12V$，$R_{B1}=30k\Omega$，$R_{B2}=15k\Omega$，$R_{B1}'=20k\Omega$，$R_{B2}'=10k\Omega$，$R_{C1}=3k\Omega$，$R_{C2}=2.5k\Omega$，$R_{E1}=3k\Omega$，$R_{E2}=2k\Omega$，$R_L=5k\Omega$，$\beta_1=\beta_2=40$。试求：（1）各级静态工作点。（2）两级放大电路的电压放大倍数。（3）两级放大电路的输入电阻和输出电阻。（取 $U_{BE}=0.7V$）

解　（1）各级静态值：

第一级

$$U_{B1} = \frac{R_{B2}}{R_{B1}+R_{B2}} U_{CC} = \frac{15k\Omega}{(30+15)k\Omega} \times 12V = 4V$$

$$I_{C1} = \frac{U_{B1}-U_{BE}}{R_{E1}} = \frac{(4-0.7)V}{3k\Omega} \approx 1.1mA$$

$$I_{B1} = I_{C1}/\beta_1 \approx 28\text{uA}$$

$$U_{CE1} \approx U_{CC} - I_{C1}(R_{C1} + R_{E1}) = 12\text{V} - 1.1\text{mA}(3 + 3)\text{k}\Omega = 5.7\text{V}$$

第二级

$$U_{B2} = \frac{R_{B2}{}'}{R_{B1}{}' + R_{B2}{}'}U_{CC} = \frac{10\text{k}\Omega}{(20 + 10)\text{k}\Omega} \times 12\text{V} = 4\text{V}$$

$$I_{C2} \approx \frac{U_{B2} - U_{BE}}{R_{E2}} = \frac{(4 - 0.7)\text{V}}{2\text{k}\Omega} = 1.6\text{mA}$$

$$I_{B2} = I_{C2}/\beta_2 = 40\text{uA}$$

$$U_{CE2} \approx U_{CC} - I_{C2}(R_{C2} + R_{E2}) = 12\text{V} - 1.6\text{mA}(2.5 + 2)\text{k}\Omega = 4.8\text{V}$$

（2）电压放大倍数：

晶体管 VT1 的输入电阻

$$r_{be1} = 300 + (1 + \beta_1)\frac{26}{I_{E1}} \approx 300 + (1 + 40)\frac{26}{1.1}\text{k}\Omega \approx 1.27\text{k}\Omega$$

晶体管 VT2 的输入电阻

$$r_{be2} = 300 + (1 + \beta_2)\frac{26}{I_{E2}} \approx 300 + (1 + 40)\frac{26}{1.6}\text{k}\Omega \approx 0.97\text{k}\Omega$$

第二级输入电阻

$$r_{i2} = \frac{R_{B1}{}'R_{B2}{}'r_{be2}}{R_{B1}{}'R_{B2}{}' + r_{be2}R_{B1}{}' + r_{be2}R_{B2}{}'} \approx 0.86\text{k}\Omega$$

第一级等效负载电阻

$$R_{L1}{}' = \frac{R_{C1}r_{i2}}{R_{C1} + r_{i2}} = \frac{3\text{k}\Omega \times 0.86\text{k}\Omega}{(3 + 0.86)\text{k}\Omega} \approx 0.7\text{k}\Omega$$

第一级电压放大倍数

$$A_{u1} = \frac{-\beta_1 R_{L1}{}'}{r_{be1}} = -\frac{40 \times 0.7\text{k}\Omega}{0.97\text{k}\Omega} = -22$$

第二级的等效负载电阻

$$R_{L2}{}' = \frac{R_{C2}R_L}{R_{C2} + R_L} = \frac{2.5\text{k}\Omega \times 5\text{k}\Omega}{(2.5 + 5)\text{k}\Omega} \approx 1.7\text{k}\Omega$$

第二级的电压放大倍数

$$A_{u2} = \frac{-\beta_2 R_{L2}{}'}{r_{be2}} = -\frac{40 \times 0.7\text{k}\Omega}{0.97\text{k}\Omega} = -70$$

两级电压放大倍数

$$A_u = A_{u1}A_{u2} = 1540$$

A_u 是一个正实数，说明输入电压 u_i 经过两次反向后，输出电压 u_o 和 u_i 同相位。

（3）输入电阻和输出电阻

两级放大器的输入电阻等于第一级的输入电阻

$$r_i = r_{i1} = \frac{R_{B1}R_{B2}r_{be1}}{R_{B1}R_{B2} + R_{B1}r_{be1} + R_{B2}r_{be1}}$$

$$= \frac{20\text{k}\Omega \times 10\text{k}\Omega \times 1.27\text{k}\Omega}{20\text{k}\Omega \times 10\text{k}\Omega + 20\text{k}\Omega \times 1.27\text{k}\Omega + 10\text{k}\Omega \times 1.27\text{k}\Omega}$$

$$\approx 1.1\text{k}\Omega$$

两级放大器的输出电阻等于第二级的输出电阻

$$r_o = r_{o2} \approx R_{C2} = 2.5\text{k}\Omega$$

8.8　差动放大电路

前面已经讲过,在实际工作中需要直流放大电路,但直接耦合时存在零点漂移严重现象,应当采取措施加以抑制。本节介绍的差动电路,就是抑制零点漂移很好的电路形式。

8.8.1　差动放大电路的基本形式

图 8-20 所示电路为差动放大电路的基本形式,也称为原理型电路。信号电压 u_{i1} 和 u_{i2} 由两个管子的基极输入,输出电压 u_o 由两管的集电极输出。要求理想情况下,两管特性一致,电路为对称结构。

8.8.1.1　零点漂移的抑制

在静态时,输入信号 $u_{i1} = u_{i2} = 0$,由于电路的对称性,故 VT_1、VT_2 的各极电流及电位都分别对应相等,即

$$I_{C1} = I_{C2}$$
$$U_{C1} = U_{C2}$$

故输出电压

$$u_o = U_{C1} - U_{C2} = 0$$

当温度变化时,两管参数发生变化,引起两管的各级电流电位均发生变化,但由于电路的对称性其变化量一定相等,即

$$\Delta I_{C1} = \Delta I_{C2}$$
$$\Delta U_{C1} = \Delta U_{C2}$$

虽然每个管都产生了零点漂移,但是,由于两集电极电位的变化是相互抵消的,所以输出电压依然为零,此时

$$u_o = (U_{C1} + \Delta U_{C2}) - (U_{C2} + \Delta U_{C2}) = 0$$

零点漂移完全被抑制了。其实,不管是温度还是其它原因引起的漂移,只要是引起两管同样的漂移,都可以给予抑制。

8.8.1.2　信号输入

信号输入有下面三种方式。

1. 共模输入　图 8-20 中的两个输入信号 u_{i1} 和 u_{i2},如果等大同相位,即 $u_{i1} = u_{i2}$,就称为共模输入。

在共模信号的作用下,由于电路的对称性,使两管的各极电流及电位的变化大小和相位也完全一样,因而输出电压等于零,所以该电路对共模信号没有放大作用,而有很强的抑制能力。实际上,对于温度变化等引起的零点漂移,若将各管集电极电位的零点漂移分别折合到基极便似一对共模信号,所以,差动放大电路对共模信号的抑制能力,就是抑制零点漂移的能力。

2. 差模输入　若输入信号等大反相,即 $u_{i1} = -u_{i2}$,则称为差模输入。

输入差模信号时,由于 u_{i1}、u_{i2} 等大反相,则两管集电极电位也等大反相,即

$$\Delta U_{C1} = -\Delta U_{C2}$$

所以
$$u_o = \Delta U_{C1} - \Delta U_{C2} = 2\Delta U_{C1}$$

可见，差模输入信号作用下，差动放大电路的输出电压为单管输出电压变化量的 2 倍。即对差模信号有放大能力。

3. 比较输入　比较输入也叫非差非共输入。u_{i1} 和 u_{i2} 的大小不相等，极性也是任意的。对于任意一对比较信号，均可看成是一对共模信号和一对差模信号的叠加，如对于

$$u_{i1} = 3mV = 5mV - 2mV$$
$$u_{i2} = 7mV = 5mV + 2mV$$

可以看成是一对 5mV 的共模信号和一对 2mV 的差模信号的叠加。

由上分析可知，差动放大电路仅对差模信号给予放大，而对共模信号无放大能力。即"差动，差动，有差才动"这也就是"差动"放大电路名称的由来。

8.8.1.3　存在问题

图 8-20 所示差动放大电路说它为原理性电路，是由于它存在下述两个问题

1) 完全抑制零点漂移是建立在电路理想对称的假设下的，电路完全对称仅是一个理想情况，实际上理想对称是不存在的。

2) 该电路是由两个集电极输出的，输出电压 u_o 中是利用两管集电极电位的共模电压同相位相互抵消而给予抑制掉的，若负载需一端接地，只能由一个集电极输出，这时，零点漂移就无法抑制了。

为了克服上述问题，常采用长尾式差动放大电路。

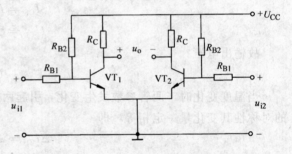

图 8-20　差动放大电路原理性电路

8.8.2　长尾式差动放大电路

长尾式差动放大电路也是一种典型差动放大电路，如图 8-21 所示。与图 8-20 所示电路比较，多了电位器 R_P、发射极电阻 R_E 和负电源 E_E。因增加了负电源 E_E，管子的偏流 I_B 可由它提供，故去掉了 R_{B2}。

R_E 称为共模抑制电阻，R_E 数值愈大，对共模信号（即零点漂移）的抑制能力就愈强。对于共模信号，两管发射极电流将同时增大或减小，使 R_E 上的电流两倍于一只管子发射极电流的变化，从而 R_E 对其有较强的负反馈作用，大大抑制了共模信号，使其每个集电极电压变化较小。但对于差模信号而言，由于差模信号引起两管发射极电流的变化是一增一减，等大反相，所以，差模电流不流经 R_E，R_E 对差模不起作用，即 R_E 基本上不影响差模信号的放大效果。

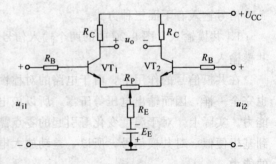

图 8-21　长尾式差动放大电路

虽然 R_E 愈大，抑制零点漂移的作用愈显著，但是，U_{CC} 一定时，过大的 R_E 会使集电极电

流过小，影响静态值和电压放大倍数，另一方面也将基极电位抬高。为此，接入负电源 E_E 来抵消 R_E 两端的直流压降，从而获得合适的静态工作点，保证基极静态电位值在零伏左右。

因为电路完全对称是理想状况，实际上，当输入的两端接"地"时，输出电压不一定等于零，这就需要调零。电位器 R_P 就是用来调零的，故称为调零电位器。图 8-21 所示电路中，R_P 接到晶体管的发射极，故称为发射极调零。除此之外，还有集电极调零和基极调零方式。

8.8.2.1 静态分析

由于电路的对称原理，计算一个管子的静态值即可。图 8-21 所示电路的单管直流通路如图 8-22 所示。因 R_P 较小，图中将其略去。

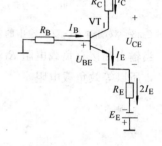

由基极回路不难列出

$$I_B R_B + U_{BE} + 2I_E R_E = E_E$$

上式中前两项一般远小于第三项，故可略去，则每管集电极电流

$$I_C \approx I_E \approx \frac{E_E}{2R_E} \tag{8-39}$$

晶体管发射极电位

$$U_E \approx 0$$

所以

图 8-22　单管直流通路

$$I_B = \frac{I_C}{\beta} \approx \frac{E_E}{2\beta R_E} \tag{8-40}$$

$$U_{CE} \approx U_{CC} - I_C R_C \approx U_{CC} - \frac{E_E R_C}{2R_E} \tag{8-41}$$

8.8.2.2 动态分析

图 8-23 所示电路是双端输入—双端输出的差动放大电路。输入电压 u_i 由两个基极输入，输出电压 u_o 由两个集电极输出。

由于输入电路的对称性，每只管子的输入端分得的电压各为 u_i 的一半，但极性相反，即

$$u_{i1} = \frac{1}{2}u_i$$

$$u_{i2} = -\frac{1}{2}u_i$$

显然，是一对差模信号。

对于差模信号，两管基极电位变化等大反相，两发射极电位也一增一减，等大反相，R_E 对其不起作用，即 R_P 中点即为交流"地"电位，若忽略较小电阻 R_P，则可得单管差模信号通路如图 8-24 所示。

由图可得出单管差模电压放大倍数

$$A_{ud1} = \frac{u_{o1}}{u_{i1}} = -\frac{\beta R_C}{R_B + r_{be}} \tag{8-42}$$

双端输入—双端输出差动电路的差模电压放大倍数为

$$A_{ud} = \frac{u_o}{u_i} = \frac{u_{o1} - u_{o2}}{2u_{i1}} = \frac{2u_{o1}}{2u_{i1}} = A_{ud1} = \frac{\beta R_C}{R_B + r_{be}} \tag{8-43}$$

与单管的电压放大倍数相同。可见，差动电路是为了抑制零点漂移，利用一只管子补偿

了另一只管子，放大倍数没有提高。

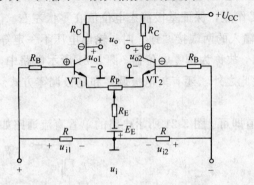

图 8-23 双端输入—双端输出的差动放大电路

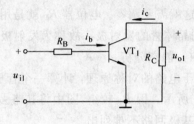

图 8-24 单管差模信号交流通路

当输出端接有负载电阻 R_L 时，因两集电极电位一增一减，等大反相，故 R_L 的中点即为"地"，所以等效负载电阻

$$R_L' = \frac{R_C \dfrac{R_L}{2}}{R_C + \dfrac{R_L}{2}}$$

此时电压放大倍数为

$$A_{ud} = -\frac{\beta R_L'}{R_B + r_{be}} \tag{8-44}$$

两输入端之间的差模输入电阻为

$$r_{id} = 2(R_B + r_{be}) \tag{8-45}$$

两集电极之间的输出电阻为

$$r_{od} \approx 2R_C \tag{8-46}$$

如果输入端不变，而由两个集电极输出改为由一个集电极输出时，图 8-23 所示电路就变为双端输入—单端输出形式了。

当双端输入—单端输出时，显然，输出电压比双端输出时减半，即双端输入—单端输出时的电压放大倍数为

$$A_{ud} = \frac{1}{2}\frac{-\beta R_L'}{R_B + r_{be}} \tag{8-47}$$

此时，等效负载电阻

$$R_L' = \frac{R_C R_L}{R_C + R_L}$$

输出电阻为

$$r_{od} \approx R_C \tag{8-48}$$

输入电阻与双端输入—双端输出方式相同，即

$$r_{id} = 2(R_B + r_{be}) \tag{8-49}$$

如果将一个输入端接地，从另一个输入端加入信号，则为单端输入方式，图 8-25 所示电路为单端输入—单端输出的差动放大电路。

既然是单端输入，那么另一只管子还能取得信号吗？每只管子取得多大的信号呢？下面

首先讨论这个问题。

前面已讨论过，R_E 愈大，对共模信号即零点漂移的抑制能力也就愈强，所以，一般取的 R_E 值较大，远大于 R_B 及 r_{be} 之和。所以，在交流信号作用下，可视 R_E 开路，此时，输入回路交流等效电路如图 8-26 所示。

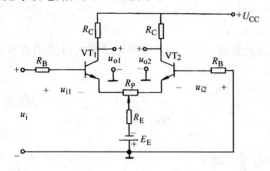

图 8-25　单端输入—单端输出的差动放大电路

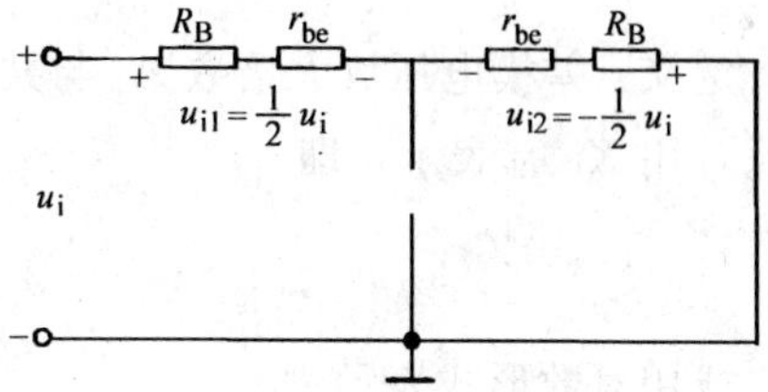

图 8-26　R_E 断路时单端输入的
等效输入电路

可见对称条件下，u_i 的一半加在 VT_1 管的输入端，另一半加在 VT_2 管的输入端，两者极性相反，即

$$u_{i1} \approx \frac{1}{2} u_i$$

$$u_{i2} \approx - \frac{1}{2} u_i$$

由此可见，在单端输入的差动放大电路中，只要共模反馈电阻 R_E 足够大时，两管所取得的信号就可以认为是一对差模信号，也就是说，单端输入是双端输入的效果。

差动放大电路有四种输入输出方式：双端输入—双端输出；双端输入—单端输出；单端输入—双端输出；单端输入—单端输出。其动态参数如下

无论什么输入方式，均有

$$r_{id} = 2(R_B + r_{be})$$

双端输出时，有

$$A_{ud} = - \frac{\beta R_L^{'}}{R_B + r_{be}}$$

$$r_{od} \approx 2R_C$$

式中，$R_L^{'} = \dfrac{R_C \dfrac{R_L}{2}}{R_C + \dfrac{R_L}{2}}$

单端输出时，有

$$A_{ud} = \frac{1}{2} \frac{- \beta R_L^{'}}{R_B + r_{be}}$$

$$r_{od} \approx R_C$$

式中，$R_L^{'} = \dfrac{R_C R_L}{R_C + R_L}$

8.8.2.3　共模抑制比 K_{CMRR}

对于差动放大电路来说，差模信号是有用信号，对差模信号应有较大的放大倍数，而对共模信号则放大倍数愈小愈好，愈小说明对零点漂移的抑制能力就愈强。实际上对共模信号也有一定的放大倍数，特别是单端输出情况，设输入的共模信号为 u_{iC} 时，输出电压为 u_{oC}，则共模放大倍数为

$$A_{uc} = \frac{u_{oC}}{u_{iC}}$$

定义：差模电压放大倍数 A_{ud} 与共模电压放大倍数 A_{uc} 之比，称为差动放大电路的共模抑制比，用 K_{CMRR} 表示，即

$$K_{CMRR} = \frac{A_{ud}}{A_{uc}} \tag{8-50}$$

或用对数形式表示

$$K_{CMR} = 20\lg \frac{A_{ud}}{A_{uc}} (dB)$$

共模抑制比可以视为有用的信号和干扰信号的对比。共模抑制比越大，差动放大电路分辨所需要的差模信号的能力越强，而受共模信号的影响越小。理想情况 $K_{CMRR} \rightarrow \infty$。

为了提高共模抑制比，可采用的途径有：一方面是使电路参数尽量对称，另一方面可尽量加大共模反馈电阻 R_E。对于单端输出的差动放大电路来说，它主要的手段是加大 R_E，但 R_E 不可能是任意大，当大到一定程度，所需电源 E_E 也就过大，故 R_E 的值是受限的。这可以用一个直流压降不大，动态电阻很大的元件—电流源来替代 R_E，构成采用恒流源的长尾式差动放大电路，对该电路此处不加以讨论。

8.9 功率放大电路

前面讲的是交流电压放大器，它的主要任务是把微弱的输入电压放大成变化幅度较大的输出电压。而多级放大器的最终目的是要推动负载工作，比如使扬声器发声，使电动机旋转，使继电器动作，使仪表指针偏转，等等。这就需要放大电路不仅有电压放大能力，也要有电流放大能力，即要有一定的功率放大能力。所以，多级放大电路的末级一般都是功率放大电路。

8.9.1 对功率放大器的要求

电压放大电路和功率放大电路都是利用晶体管的放大作用将信号放大，前者工作在小信号状态，目的是输出足够大的电压信号，而功率放大电路则是工作在大信号状态，对功率放大电路的基本要求有下面几个

（1）在不失真的情况下能输出尽可能大的功率，以满足负载的要求。

（2）具有较高的工作效率。由于功率较大，就要求电路效率要高。所谓效率，就是负载得到的交流信号功率与电源供给的直流功率之比值。

（3）尽量减少非线性失真。为了获得较大的输出功率，往往晶体管工作在极限状态，信号的动态范围较大，很容易产生非线性失真，要求非线性失真一定要在允许范围内。

功率放大电路按照其晶体管静态工作点的不同常分为甲类、乙类、甲乙类等。如图 8-27 所示。在图 8-27a 中，静态工作点 Q 大致在交流负载线的中点，这种称为甲类工作状态。甲类工作状态时，不论有无输入信号，电源供给的功率 $P_E = U_{CC}I_C$ 总是不变的，效率不高。欲提

高效率，可减小静态电流 I_C，即将静态工作点 Q 沿负载线下移，如图 8-27b 所示，这种称为甲乙类工作状态。若将静态工作点下移到 $I_C \approx 0$ 处，则管耗更小，效率更高，这种称为乙类工作状态，如图 8-27c 所示。

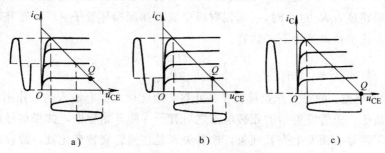

图 8-27　放大电路的工作状态

a）甲类　b）甲乙类　c）乙类

　　传统的功率放大输出级采用变压器耦合方式，其优点是便于实现阻抗匹配，但体积大，低频响应差，不易集成等，目前常采用无输出变压器（OTL）功率放大电路和无输出电容（OCL）功率放大电路。

8.9.2　OTL 互补对称功率放大电路

　　图 8-28 所示电路为无输出变压器乙类互补对称放大电路，VT_1（NPN）和 VT_2（PNP）是两个不同类型的晶体管，两管特性基本相同。

　　在静态时，由于电路上下的对称性，A 点的电位为 $\frac{1}{2}U_{CC}$，静态时，负载上无电流流过，也就没有压降，即输出耦合电容 C_L 上的电压即为 A 点对"地"的电位差，也等于 $\frac{1}{2}U_{CC}$。静态时，输入端 $u_i = 0$，直流值为 $\frac{1}{2}U_{CC}$，故两管 $I_B = 0$，均工作于乙类工作状态，仅有穿透电流 I_{CEO} 通过。

　　当有输入信号时，对交流分量而言，C_L 可视为短路。u_i 的正半周（输入电压以 $\frac{1}{2}U_{CC}$ 为基准上下变化），VT_1 的基极电位大于 $U_A = \frac{1}{2}U_{CC}$，其发射结正向偏置，故 VT_1 导

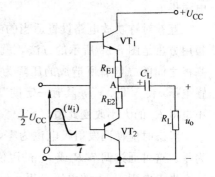

图 8-28　OTL 乙类互补
对称放大电路

通，而 VT_2 的发射结处于反向偏置，故 VT_2 截止，正半周负载上电流的通路为：电源 U_{CC} 的正极 → VT_1 的集电极 → VT_1 发射极 → R_{E1} → C_L → 负载上端 → 负载下端 → 电源负极"地"，在负载上得到上正下负的正半周信号电压。当 u_i 为负半周时，同理 VT_1 截止，VT_2 导通，此时负载电流通路为：电容 C_L 左端 → R_{E2} → VT_2 发射极 → "地" → 负载下端 → 负载上端 → C_L 右端，在 R_L 上得到上负下正的负半周信号。

　　显然，VT_1 截止 VT_2 导通时，C_L 代替电源供电。C_L 要放电，电压要下降，为使 C_L 在放电过程中电压下降不能过多，应选取足够大的容量。

　　由上分析可知，在输入信号 u_i 的一个周期内，VT_1、VT_2 两管轮流截止、导通，在 R_L 上合成而得到一个完成的输出信号电压 u_o。两只特性相同的管子交替导通，相互补足，故称为

互补对称放大电路，有时也称为推挽电路，就象两位木工师傅拉锯一样一推一挽。实际上 VT_1、VT_2 均组成的是射极输出器，所以它还具有输入电阻高和输出电阻低的特点。

图中所接 R_{E1} 和 R_{E2} 两个电阻。一般值较小，它们的主要任务是起限流保护作用：以防当输出端不小心短路或者 R_L 过小时，引起发射极电流增加而损坏管子。OTL 互补对称功率放大电路最大不失真输出功率可由下式估算

$$P_{om} \approx \frac{U_{CC}^2}{8R_L} \tag{8-51}$$

图 8-28 所示电路，静态工作点设置在截止区，因此放大器有输入信号作用之后，只有输入信号的电压高于三极管发射结的死区电压之后管子才能开始导电，如果信号低于这个电压值时，两管均不能导通而发生失真现象，这种失真是在两管交替变化处，故称这种失真为交越失真。输入信号越小，交越失真就越明显。为了克服交越失真，可以给晶体管提供一定的静态偏流值，使晶体管的静态工作点设置在靠近截止区的放大区，这就是甲乙类互补对称放大电路。

8.9.3 OCL 互补对称功率放大电路

为了消除交越失真，可采用甲乙类工作状态的放大电路。前面所介绍 OTL 电路中输出耦合电容 C_L 对低频响应也有影响，容量大时也不容易集成，故可去掉 C_L，故采用无输出电容（OCL）互补对称放大电路。图 8-29 所示电路为 OCL 甲乙类互补对称放大电路。

去掉输出耦合电容 C_L 以后，信号的负半周靠负电源 U_{CC} 给负载提供能量，故采用正负双电源供电。

互补对称功放电路设置适当的静态工作偏流的方法很多，常用方法是图 8-29 所示的方法，就是利用接在 VT_1、VT_2 管基极之间的二极管所造成的压降为三极管提供发射结正向偏置电压，使 VT_1、VT_2 具有一定的基极电流，还可以通过改变小电阻 R_1 的大小改变此值。

静态时应使两发射极电位为零，即 $u_i = 0$ 时输出电压 u_o 也为零。这可通过调节 R_2 或 R_3 的阻值实现。

由于电阻 R_1 上的电压降很小，二极管的正向压降基本不变，所以两基极间的电位差基本不变，在交流信号输入时，两基极的电位变化基本相同，即对于交流分量等效为两基极短接，所以，交流工作情况类似图 8-28，即正半周时，VT_1 发射结正向偏置而导通，VT_2 截止；而负半周时，VT_2 发射结正向偏置而导通，VT_1 截止，两管交替导通互补对称。其最大不失真输出功率可由下式估算

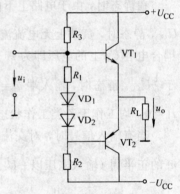

图 8-29 OCL 甲乙类互补
对称电路

$$P_{om} \approx \frac{U_{CC}^2}{2R_L} \tag{8-52}$$

考虑晶体管的饱和压降等因素，实际最大不失真输出功率比上式计算值要小。

8.9.4 采用复合管的互补对称功率放大电路

大功率三极管的电流放大系数值较小，功率放大器输出电流较大时，这就要求推动功率管工作的前置放大级必须提供较大的电流才能驱动功率管。为了减小功率级对前级的电流要求，可采用复合管来满足即能够输出较大的电流又不需要前置级提供较大的驱动电流。用两

只管子按一定方式联接，便可得到复合管，有四种联接方法，图 8-30 所示是其中两种接法。

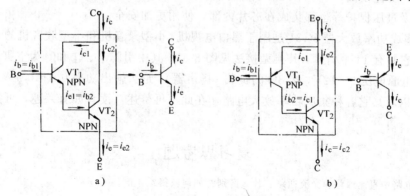

图 8-30　复合管

a) 同型号管子的复合　b) 不同型号管子的复合

图 8-30a 是两只 NPN 型管子的复合，等效成一只 NPN 型的管子。图 8-30b 则是一只 PNP 和 NPN 型管子的复合，复合后的型号同第一只管子为 PNP 型。下面以图 8-30a 所示的复合管为例，讨论复合管的电流放大系数，由图知

$$i_c = i_{c1} + i_{c2} = \beta_1 i_{b1} + \beta_2 i_{b2}$$
$$= \beta_1 i_{b1} + \beta_2 i_{e1} = \beta_1 i_{b1} + \beta_2(1 + \beta_1)i_{b1}$$
$$= (\beta_1 + \beta_2 + \beta_1\beta_2)i_{b1} \approx \beta_1\beta_2 i_{b1} = \beta i_b$$

因此，复合后的电流放大系数

$$\beta \approx \beta_1\beta_2 \tag{8-53}$$

可见复合管的电流放大系数近似为两管电流放大系数的乘积。利用复合管组成的 OCL 甲乙类互补对称功率放大电路如图 8-31 所示。

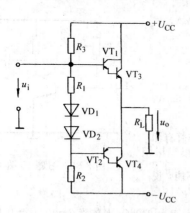

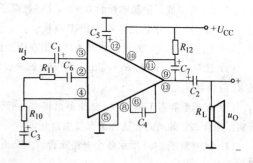

图 8-31　复合管组成的功率放大电路　　　　图 8-32　5G31 的典型接法

8.9.5　集成功率放大电路

随着电子工业的飞速发展，目前已经生产出多种不同型号、输出不同功率的集成功率放大电路。使用这种集成电路时，只需要在电路外部接入规定数值的电阻、电容及负载，电路接入电源后就可以向负载提供一定的功率了。集成功放除了具有一般集成电路的共同特点，例如轻便小巧，成本低廉，外部接线大大减小，使用方便，可靠性高，而且还有温度特性好，电

源利用率高，功耗较低，非线性失真小等特点。另外，还可以将各种保护电路，如电流保护、过热保护以及过压保护等也都集成在芯片内部，使用更加安全。

例如，集成功率放大器5G31是用于黑白电视机、小型录音机和小型收音机的专用型集成功放器件，它共有14个引脚，其典型接法见图8-32。其中引脚①、⑦和⑭为空脚，图中未画出。该电路电源电压9～12V，接8Ω的负载（扬声器），最大输出功率0.4～0.7W。其内部电路工作原理以及其它各种集成功率放大电路，在此不再赘述，读者如有兴趣，可参阅有关文献。

复习思考题

1. 放大电路中直流通路和交流通路有什么区别？如何获得？

2. 放大电路中直流负载线和交流负载线都是如何画出的？

3. 可以用晶体管的输入电阻 r_{be} 来估算静态工作点吗？为什么？

4. 在固定偏流式放大电路中，调整晶体管的静态工作点时，常用一个固定电阻 R 和电位器 R_P 串联来代替 R_b，为什么？

5. 在放大电路中，静态工作点的不稳定会对放大电路的工作有什么影响？

6. 与阻容耦合放大电路相比，直接耦合放大电路有那些特殊问题？

7. 什么是共模信号？什么是差模信号？差动放大电路对这两种信号是一样放大的吗？有何不同？

8. 共模抑制比是如何定义的？

9. 什么是交越失真？如何改善？

10. 直流放大器能放大交流信号吗？交流放大器能放大直流信号吗？

11. 如果需要实现下列要求，在交流放大电路中应引入那种类型的负反馈？

(1) 要求输出电压基本稳定，并能提高输入电阻。

(2) 要求输出电流基本稳定，并能减小输入电阻。

(3) 要求输出电流基本稳定，并要求从信号源摄取的电流要小。

12. 在图8-2中，若 $U_{CC}=10V$，今要求 $U_{CE}=5V$，$I_C=2mA$，试求 R_C 和 R_B 的阻值。设晶体管的 $\beta=40$，U_{BE} 忽略不计。

13. 在图8-33中，晶体管是PNP型锗管。

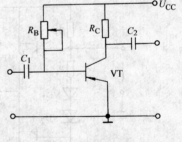

图 8-33 习题 13 图

(1) U_{CC} 和 C_1，C_2 的极性如何考虑？请在图上标出；

(2) 设 $U_{CC}=-12V$，$R_C=3k\Omega$，$\beta=75$，如果要将 I_C 调到1.5mA，问 R_B 应调到多大？

(3) 在调整静态工作点时，如果不慎将 R_B 调到零，对晶体管有无影响？为什么？如何防止这种情况发生？

14. 试判断图8-34所示各个电路能否放大交流信号？若不能，说明为什么？

15. 在图8-2所示固定偏流式放大电路中，已知 $U_{CC}=12V$，$R_B=240k\Omega$，晶体管 $\beta=40$，$r_{be}=0.8k\Omega$，$R_C=3k\Omega$，试求：

(1) 计算静态工作点；

(2) 输出端开路时电压放大倍数 A_u；

(3) 接入负载 $R_L=6k\Omega$ 时的电压放大倍数 A_u；

(4) 放大电路的输入电阻 r_i 和输出电阻 r_o；

16. 在图8-14a所示分压式偏置电路中，已知 $U_{CC}=24V$，$R_C=3.3k\Omega$，$R_E=1.5k\Omega$，$R_{B1}=33k\Omega$，$R_{B2}=10k\Omega$，$R_L=5.1k\Omega$，晶体管的 $\beta=66$，试完成：

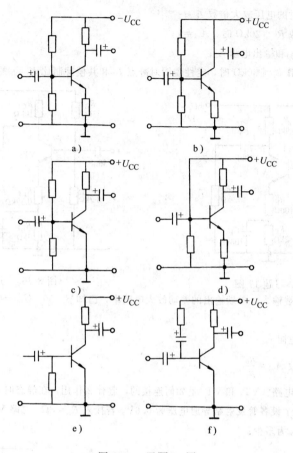

图 8-34　习题 14 图

(1) 画出直流通路，并估算静态工作点 I_{CQ}，I_{BQ}，U_{CEQ}；

(2) 画出微变等效电路；

(3) 估算晶体管的输入电阻 r_{be}；

(4) 计算电压大倍数 A_u；

(5) 计算输入电阻 r_i 和输出电阻 r_o；

(6) 当断开 C_E 时，说明对静态工作点是否有影响？定性说明断开 C_E 对 A_u、r_i、r_o 的影响？

17. 在图 8-35 中，已知晶体管的电流放大系数 $\beta = 60$，输入电阻 $r_{be} = 1.8\text{k}\Omega$，信号源内阻 $R_S = 0.6\text{k}\Omega$，各个电阻和电容的数值也已标在电路图中。

(1) 估算静态工作点 I_{CQ}，I_{BQ}，U_{CEQ}；

(2) 试求输入电阻 r_i 和输出电阻 r_o；

(3) 计算电压大倍数 A_u 和源电压放大倍数 A_{us}；

(4) 若信号源信号电压 $E_s = 15\text{mV}$，输出电压 $U_o = ?$

18. 两级放大电路如图 8-36 所示，晶体管的 $\beta_1 = \beta_2 = 40$，$r_{be1} = 1.37\text{k}\Omega$，$r_{be2} = 0.89\text{k}\Omega$，其它参数图中已标出，试完成：

(1) 计算该两级放大电路的输入电阻 r_i；

(2) 计算 A_{u1}，A_{u2}，和 A_u；

19. 在图 8-23 所示的双端输入—双端输出的差动大电路中，已知，$U_{CC} = E_E = 12\text{V}$，$R_C = 30\text{k}\Omega$，$R_B = 2\text{k}\Omega$，$R_E = 24\text{k}\Omega$，$\beta_1 = \beta_2 = 50$，$r_{be1} = r_{be2} = 4\text{k}\Omega$，$R_P$ 忽略不计。

(1) 计算输出开路时的电压放大倍数 A_{ud}；

(2) 输出端接入负载 $R_L = 20k\Omega$ 时，$A_{ud} = ?$；

(3) 计算输入电阻 r_{id} 和输出电阻 r_{od}；

(4) 若将 R_E 由 24kΩ 调到 30kΩ 时，定性说明对静点 I_C 和共模抑制比 K_{CMRR} 的影响。

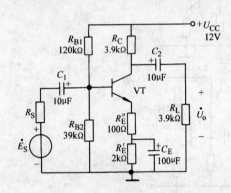

图 8-35　习题 17 图

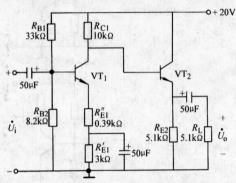

图 8-36　习题 18 图

20．图 8-37 所示单端输入——单端输出的差动放大电路中，已知 $\beta = 50$，$U_{BE} = 0.7V$。试完成：

(1) 求静态电流 I_C；

(2) 求晶体管输入电阻 r_{be}；

(3) 求电压放大倍数 $A_{ud} = \dfrac{u_o}{u_i}$。

21．图 8-38 是什么电路？VT_4 和 VT_5 是如何连接的，起什么作用？在静态时，$U_A = 0$，这时 VT_3 的集电极电位 U_{C3} 应调到多少？设各管发射结导通电压为 0.6V。若接入 $R_L = 8\Omega$，忽略 VT_1、VT_2 的饱和压降时，最大不失真输出功率 P_{OM} 为多少？

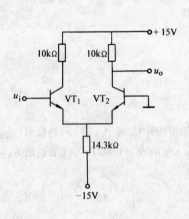

图 8-37　习题 20 图

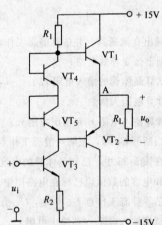

图 8-38　习题 21 图

第9章 集成运算放大器及其应用

集成电路是 60 年代初期发展起来的一种半导体器件，它是在半导体制造工艺的基础上，把整个电路的各个元件以及相互之间的联接线同时制造在一块半导体芯片上，实现了材料、元件和电路的统一。因此它的密度高、引线短，外部接线大为减少，从而提高了电子设备的可靠性和灵活性，同时降低了成本。所以集成电路的问世，是电子技术的一个新的飞跃。

集成电路按其功能可分为两大类：一类是数字集成电路，它是用来处理数字信号的；一类是模拟集成电路，它是用来处理模拟信号的。最常见的模拟集成电路有集成运算放大器，集成稳压电源，集成功率放大器等，半导体集成电路按其集成度可分为：小规模集成电路 (SSI)，其内部一般包含十到几十个元器件；中规模集成电路（MSI）其内部一般含有一百到几百个元器件；大规模和超大规模集成电路 (LSI 和 VLSI)，其内部一般具有一千个以上的元器件，有些超大规模集成电路，每片具有上百万个元器件，被称为甚大规模集成电路。集成电路的集成度越来越高。

集成电路的外形有：双列直插式，圆壳式和扁平式等。就导电类型而言，有双极性、单极性和两者兼容的。

本章主要介绍集成运算放大器。

9.1 集成运算放大器的简单介绍

9.1.1 集成运算放大器的特点及其电路组成

集成运算放大器是一种具有高放大倍数的直接耦合放大器，因为最初被用于模拟运算中，故名运算放大器。目前，它的应用已十分普遍，远远超出了原来"运算放大"的应用范围。

当前，我国产量最大的是通用型集成运放，其次是专用运放，有高速型、高输入电阻型、低漂移型、低功耗型以及高压、大功率型等。

9.1.1.1 集成运算放大器的特点

模拟集成电路，从电路原理上来说与分立元件电路基本相同，但在电路的结构形式上二者将有较大的区别，集成运算放大器有以下几个特点

① 由集成电路工艺制造出来的元器件，虽然其参数的精度不是很高，受温度的影响也比较大，但由于各有关元器件都同处在一个硅片上，距离又非常接近，因此对称性较好。运算放大器的输入都采用差动放大电路，它要求两管的性能应该相同，因此容易制成温度漂移很小的运算放大器。

② 由集成电路工艺制造出来的电阻，其阻值范围有一定的局限性，一般在几十欧到几十千欧之间，因此在需要较低和较高阻值的电阻时，就要在电路上想办法，因此，在集成运算放大器中往往用晶体管恒流源来代替电阻，必须用直流高阻值电阻时，也常采用外接方法。

③ 集成电路工艺不适于制造几十皮法以上的电容器，至于制造电感器就更困难。所以集成电路应尽量避免使用电容器。而运算放大器各级之间都采用直接耦合，基本上不采用电容元件，因此适合于集成化的要求。必须使用电容器的场合，也大多采用外接的办法。

④ 大量使用三极管作有源器件。在集成电路中，制作三极管工艺简单，占据单元面积小，成本低廉，所以在电路内部用量最多，三极管除用作放大外，还可接成二极管、稳压管等。

9.1.1.2 电路的组成

集成运算放大器的内部包括四个基本组成部分，即输入极、输出极、中间极和偏置电路。如图 9-1 所示。

图 9-1 运算放大器组成框图

输入级是放大器的第一放大级，它是提高运算放大器质量的关键部分，要求其输入电阻高，能抑制零点漂移并具有尽可能高的共模抑制比。输入级都采用差动放大电路。

中间级要进行电压放大，要求它的放大倍数高，一般由共发射极放大电路构成。

输出级与负载相接，要求其输出电阻低，带负载能力强，能输出足够大的电压和电流，往往还设置有过电流保护电路。

偏置电路的作用是为各级放大电路设置稳定而合适的静态偏置电流，它决定了各级的静态工作点，一般为电流源偏置。

考虑到运算放大器的内部电路相当复杂，对于使用者来说，主要的是要知道它的管脚功能。并了解放大器的主要参数，至于其内部结构如何，一般了解即可。集成运算放大器可用图 9-2a 所示的符号表示，一般电源忽略不画，可简化为图 9-2b 所示的符号。

图中：u_- 为反相输入端。由此端输入信号，则输出信号和输入信号是反相的。

u_+ 为同相输入端。由此端输入信号，则输出信号和输入信号是同相的。

u_o 为输出端。

U_{CC} 接正电源，$-U_{CC}$ 接负电源。

图 9-3 所示是 F007（5G24）集成运算放大器的外形、管脚和符号图，它的外形是圆壳式，和普通的晶体管相似。它的八个管脚中有七个管脚与外电路相连，管脚 8 为空脚，1 和 5 为外接电位器（通常为 10kΩ）的两个端子，用于静态调零。2 为反相输入端，3 为同相输入端，4 为负电源端，7 为正电源端，6 为输出端。

图 9-4 所示为集成运算放大器 LM358 的外形和管脚图，是一种外形为双列直插、有八个管脚的双运放集成电路（有两个运算放大器）。

9.1.2 集成运算放大器的主要参数

运算放大器的性能指标很多，主要性能指标介绍如下。

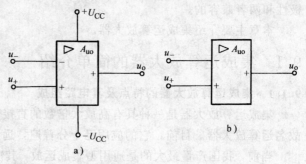

图 9-2 集成运算放大器的图形符号
a）一般符号 b）简化符号

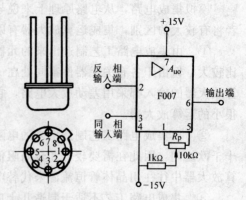

图 9-3 F007 集成运算放大器外形、
管脚符号图

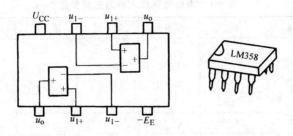

图 9-4 LM358集成运算放大器的外形和管脚图

直流性能指标

(1) 输入失调电压 U_{io}。 理想运放在输入电压 $u_+ = u_- = 0$ 时，输出电压 $u_o = 0$。但实际的集成运放，当输入电压为零时 $u_o \neq 0$。这是由于制造中元件参数的不对称性等原因所引起的，把它折算到输入端就是输入失调电压 U_{io}。它在数值上等于输出电压为零时两输入端之间应施加的直流补偿电压。U_{io} 的大小反应了差放输入级的不对称程度，显然其值越小越好，一般为几个毫伏，高质量的在 1mV 以下。

(2) 输入失调电流 I_{io}。 输入失调电流是输入信号为零时，两个输入端静态电流之差。即 $I_{io} = |I_{B1} - I_{B2}|$。$I_{io}$ 一般为纳安量级，其值愈小愈好。

(3) 输入偏置电流 I_{iB}。 输入信号为零时，两个输入静态电流的平均值，称为输入偏置电流，即 $I_{iB} = (I_{B1} + I_{B2})/2$，其值也反映了集成运放输入端的性能，一般为零点几微安数量级，其值越小越好。

(4) 输入失调电压温漂 dU_{io}/dT。 指温度每变化单位值时引起输入失调电压变化量的多少。它衡量了输入失调电压的温漂特性，一般约为 mV/℃数量级。

小信号工作的性能指标

(1) 开环电压放大倍数 A_{Uo}。 指运放在无外加反馈情况下的空载电压放大倍数。它是决定运算精度的重要因素，其值越大越好。A_{Uo} 一般约为 $10^4 \sim 10^7$，即 $80 \sim 140$ dB。

(2) 差模输入电阻 r_{id}。 使运放在差模信号输入时的开环（无反馈）输入电阻，一般为几十千欧到几十兆欧，以场效应管作为输入级的集成运放，r_{id} 可达 10^6kΩ。

(3) 共模抑制比 K_{CMRR}。 通用型的集成运放 K_{CMRR} 一般在 $65 \sim 130$ dB 之间。

大信号工作的性能指标

(1) 最大共模输入电压 U_{icm}。 运算放大器对共模信号具有抑制的性能，但这个性能是在规定的共模电压范围内才具备。如超出这个电压，运算放大器的共模抑制性能就大为下降，这个共模电压的限制就是 U_{icm}。

(2) 最大差模输入电压 U_{idm}。 运放在工作中，差模成分也有限制，否则可能使输入级的 PN 结或栅源间绝缘层反向击穿。这个差模电压限制就是 U_{idm}。

(3) 最大输出电压 U_{OPP}。 能使输出电压和输入电压保持不失真关系的最大输出电压，称为运算放大器的最大输出电压。

总之，集成运算放大器具有开环电压放大倍数高、输入电阻高、输出电阻低、漂移小、可靠性高、体积小等主要特点，所以它被广泛而灵活的应用于各个技术领域中。表9-1列出了四种通用型集成运算放大器的主要参数。

表 9-1 集成运算放大器的主要参数[①]

类 型			原始型	第一代	第二代	第三代	第四代
符 号 及 单 位 / 名 称	型 号		F001 BG301	F003 FG3	F007 5G24	F030 4E325	HA-2[②] 2900
输入失调电压	U_{io}	mV	1～10	2	2～10		0.06
输入失调电流	I_{io}	nA	500～5000	100	50～100	0.3	0.5
输入基极电流	I_a	nA	2500～10000	300	200	6	1
U_{io}温漂	dU_{io}/dT	μV/℃	10～30	5	20～30	0.3～0.6	0.6
开环电压放大倍数	A_{uo}	dB	60～66	93	100～106	140	
共模抑制比	K_{CMR}	dB	70～80	90	80～86	130	120
最大共模输入电压	U_{iCM}	V	+0.7～−3.5	±10	±13	±15	
最大差模输入电压	U_{idM}	V		±5	±30		
差模输入电阻	r_{id}	MΩ	0.008～0.020	0.25	2		1
最大输出电压	U_{OPP}	V	±4～±4.5	±14	±8～±12		
静态功耗	P_D	mW	150	80	50	75	

① 本表摘自清华大学电子学教研组编《模拟电子技术基础简明教程》1985 年版，高等教育出版社。

② 国外型号。

9.1.3 理想运算放大器及其分析依据

9.1.3.1 集成运放的理想化条件

在分析集成运放的各种应用电路时，常常将集成运放看成是一个理想运算放大器。所谓理想运算放大器就是将集成运放的各项技术指标理想化，具体说来，就是

开环电压放大倍数 $A_{uo} \to \infty$

差模输入电阻 $r_{id} \to \infty$

开环输出电阻 $r_o \to 0$

共模抑制比 $K_{CMRR} \to \infty$

实际的集成运算放大器当然不能达到上述理想化的技术指标，但是，由于集成运放工艺水平的不断改进，集成运放产品各项性能指标越来越好。因此，在分析估算集成运放的应用电路时，将实际运放视为理想运放所造成的误差，在工程上是允许的。

9.1.3.2 分析依据

表示输出与输入电压之间关系的特性曲线称为传输特性，如图 9-5 所示，从图中来看，可分为线性区和饱和区。

当运算放大器工作在线性区，u_o 为

$$u_o = A_{uo}(u_+ - u_-) \tag{9-1}$$

运算放大器是一个线性元件，由于运算放大器的 A_{uo} 很高，即使

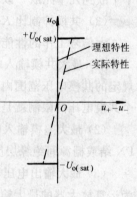

图 9-5 传输特性

输入信号很小，也足以使输出电压达到饱和值 $+U_{o(sat)}$ 或 $-U_{o(sat)}$，其饱和值在数值上接近于正、负电源电压。

① 由于集成运放开环放大倍数 A_{uo} 很大，而输出电压是一个有限的电压，故从式 9-1 可知

$$u_+ - u_- = \frac{u_o}{A_{uo}} = 0$$

即
$$u_+ = u_-$$ (9-2)

上式说明同相输入端和反相输入端之间相当于短路，事实上，由于不是真正的短路，故称为虚假短路，简称"虚短"。

② 由于运算放大器的差模输入电阻 $r_{id} \to \infty$，可认为两个输入端的输入电流为零。即
$$i_+ = i_- = 0$$ (9-3)

上式说明两输入端之间相当于断路，事实上不是真正的断路，故称为虚假断路，简称为"虚断"。

"虚短""虚断"是两个很重要的概念，利用它们可以大大简化运放组成的线性电路的分析过程。

当然，实际上由于 A_{uo} 和 r_{id} 不是无穷大，因此 u_+ 和 u_- 不可能完全相等，而是有一微小的差值，即 $u_+ \approx u_-$；输入电流 i_+ 和 i_- 也不可能完全等于零，而是近似为零。对于实际运放，A_{uo} 和 r_{id} 的值越大，则式（9-2）和式（9-3）的误差越小。

当集成运放的工作范围超出线性区时，输出电压和输入电压之间不再满足式（9-1）表示的关系，即

$$u_o \neq A_{uo}(u_+ - u_-)$$

此时，输出电压只有两种可能，或等于 $+U_{o(sat)}$，或等于 $-U_{o(sat)}$，由 u_+ 与 u_- 的大小而定。

当 $\qquad u_+ > u_-$ 时 $u_o = +U_{o(sat)}$

当 $\qquad u_+ < u_-$ 时 $u_o = -U_{o(sat)}$ (9-4)

9.2 比例运算电路

用集成运放实现的基本运算有比例、求和、积分、微分、对数，反对数以及乘除运算等。为保证上述运算功能的实现，集成运放必须工作在线性区，此时电路中都要引入深度的负反馈。式（9-2）和（9-3）是分析各种线性运放电路的重要依据，下面介绍几个基本运算电路。

9.2.1 反相比例运算电路

图 9-6 为反相比例运算电路。输入信号 u_i 经过电阻 R_1 接到集成运放的反相输入端，而同相输入端经过电阻 R_2 接"地"。输出电压 u_o 经电阻 R_F 接回到反相输入端。在实际电路中，为了保证运放的两个输入端处于平衡的工作状态，应使

$$R_2 = \frac{R_1 R_F}{R_1 + R_F}$$

图 9-6 中，在同相输入端，由于输入电流为零，R_2 上没有压降，因此 $u_+ = 0$。又因理想情况下 $u_+ = u_-$，所以

$$u_- = 0$$ (9-5)

虽然反相输入端的电位等于零电位，但实际上反相输入端没有接"地"，这种现象称为"虚地"。"虚地"是反相运算放大电路的一个重要特点。

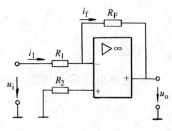

图 9-6 反相比例运算电路

由于从反相输入端流入集成运放的电流为零，所以 $i_1 = i_f$

由图 9-6 中可以列出

$$i_1 = \frac{u_i - u_-}{R_1}$$

$$i_f = \frac{u_- - u_o}{R_F}$$

$$\frac{u_i - u_-}{R_1} = \frac{u_- - u_o}{R_F}$$

故
$$u_o = -\frac{R_F}{R_1} u_i \qquad (9-6)$$

闭环电压放大倍数为
$$A_{uf} = \frac{u_o}{u_i} = -\frac{R_F}{R_1} \qquad (9-7)$$

由上式可知，输出电压与输入电压的大小成正比，u_o 与 u_i 间的关系值取决于 R_F 与 R_1，而与集成运放内部各项参数无关。式中的符号表示 u_o 与 u_i 反相。当 $R_F = R_1$ 时，$A_{uf} = -1$ 称为反相器或反号器，即输出电压与输入电压大小相等，相位相反。

从反馈类型来看，在图 9-6 中，反馈电路自输出端引出而接到反向输入端，设 u_i 为正，此时反向输入端的电位高于输出端的电位，输入电流 i_1 和反馈电流 i_f 的实际方向如图所示，差值电流（净输入电流）$i_d = i_1 - i_f$，即 i_f 削弱了净输入电流，故为负反馈，反馈电流 $i_f = -\frac{u_o}{R_F}$，故为电压反馈。反馈信号在输入端以电流形式出现，与输入信号并联，故为并联反馈。因此，反向比例运算电路是一个并联电压负反馈电路。

9.2.2 同相比例运算电路

图 9-7 是同相比例运算电路，信号 u_i 接至同相输入端，R_F 使电路引入了一个电压串联负反馈。在同相比例的实际电路中，也应使 $R_2 = \frac{R_1 R_F}{R_1 + R_F}$，以保持两个输入端处于平衡状态。

由式（9-2）和式（9-3）可得
$$u_- = u_+ = u_i$$
$$i_1 = i_f$$

由图 9-4 可以列出

$$i_1 = -\frac{u_-}{R_1} = -\frac{u_i}{R_1}$$

$$i_f = \frac{u_- - u_o}{R_F} = \frac{u_1 - u_o}{R_F}$$

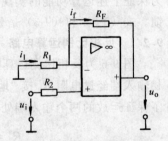

图 9-7　同相比例运算电路

于是
$$u_o = \left(1 + \frac{R_F}{R_1}\right) u_i \qquad (9-8)$$

即闭环电压放大倍数

$$A_{uf} = \frac{u_o}{u_i} = 1 + \frac{R_F}{R_1} \qquad (9-9)$$

式（9-9）说明输出电压与输入电压的大小成正比，且相位相同，也就是说，电路实现了同相比例运算。A_{uf}也只取决于电阻 R_F 和 R_1 之比，而与运放的参数无关，所以比例运算的精度和稳定性主要取决于电阻 R_F 和 R_1 的精度和稳定程度。一般情况下，A_{uf} 值恒大于 1。当 $R_F = 0$ 或 $R_1 = \infty$ 或 $R_F = 0$ 及 $R_1 = \infty$ 时 $A_{uf} = 1$，这种电路称为电压跟随器，如图 9-8 所示。

由于引入了深度电压串联负反馈，因此电路的输入电阻很高，输出电阻很低。

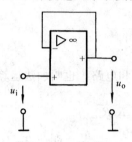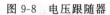
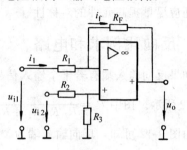

图 9-8　电压跟随器　　　　　　　　图 9-9　差动比例运算电路

9.2.3　差动比例运算电路

差动比例运算电路也叫减法运算电路，如图 9-9 所示，信号同时从同相输入端和反相输入端加入。利用叠加原理可求出输出电压 u_o 如下

u_{i1} 单独作用时的电路如图 9-10 所示，是反相比例运算电路。

$$u'_o = \frac{-R_F}{R_1} u_{i1}$$

u_{i2} 单独作用时的电路如图 9-11 所示，相当于同相比例运算。

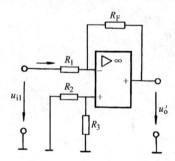
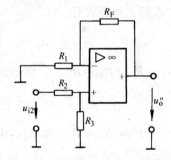

图 9-10　u_{i1} 单独所用时的等效电路　　　图 9-11　u_{i2} 单独所用时的等效电路

$$u''_o = \left(1 + \frac{R_F}{R_1}\right) u_+ = \left(1 + \frac{R_F}{R_1}\right) \frac{R_3}{R_2 + R_3} u_{i2}$$

因此

$$u_o = u'_o + u''_o = \left(1 + \frac{R_F}{R_1}\right) \frac{R_3}{R_2 + R_3} u_{i2} - \frac{R_F}{R_1} u_{i1} \tag{9-10}$$

当 $R_1 = R_2$ 和 $R_F = R_3$，则上式为

$$u_o = \frac{R_F}{R_1} (u_{i2} - u_{i1}) \tag{9-11}$$

当 $R_1 = R_2 = R_F = R_3$ 时，则得

$$u_o = (u_{i2} - u_{i1}) \tag{9-12}$$

由式（9-12）可见，输出电压 u_o 与两个输入电压差值成正比，所以可进行减法运算。

由式（9-11）可得出电压放大倍数

$$A_{uf} = \frac{u_o}{u_{i2} - u_{i1}} = \frac{R_F}{R_1} \tag{9-13}$$

该电路存在共模输入电压，为了保证运算精度，应当选用共模抑制比高的运算放大器，另外，还应尽量提高元件的对称性。

9.3 反向比例求和电路

如果反向输入端有若干个输入信号，则构成反向比例求和电路，也叫加法运算电路，如图 9-12 所示。图中 $R_2 = \dfrac{R_{11}R_{12}R_{13}R_F}{R_{11}R_{12}R_{13} + R_{11}R_{12}R_F + R_{12}R_{13}R_F + R_{13}R_FR_{11}}$

由图 9-12 可知，反向输入端为"虚地"点，所以

$$i_{i1} = \frac{u_{i1}}{R_{11}}$$

$$i_{i2} = \frac{u_{i2}}{R_{12}}$$

$$i_{i3} = \frac{u_{i3}}{R_{13}}$$

$$i_f = -\frac{u_o}{R_F}$$

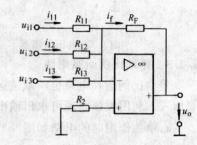

图 9-12　加法运算电路

$$i_f = i_{i1} + i_{i2} + i_{i3}$$

联立求解上列各式有

$$u_o = -\left(\frac{R_F}{R_{11}}u_{i1} + \frac{R_F}{R_{12}}u_{i2} + \frac{R_F}{R_{13}}u_{i3} \right) \tag{9-14}$$

当 $R_{11} = R_{12} = R_{13} = R_1$ 时，则上式为

$$u_o = -\frac{R_F}{R_1}(u_{i1} + u_{i2} + u_{i3}) \tag{9-15}$$

当 $R_{11} = R_{12} = R_{13} = R_F = R_1$ 时，则

$$u_o = -(u_{i1} + u_{i2} + u_{i3}) \tag{9-16}$$

式（9-15）表明，输出电压与若干个输入电压之和成正比例关系，式中负号表示输出电压与输入电压反向。

9.4 电压比较器

电压比较器是一种模拟信号的处理电路。它将一个输入模拟量的电压与一个参考电压进行比较，并将比较的结果输出。在自动控制及自动测量系统中，常常将比较器应用于越限报警、模/数转换以及各种非正弦波的产生和变换等场合。

进行信号幅度比较时，输入信号是连续变化的模拟量，但是输出电压只有两种状态：高电平或低电平，所以集成运放通常工作在非线性区（饱和区）。

图 9-13a 是电压比较器的一种。U_R 是参考电压，加在同相输入端，输入电压 u_i 加在反向输入端。当 $u_i < U_R$ 时，$u_o = +U_{o(sat)}$，当 $u_i > U_R$ 时，$u_o = -U_{o(sat)}$，图 9-13b 是电压比较器的传输特性。

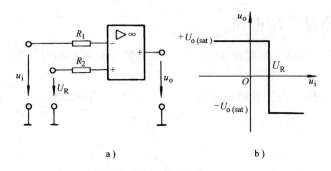

图 9-13　电压比较器

a）电路　b）传输特性

当 $U_R = 0$ 时，即输入电压和零电平比较，称为过零比较器，其传输特性如图 9-14a 所示。当 u_i 为正弦波电压时，则 u_o 为矩形波电压，实现了波形的转换，如图 9-14b 所示。

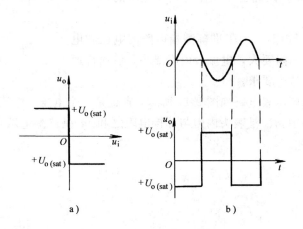

图 9-14　过零比较器

a）过零比较器传输特性　b）正弦电压转换为矩形波电压

图 9-15 所示是一种具有限幅的过零比较器的电路和传输特性。接入稳压管的目的是将输出电压箝位在某个特定值，以满足与比较器输出端联接的数字电路对逻辑电平的要求。电压比较器的形式很多，包括专用集成比较器等，此处不一一介绍，读者可参阅有关文献。

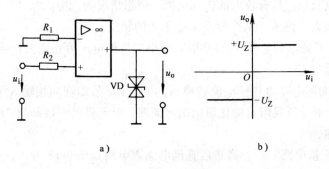

图 9-15　有限幅的过零比较器

a）电路　b）传输特性

9.5 检测与测量实用电路

1. 可调电压源 在电子检测设备中经常需要性能接近理想的电压源,利用运算放大器可以满足这个要求。

在图 9-16 的电路中,稳压管的稳定电压作为反向输入端的固定电压,同相输入端接地,则输出电压为

$$u_o = -\frac{R_F}{R_1}U_Z$$

上式表明,输出电压 u_o 与负载电阻 R_L 无关。当负载电阻 R_L 在允许范围内变化时,输出电压 u_o 保持不变,为一恒压源。当改变 R_1 或 R_F 时,可以调节输出电压 u_o 的大小,故为电压连续可调的恒压源。调节 R_F 与 R_1 的比值,甚至可以获得低于 U_Z 的输出电压,因此也可以作为较低电压的标准电源。

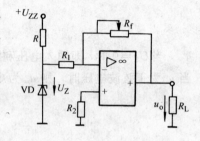

图 9-16 可调电压源

2. 直流电压测量电路 为了准确测量电路的电压和电流,一般要求电压表内阻要大,电流表内阻要小,然而普通电表的内阻很难满足这个要求。

一个高精度直流电压表电路如图 9-17 所示,它也是一个电压-电流转换器。图中,表头 A 串联在负反馈电路中,R_F 是表头内阻与外接电阻之和。u_i 是待测电压,加在同相输入端,反向输入端通过 R_1 接地。

因 $i = -i_1$,而 $i_1 = \dfrac{0-u_-}{R_1}$;又因 $u_- = u_+ = u_i$,所以

$$i = \frac{u_i}{R_1} \qquad (9-17)$$

式(9-17)表明,通过表头的电流 i 与待测电压 u_i 成正比,而与表头内阻无关。表头指针偏转的角度,便可指示出待测电压的大小。

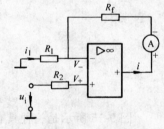

图 9-17 直流电压测量电路

这时,电压表的内阻已不再是原来表头的内阻,而是运算放大器输入端所呈现的等效输入电阻。如前所述,运放在闭环负反馈条件下从同相端输入时,引入的是深度串联负反馈,具有较大的输入电阻(理想情况为无穷大)。所以,电压表引入运算放大器,其内阻增大了许多,从而提高了电压表的精度。

由式(9-17)可见,当电阻 R_1 很小时,较小的待测电压可在表头产生较大的电流,所以电压表的灵敏度也很高。

图 9-17 电路实际上是电压-电流转换器。将电压信号加在同相输入端,负载接在反馈电路中,即得到一个不受负载阻抗变化影响的电流源。对于要求两端都与"地"绝缘的负载,这种转换器倍受欢迎。

3. 直流电流测量电路 一个高精度直流电流表电路如图 9-18 所示。A 为毫安表头,R 是表头内阻与外接电阻之和,同相输入端接地,待测电流 i_i 从反相输入端输入。

因反相输入端为"虚地",所以 R_1 两端的压降与 R_2 两端的压降相等,

即 $$i_1 R_1 = - i_2 R_2$$

而 $$i_i = i_1, i_2 = i_1 - i$$

所以 $$i = \left(1 + \frac{R_1}{R_2}\right) i_i \tag{9-18}$$

式（9-18）表明：通过表头的电流 i 与待测电流 i_i 成正比，而与表头的内阻无关。

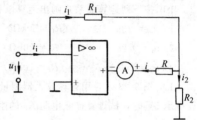

这时，电流表的内阻已不再是原来表头内阻，而是运放电路的输入电阻。如前所述，运放在闭环负反馈条件下从反相端输入时，引入的是深度并联负反馈，具有很小的输入电阻（理想条件下为零）。所以，电流表引入运算放大器后内阻降低了，从而提高了电流表的精度。

由式（9-18）可见，当加大比值 R_1/R_2 时，很小的待测电流可在表头中流过较大的电流，因此，直流电表的灵敏度也可得到提高。

图 9-18 电路，实际上是个电流可调的恒流源。若将负载接在表头所示的位置，则由式（9-18）可知，通过负载的电流取决于 R_1、R_2 和 i_i，而与负载的电阻（即图中的电阻 R）无关。

图 9-18　直流电流测量电路

当负载电阻在允许的范围内变化时，负载电流保持恒定不变，具有恒流的特性。而改变电阻 R_1 或 R_2，可以调节负载电流的大小。

利用运算放大器测量电阻的电路参看本章习题 11。

复习思考题

1. 什么叫"虚地"？虚地与平常所说的接地有何区别？若将虚地点接地，运算放大器还能正常工作吗？

2. 什么是理想运算放大器？理想运算放大器在线性区和饱和区各有何特点？为什么通常把输出反馈到反相输入端？

3. 设反相比例电路（见图 9-6）中的 $R_1 = 10\text{k}\Omega$，$R_F = 20\text{k}\Omega$，试计算它的电压放大倍数。

4. 设同相比例运算电路（见图 9-7）中，$R_1 = 3\text{k}\Omega$，若电压放大倍数等于 5，求反馈电阻 R_F 的值。

5. 差动比例运算电路（见图 9-9），已知 $R_1 = R_2 = 10\text{k}\Omega$，$R_3 = R_F = 30\text{k}\Omega$，$u_{i1} = 3\text{V}$，$u_{i2} = 0.5\text{V}$，求输出电压 u_o。

6. 反相加法运算电路（见图 9-12），已知 $R_1 = R_2 = R_3 = 3\text{k}\Omega$，$R_F = 30\text{k}\Omega$，$u_{i1} = 0.2\text{V}$，$u_{i2} = -3\text{V}$，$u_{i3} = 0.4\text{V}$，求输出电压 u_o。

7. 求图 9-19 所示电路 u_o 与 u_i 的运算关系。

8. 如图 9-20，已知 $u_1 = -2\text{V}$，$u_2 = u_3 = -1\text{V}$，试求输出电压 u_o。

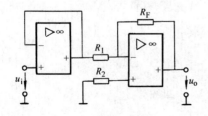

图 9-19　习题 7 图

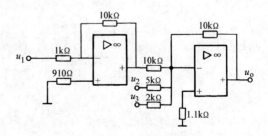

图 9-20　习题 8 图

9. 求图 9-21 所示电路中 u_o 与 u_{i1}、u_{i2} 的运算关系式。

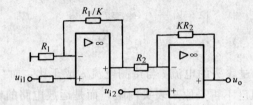

图 9-21　习题 9 图

10. 按下列运算关系式画出运算电路并计算各电阻的阻值。

1）$u_o = -3u$　　　　　（$R_F = 50\text{k}\Omega$）

2）$u_o = 0.2u$　　　　　（$R_F = 20\text{k}\Omega$）

3）$u_o = 2u_{i2} - u_{i1}$　　　（$R_F = 10\text{k}\Omega$）

11. 图 9-22 是应用运算放大器测量电阻的原理电路，输出端接有满量程 5V、$500\mu\text{A}$ 的电压表。当电压表指示 5V 时，试计算被测电阻 R_F 的阻值。

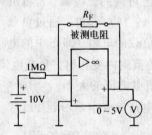

图 9-22　习题 11 图

第 10 章　正弦波振荡电路

正弦波振荡电路是用来产生一定频率和幅度的正弦交流信号的电路。其频率范围很广,可以从零点几赫兹到几百兆赫兹以上；输出的功率可以从几毫瓦到几十千瓦。振荡电路广泛用于通信、控制和测量等领域中,常用的家用电器设备,也往往离不开正弦波振荡电路。

10.1　产生正弦波振荡的条件

在电子线路中,电路自己能产生一定幅度、一定频率的信号的现象称为自激振荡。当放大电路引入反馈并满足一定条件时,电路就会发生自激振荡,简称自激。不过,这种自激现象是放大电路的非正常工作状态,必须设法消除它。而本章讨论的振荡电路其主要任务就是产生正弦波振荡,因此可以利用自激现象获得所需的正弦波。使放大电路变为振荡电路。那么振荡电路既然不外接信号源,它是怎样进行工作的呢？这就是本节要讨论的振荡电路产生自激振荡的条件。

10·1·1　自激振荡

在图 10-1 中,A_u 是放大电路,F 是反馈电路。当将开关合在端点 2 上时,就是一般的交流放大电路,输入信号电压（设为正弦量）为 u_i,输出电压为 u_o。如果将输出信号反馈到输入端,反馈电压为 u_f。使 u_f 与 u_i 大小相等且相位相同,则反馈电压就可以代替外加输入信号电压。将开关合在端点 1 上,去掉信号源而接上反馈电压,输出电压仍保持不变。这样在放大电路的输入端不外接信号的情况下,输出端仍有一定频率和幅度的正弦波信号输出,这样就形成自激振荡。振荡电路的输入信号是从自己的输出端反馈回来的,即 $u_{be}=u_f$。

因为放大电路的开环电压放大倍数为：

$$\dot{A}=\frac{\dot{U}_o}{\dot{U}_{be}}$$

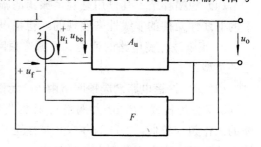

图 10-1　产生正弦波振荡的条件

反馈电压的因数为 $F=\dot{U}_f/\dot{U}_o$,

当 $u_f=u_{be}$ 时,则 $\dot{A}_u F=1$。因此,振荡电路自激振荡的条件是

(1) 相位条件　反馈电压 u_f 和输入电压 u_{be} 要同相,也就是必须是正反馈。因此,反馈电路必须正确连接。如果两端接反,u_f 的相位改变 180°,则不能产生振荡。图 10-1 中"+"、"−"号代表某一瞬间各交流电压的极性。相位起振条件是：反馈信号的相位应与放大电路的输入信号相位相同。

(2) 幅度条件　要有足够的反馈量,$|\dot{A}_u F|=1$,反馈电压等于所需的输入端电压 $u_f=u_{be}$,且相位相同时,振荡电路就可以稳定工作。即 $|\dot{A}_u F|=1$ 是自激振荡平衡条件。

但满足这一条件并不能使电路从无到有地振荡。因为电路接通电源时,开始没有振荡信号。它只能靠电路中的噪声或电压的起伏等微弱激励信号,在 $|\dot{A}_u F|>1$ 的情况下,经过环路

由小到大的放大，逐步建立起稳定的振荡。因此，正弦波振荡电路要激励起振荡，必须要求电路满足 $|\dot{A}_{u}\dot{F}|>1$ 的起振条件。

电路起振后，由于电路的 $|\dot{A}_{u}\dot{F}|$ 大于1，所以振荡幅度逐渐增大。但电压的幅度不会无限地增大，因为晶体管的特性为非线性的，当信号幅度增大到一定的程度时，电压放大倍数 $|\dot{A}_{u}|$ 将降低，最后达到 $|\dot{A}_{u}\dot{F}|=1$ 时，振荡幅度便不再继续增大，振荡电路自动稳定在某一振荡幅度下工作。

综上所述，自激振荡的条件是 $\dot{A}_{u}\dot{F}\geq 1$。其中幅度起振条件是 $|\dot{A}_{u}\dot{F}|>1$，稳定振荡条件是 $|\dot{A}_{u}\dot{F}|=1$，相位条件必须是存在正反馈。

10.1.2 正弦波振荡电路的组成部分

1. 正弦波振荡电路的组成　从上面分析可知，正弦波振荡电路一定包含放大电路和正反馈网络两部分，此外为了得到单一频率的正弦波振荡，并且使振荡电路稳定，电路中还应包含选频网络和稳幅环节。

（1）放大电路。其作用是提供放大信号能力的，它对信号放大的能力由 $|\dot{A}_{u}|$ 来反应。常用的放大电路有共射极放大电路、差动放大电路和集成运算放大电路等。

（2）反馈网络。其作用是提供反馈信号的，反馈能力由 F 来反映。

（3）选频网络。为了获得单一频率正弦波振荡，必须有选频网络。其功能是从很宽的频谱信号中选择出单一频率的信号通过选频网络，而将其他频率的信号进行衰减。常用的有 RC 选频网络、LC 选频网络和石英晶体选频网络等。选频网络可以单独存在，也可以和放大电路或反馈网络结合在一起。

（4）稳幅环节。其作用是稳定振荡的幅度、抑制振荡中产生的谐波。一般是靠放大电路中的非线性元件的非线性来实现的，稳幅电路是振荡电路不可缺少的环节。

2. 正弦波振荡电路的种类　根据选频网络所选用的元件不同，正弦波振荡电路一般分为三种类型：

（1）RC 振荡电路。选频网络由 RC 元件组成。根据选频网络的结构和 RC 的联接形式的不同，又分为桥式（RC 串并网络）、移相式和双 T 式等三种常用的 RC 振荡电路。RC 振荡电路的工作频率较低，一般为零点几赫兹至几兆赫兹。它们的直接输出功率较小，放大器多工作在线性区，常用于低频电子设备中。

（2）LC 振荡电路。选频网络由 LC 元件组成。根据选频网络的结构和 LC 的联接形式不同，又分为变压器反馈式、电感三点式和电容三点式等三种常用的 LC 振荡电路。LC 振荡电路的工作频率较高，一般在几十千赫兹以上。它们可以直接给出较大的输出功率，放大器可以工作在非线性区，常用于高频电子电路或设备中。

（3）石英晶体振荡电路。选频作用主要依靠石英晶体谐振来完成。根据石英晶体的工作状态和联接形式不同，它可以分为并联式和串联式两种石英晶体振荡电路。石英晶体振荡电路的工作频率一般在几十千赫兹以上，它的频率稳定度较高，多用于时基电路和测量设备中。

10.2 RC 振荡电路

常用的 RC 正弦波振荡电路有桥式、移相式和双 T 式三种振荡电路形式。本节重点讨论桥式振荡电路。

10.2.1 RC 桥式振荡电路

图 10-2 是 RC 桥式振荡电路，它实际上是一个具有正反馈的两级阻容耦合放大电路。如前所述，当阻容耦合放大电路工作于中频时，前级的输入电压与输出电压反相，而后级的输入电压也与输出电压反相。这样前级的输入电压与后级的输出电压同相。考虑到选频性，不是直接将输出电压反馈到输入端，而是通过 R_1、C_1、R_2、C_2 所组成的串并联选频电路反馈回来，输入电压 u_i 是从 R_2C_2 并联电路电路的两端取出的，它是输出电压 u_o 的一部分。

对 $R_1C_1R_2C_2$ 选频电路来说，u_o 是输入电压，而 u_i 则是输出电压。如果取 $R_1=R_2=R$，$C_1=C_2=C$，可证明只有当

$$f = f_0 = \frac{1}{2\pi RC} \qquad (10\text{-}1)$$

时 u_i 和 u_o 同相，并且要有

$$\frac{U_i}{U_o} > \frac{1}{3}$$

才能产生正弦波振荡。由此可见：第一、$R_1C_1R_2C_2$ 串并联电路具有选频性，当 R_1、

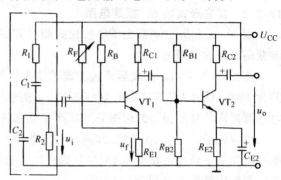

图 10-2 桥式 RC 振荡电路

C_1、R_2、C_2 一经选定后，只能对某一个频率产生自激振荡（如果没有 C_1、C_2 则对任何频率的信号都可产生自激振荡），输出的是正弦波信号；第二、为了满足自激振荡的相位条件，放大电路为两级，每一级的相位变化 $180°$；第三、起振时要求放大电路的电压放大倍数 $|A|$ 大于 3，使振荡幅度不断增大。最后受晶体管非线性的限制，使振荡幅度自动稳定下来，此时 $|A|$ 降为 3。在图 10-2 所示的电路中还引入串联电压负反馈电路，电位器 R_F 是反馈电阻，输出电压又通过 R_F 反馈到 VT_1 的发射极；R_{E1} 上的电压即为负反馈电压 u_f。因此调节 R_F 就可以调节负反馈量，调到起振时电压放大倍数将稍大于 3。此外引入负反馈后，还可以提高振荡电路的稳定性和改善输出电压的波形（使其更接近正弦波）。R_F 也可以用具有负温度系数的热敏电阻，这样还可以起到自动稳定振幅的作用。当其他原因使振荡幅度增大时，流过 R_F 的电流增大，R_F 的温度因而增高，它的阻值就会减少。R_F 的阻值的减少，就会使负反馈电压增高，其结果使振荡幅度回落。反之，当振荡幅度减少时，也会使之回升。

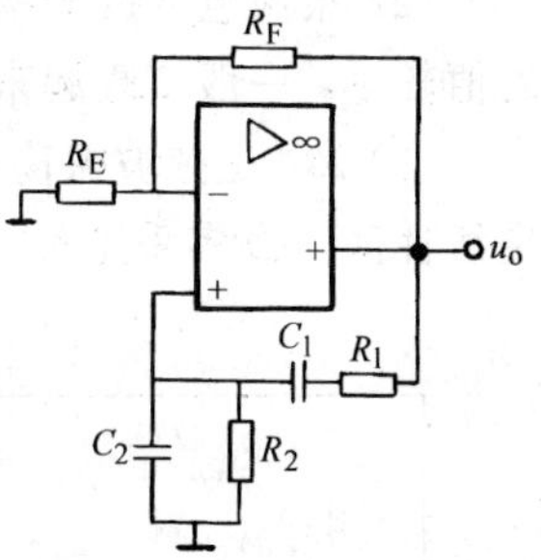

图 10-3 是采用集成运算放大器的桥式 RC 振荡电路，设 $R_1=R_2=R$，$C_1=C_2=C$，则振荡频率

$$f_0 = \frac{1}{2\pi RC} \qquad (10\text{-}2)$$

图 10-3 采用集成运算放大器的桥式 RC 振荡电路

电压放大倍数按同相端输入计算，即

$$A_{uf} = 1 + \frac{R_F}{R_E}$$

产生振荡的最小电压放大倍数为 3，所以要求 R_F 略大于 $2R_E$。

例 1 试判断图 10-4 的各电路能否产生正弦波振荡，并简述理由。

解 RC 串并联网络的作用为选频和反馈，在谐振时 RC 串并联网络的相位为零。因此判断相位起振条件时要看放大环节的相移是否为 2π 的整数倍即可。

图 10-4a 中,放大电路为单管共集电极电路,输入、输出相位相同,故相位条件满足。但因是共集电极放大电路,电压放大倍数小于 1,幅度条件不满足,故该电路不能振荡。

图 10-4b 中,放大电路为单管共射极电路,输入、输出相位相反,相位条件不满足,故该电路不能振荡。

10.2.2 其它形式的 RC 振荡电路

图 10-5a 和 b 分别画出 RC 移相式和双 T 式选频网络式正弦波振荡电路的原理图

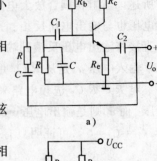

由图 10-5 可知,集成运算放大器的输入信号与输出信号的相差为 180°。只要 RC 网络能在某一频率下,实现相位差 180°,则两电路都能满足自激振荡的起振条件,产生正弦波振荡。

可以证明,三节 RC 网络和满足一定条件的双 T 式选频网络都可以在某一频率下相位差 180°,从而产生正弦波振荡。两者的振荡频率的估算公式分别为

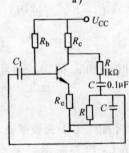

$$f_0 = \frac{1}{2\pi \sqrt{6} \, RC} \tag{10-3}$$

$$f_0 = \frac{1}{5RC} \tag{10-4}$$

图 10-4 例 1 电路

10.2.3 RC 振荡电路的特点

上述三种 RC 振荡电路尽管结构不同,但它们都是依靠 RC 网络实现选频的,它们有以下共同特点:

(1) RC 振荡电路一般结构比较简单,制做方便,经济可靠。

(2) 振荡电路的振荡频率都和 RC 的乘积成反比,如果需要振荡频率较高时,要求 R 和 C 的值较小,一般实现起来较为困难。所以振荡频率较低,最高振荡频率也不会超过几兆赫兹。

(3) RC 正弦波振荡电路中的 RC 选频网络,选频特性较差,因而应尽量使放大器件工作在线性区,故多采用负反馈的方法稳幅、改善输出波形。

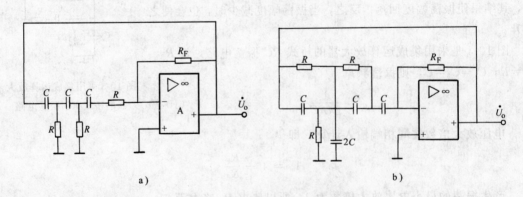

图 10-5 其他形式的 RC 振荡电路

a) RC 移相式 b) 双 T 式

10.3 *LC* 振荡电路

LC 正弦波振荡电路的反馈和选频网络，一般是由电感和电容组成。根据反馈形式的不同，又分为变压器反馈式、电感三点式和电容三点式三种典型电路。三种电路的共同特点是采用 *LC* 谐振回路作选频网络，可产生几十兆赫兹以上的正弦波信号，下面就对这三种 *LC* 正弦波振荡电路进行讨论。

10.3.1 变压器反馈式 *LC* 振荡电路

图 10-6 是变压器反馈式 *LC* 振荡器的基本电路，它由放大电路、变压器反馈电路和选频电路三部分组成。图中三个线圈作变压器耦合，线圈 *L* 与电容 *C* 组成选频电路，L_f 是反馈线圈，另一个线圈与负载相联。

变压器反馈式 *LC* 振荡电路具有选频性，它只能在某一频率下产生自激振荡，因而可以认为输出的是正弦波信号。其选频电路是接在集电极电路中的 *LC* 并联回路。

在该 *LC* 并联回路中，信号频率低时呈感抗，频率越低总阻抗值越小；信号频率高时呈容抗，频率越高总阻抗值也越小。只有中间某一频率 f_0 时，呈纯阻性且总等效阻抗值最大。*LC* 并联回路在信号频率为 f_0 时发生并联谐振，谐振频率

$$f_0 = \frac{1}{2\pi\sqrt{LC}} \qquad (10-5)$$

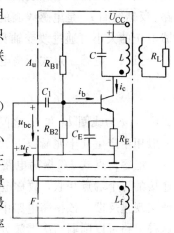

当将振荡电路与电源接通时，在集电极电路中可激励到一个微小的电流变化。它一般不是正弦量，但它包含一系列频率不同的正弦分量，其中总会有与谐振频率相等的分量。对频率为 f_0 的分量发生并联谐振，即对 f_0 这个频率的信号来说，电压放大倍数最高。当满足自激振荡条件时，可以产生自激振荡。对于其它频率的分量，不能发生并联谐振，这样就达到了选频的目的。在输出端得到的只是频率为 f_0 的正弦波信号。当改变 *LC* 电路的参数 *L* 或 *C* 时，输出信号的振荡频率也就可以改变。

图 10-6 变压器反馈式 *LC*
振荡电路

LC 振荡电路的选频特性的优劣，常用 *LC* 选频电路的品质因数来标志，即

$$Q = \frac{\omega_0 L}{R} = \frac{1}{\omega_0 RC} \qquad (10-6)$$

式中 *R* 代表 *LC* 选频电路能量损耗的等效电阻（与电感 *L* 串联）。*R* 越小，*Q* 值越高，选频能力就会越强。

在图 10-6 中的 "·" 表示线圈的同极性端的记号。实际中，通常不知道线圈的同极性端，无从确定正反馈的联结。可以试联，如果不能产生振荡（联成负反馈），只须将 *L* 或 L_f 的两个接头对调一下即可。

例2 一个共基极接法的变压器反馈式电路如图 10-7 所示，试分析该电路的组成，按相位平衡条件判断能否产生正弦波振荡。

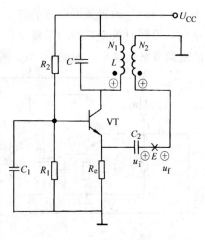

图 10-7 例 10-2 电路

解 该电路的三极管接成共基极放大电路，具有较大的电压放大倍数。集电极的 LC 并联回路为选频网络，变压器绕组 N_2 为反馈支路。如果电路满足相位起振条件，则能够产生正弦波振荡。

下面分析电路的相位条件。假如从反馈支路 E 点断开，向三极管发射极加入信号 u_i，相位用 ⊕ 表示。由于共基极放大电路的发射极和集电极相位相同，故 C 点相位也可以用 ⊕ 表示。根据变压器 N_1 和 N_2 绕组同名端的设置，反馈电压 u_f 的相位也与 C 点相同，也用 ⊕ 表示。则 u_f 和 u_i 同相，电路满足相位起振条件，能够产生正弦波振荡。

10.3.2 其它形式的 LC 振荡电路

除变压器反馈式 LC 振荡电路之外还有电感三点式和电容三点式 LC 振荡电路，下面分别进行讨论。

电感三点式 LC 振荡电路如图 10-8 所示。与图 10-6 相比，只是用一个带抽头的电感线圈代替反馈变压器。电感线圈的三点分别同晶体管的三个极相连。C_1 及 C_E 对交流都可视为短路。反馈线圈 L_2 是电感线圈的一段，通过它把反馈电压送到输入端，这样可以实现正反馈。反馈电压的大小可通过改变轴头的位置来调整。通常反馈线圈 L_2 的匝数为电感线圈总匝数的 $1/2 \sim 1/4$。电感三点式振荡电路的振荡频率为

$$f_0 = \frac{1}{2\pi \sqrt{(L_1 + L_2 + 2M)C}} \tag{10-7}$$

式中 M 为线圈 L_1 和 L_2 之间的互感。该电路通常由改变电容 C 来调节振荡频率，此种电路一般用于产生几十兆赫以下的频率信号。

电容三点式 LC 振荡电路如图 10-9 所示。三极管的三个电极分别与回路的电容 C_1 和 C_2 连接的三个端点相联，故称电容三点式 LC 振荡电路。反馈电压从 C_2 上取出，这种联接可保证实现正反馈。该振荡电路中，反馈信号通过电容反馈，频率越高容抗越小反馈越弱，所以这种电路可以削弱高次谐波分量，输出波形较好。电容三点式 LC 振荡电路的振荡频率为

$$f_0 = \frac{1}{2\pi \sqrt{L \dfrac{C_1 C_1}{C_1 + C_2}}} \tag{10-8}$$

由于 C_1 和 C_2 的容量可以选的较小，故振荡频率一般可达 100MHz 以上。该电路调节振荡频率时，要同时改变 C_1 和 C_2 显得很不方便。可通过与线圈 L 再串联一个容量较小的可变电容 C 来调节振荡频率，如图 10-10b 所示。

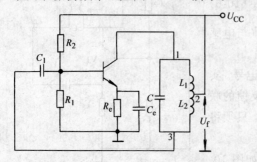
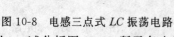

图 10-8　电感三点式 LC 振荡电路

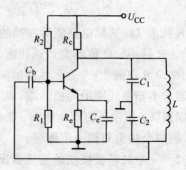

图 10-9 电容三点式 LC 振荡电路

例 3 试分析图 10-10 所示各电路是否满足相位起振条件？若满足求出振荡频率；若不满

足说明如何能使电路产生正弦波振荡。

解 1) 图 a 是变压器反馈式 LC 振荡电路。若从 E 点断开,在三极管发射极加入信号 u_i,则集电极 C 点的电压与同相,用 $\oplus$ 表示。根据变压器同名端的电压极性相同的规则 N_1 和 N_2 绕组的电压方向为上负下正,则 u_f 和 u_i 互为反相。所以电路不符合相位起振条件。若产生正弦波振荡,应将绕组 N_2 和 N_3 的接地点由 N_3 下端改接到 N_2 上端。

2) 图 b 为电容三点式 LC 振荡电路的改进形式。断开 a 点,加入的 u_i 为正,各点电压瞬时极性如图中所示。可见在 C_2 上得上负下正的反馈电压 u_f,它与 u_i 相位相同,故该电路满足相位起振条件,产生的正弦波振荡频率,在 C 较小时为

$$f_0 \approx \frac{1}{2\pi\sqrt{LC}} \tag{10-9}$$

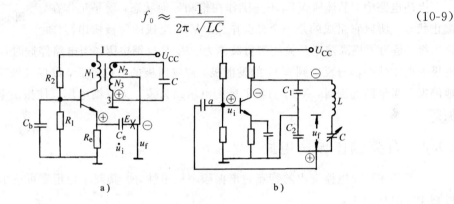

图 10-10　例 3 电路

该电路的振荡频率只取决于 L 和 C 的值,而与 C_1 和 C_2 关系很小。

10.3.3　LC 振荡电路应用举例——接近开关

接近开关是一种当被测物(金属体)接近到一定距离时,不需接触,就可以发出动作的一种设备。它是 LC 振荡电路的一个应用。它具有反应速度迅速、定位精确、寿命长以及无机械碰撞等优点。目前已被广泛应用于行程控制、定位控制、自动记数以及各种安全保护控制等方面。

图 10-11 是某种接近开关的电路,它由 LC 振荡电路、开关电路及射极输出器三部分组成。

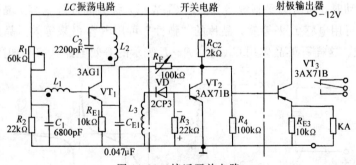

图 10-11　接近开关电路

LC 振荡电路是接近开关的主要部分,其中 L_2 与 C_2 组成选频电路,L_1 是反馈线圈,L_3 是输出线圈。这三个线圈绕在同一磁心(感应头)上,如图 10-12 所示。反馈线圈 L_1 绕 2～3 匝放在上层;L_2 绕 100 匝放在下层;输出线圈 L_3 绕在 L_2 外层约 20 匝。

当无金属体(如机床挡铁)靠近开关的感应头时,振荡电路维持振荡,L_3 上有交流输出,

经二极管 VD 整流后使 VT_2 获得足够的偏流而工作于饱和导通状态。此时，$U_{CE2} \approx 0$，射极输出器的继电器 KA 的线圈不通电。

当有金属体靠近开关的感应头时，金属体内感应产生涡流。由于涡流的去磁作用，使线圈间的感应减弱，L_1 上的反馈电压显著降低，因而振荡电路停止振荡，L_3 上无交流输出，VT_2 也就截止。此时 $U_{CE2} \approx -12V$，继电器 KA 的线圈通电。

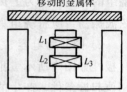

通过继电器线圈的通电与否，来开闭它的触点以控制某个电路的通断，起到控制该电路的目的。

图 10-12 感应头

上述电路中，晶体管 VT_2 不是工作在饱和导通状态，就是工作在截止状态，所以它组成的是一个开关电路。VT_3 组成的射极输出器作输出级，是为了提高接近开关的带负载能力。R_F 是反馈电阻。当电路停振时，它把 VT_2 的集电极的电压的一部分反馈到 VT_1 的发射极，使发射极的电位降低，以保证振荡电路迅速可靠地停振。当电路起振时，VT_2 的集电极的电压约为零，无反馈电压，使振荡电路迅速地恢复振荡。

10.4 石英晶体振荡电路

石英晶体振荡电路突出的特点是谐振频率稳定性好。其频率稳定度可达 10^{-9}，频带较宽，可到 100MHz 以上。

10.4.1 石英晶体的特性

石英是各向异性的结晶体，从石英晶体中切割的石英片，经加工可以制作晶体谐振荡器。从物理学中知道，若在石英晶体的两侧加一电场，晶片就会产生机械变形，反之若在晶片的两侧施加机械力，则在晶片相应的方向上产生电场，这种物理现象称为压电效应。如果在晶片的两侧的电极加交变电压，晶片就会产生机械振动。当外加交变电压的频率与晶片的固有频率相等时，其振幅最大，这种现象称为"压电谐振"。因此石英晶体又称石英晶体谐振器。晶片的固有频率与晶片的切割方式、几何形状和尺寸有关。

石英晶体的压电谐振现象与 LC 回路的谐振现象十分相似，故可用 LC 回路的参数来模拟。当晶体不振动时，可看为平板电容器，用 C_0 表示，称为晶体静电容。晶体振动时，机械振动的"惯性"可用电感 L 来等效；晶片的"弹性"可用电容 C 来等效；晶片振动时的损耗用电阻 R 来等效。这样石英晶体用 C_0、C、R、L 表示的等效电路、符号如图 10-13 所示。

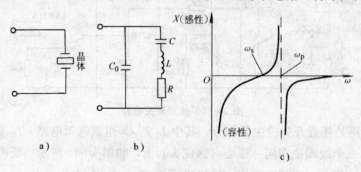

图 10-13 石英晶体谐振器
a) 代表符号 b) 等效电路 c) 电抗—频率特性

由于晶片的等效电感 L 很大，而电容 C 很小，R 也很小，因此回路的品质因数 Q 很大，可达 10^6。故其频率的稳定度很高。由图 10-13c 所示可知石英晶体谐振器有两个谐振频率。当为串联谐振时的谐振频率为

$$f_s = \frac{1}{2\pi \sqrt{LC}}$$

(10-10)

当为并联谐振时的谐振频率为

$$f_p = \frac{1}{2\pi \sqrt{L \dfrac{CC_0}{C+C_0}}} = f_s \sqrt{1 + \frac{C}{C_0}}$$

(10-11)

因为 $C_0 \gg C$，所以 f_s 和 f_p 很接近。频率在此之间时，等效电路为电感性；频率为 f_s 和 f_p 时，等效电路为电阻性；频率在此之外时，等效电路为电容性。

10.4.2 石英晶体振荡电路

石英晶体谐振电路的基本形式有两类，一类是并联晶体谐振电路，它是利用石英晶体作为一个高 Q 值的电感组成谐振电路；另一类是串联晶体谐振电路，它是利用石英晶体工作在 f_s 时阻抗最小的特点组成谐振电路。

1. 串联型石英晶体振荡电路　如图 10-14 所示为串联型石英晶体谐振电路。石英晶体串联在反馈回路中，当 $f = f_s$ 时，产生串联谐振呈电阻性，而且阻抗最小，反馈最强，满足振荡的平衡条件，故产生自激振荡。晶体起反馈选频作用，其正弦波振荡频率为谐振频率 f_s。

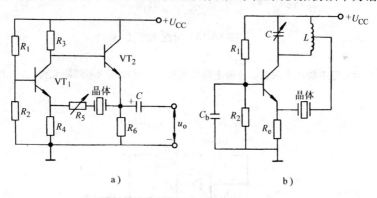

图 10-14　串联型石英晶体振荡电路

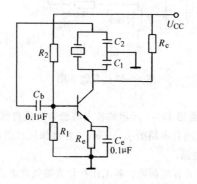

图 10-15　并联型石英晶体振荡电路

2. 并联型石英晶体振荡电路 如图 10-15 所示为并联型石英晶体谐振电路。由于石英晶体谐振器工作在 f_s 和 f_p 之间时，呈现电感性。晶体等效电感很大，所以 Q 值很高，电路振荡频率比较稳定，其正弦波振荡频率为谐振 $f \approx f_s$。

复习思考题

1. 产生正弦波振荡的条件是什么?

2. 正弦波振荡电路有那些组成部分? 如果没有选频网络，输出信号将有什么特点?

3. 正弦波振荡电路的种类，各有什么特点?

4. 什么是 LC 振荡回路的品质因数? 它对 LC 振荡电路的性质有何影响?

5. 试用相位条件判断图 10-16 所示两电路能否产生自激振荡，并说明理由。

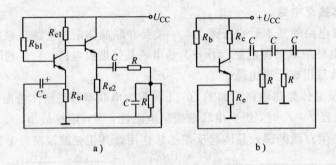

a)   b)

图 10-16 习题 5 图

6. 图 10-17 所示电路不能产生振荡，分析电路中的错误，并改正（不增新元件）。试求改正后振荡电路的工作频率。

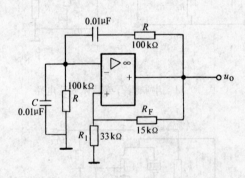

图 10-17 习题 6 图

7. 试用自激振荡的相位条件判断图 10-18 所示的各电路能否产生自激振荡，并说明是哪一段产生的反馈电压? 8. 电路如图 10-19 所示，试问各电路的 j、k、m、n 各点如何联结才能满足正弦波振荡的相位条件，并说明它们各属于什么类型的振荡电路。

9. 石英晶体振荡电路的基本形式有那两类? 各工作在什么等效状态。

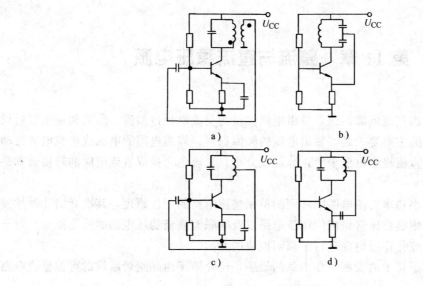

图 10-18　习题 7 图

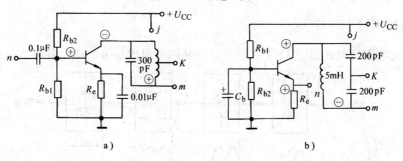

图 10-19　习题 8 图

第 11 章　整流与直流稳压电源

电子设备中所用的直流电源，通常是由电网提供的交流电经过整流、滤波和稳压以后得到的。对于直流电源的主要要求是，输出电压的幅值稳定，即当电网的电压或负载电流波动时能基本保持不变，直流输出电压平滑，脉动成分小；交流电变换成直流电时的转换效率高等。

本章首先介绍在小功率直流电源中常用的单相整流电路的工作原理，其次介绍几种滤波电路的性能，然后介绍硅稳压管组成的稳压电路以及串联型直流稳压电路的稳压原理。对于近年来迅速发展的集成化稳压电源进行了简明扼要的介绍。

为了适应电力电子技术的发展，在本章的最后，还介绍了由晶闸管组成的可控整流电路等。

11.1　直流电源的组成

一般直流电源的组成如图 11-1 所示。它包括四个组成部分，图中各环节的作用如下：

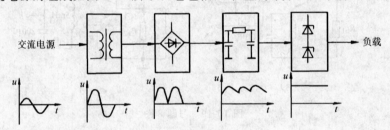

图 11-1　直流电源的组成

1. 电源变压器　电网提供的交流电一般为 220V（或 380V），而各种电子设备所需要直流电源的幅值却各不相同。因此，常常需要将电网电压变换为符合整流需要的电压。

2. 整流电路　它的作用是利用具有单向导电性能的二极管器件，将正、负交替的正弦交流电压整流称为单方向的脉动电压。但是，这种单相脉动电压往往包含着很大的脉动成分，距离理想的直流电压还差得很远。

3. 滤波电路　它是由电容、电感等储能元件组成，作用是将脉动成分较大的直流电压中的交流成分滤掉，使电压波形变的更平滑。

4. 稳压电路　经过整流滤波后的电压波形尽管较为平滑，但它受电网电压变化或负载变化的影响较大，稳压电路的作用就是使输出的直流电压在电网电压或负载发生变化时保持基本不变，给负载提供一个比较稳定的直流电压。

下面分别介绍各部分的具体电路和它们的工作原理。

11.2　整流电路

11.2.1　单相半波整流电路

图 11-2 所示是一个最简单的单相半波整流电路。由整流变压器 T_r、整流元件 VD（晶体

二极管）及负载电阻 R_L 组成。设整流变压器副边的电压为

$$u_2 = \sqrt{2}\,U_2\sin\omega t\,\text{V}$$

其波形如图 11-3 所示。

由于二极管 VD 具有单向导电性，所以在变压器副边电压 u_2 为正的半个周期内，二极管导通，电流经过二极管流向负载，在 R_L 上得到一个极性为上正下负的电压；而在 u_2 为负的半个周期内，二极管反向偏置，电流基本等于零。所以在负载电阻 R_L 两端得到的电压 u_o 的极性是单方向的，见图 11-3。

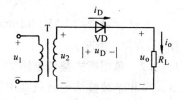

图 11-2　单相半波整流电路

负载上得到的整流电压虽然是单方向的，但其大小是变化的，称为单向脉动电压，常用一个周期的平均值来说明它的大小。单相半波整流电压的平均值为

$$U_0 = \frac{1}{2\pi}\int_0^\pi \sqrt{2}\,U_2\sin\omega t\,\mathrm{d}(\omega t)$$

$$= \frac{\sqrt{2}\,U_2}{\pi} = 0.45U_2 \tag{11-1}$$

从图 11-4 所示的波形上看，如果使半个正弦波与横轴所包围的面积等于一个矩形的面积，矩形的宽度为周期 T，则矩形的高度就是这半波的平均值，或者称为半波的直流分量。

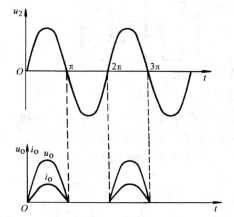

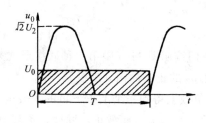

图 11-3　单相半波整流电路的电压与电流波形　　　图 11-4　半波电压 u_0 的平均值

式（11-1）表示整流电压平均值与交流电压有效值之间的关系。由此得出整流电流的平均值

$$I_0 = \frac{U_0}{R_L} = 0.45\frac{U_2}{R_L} \tag{11-2}$$

在单相半波整流电路中，流过二极管的平均电流 I_D 等于负载平均电流 I_0，二极管不导通时承受的最高反向电压 U_{DRM} 就是变压器副边交流电压 u_2 的最大值 $\sqrt{2}\,U_2$，即

$$U_{DRM} = \sqrt{2}\,U_2 \tag{11-3}$$

这样，根据 I_0 和 U_{DRM} 就可以选择合适的整流元件了。

例 1　有一单相半波整流电路，如图 11-2 所示。已知负载电阻 $R_L = 750\,\Omega$，变压器副边电压 $U_2 = 20\text{V}$，试求 U_0、I_0 和 U_{DRM}，并选用二极管。

解
$$U_0 = 0.45U_2 = 0.45 \times 20\text{V} = 9\text{V}$$

$$I_0 = \frac{U_0}{R_L} = \frac{9\text{V}}{750\Omega} = 12\text{mA}$$

$$U_{DRM} = \sqrt{2}\,U_2 = \sqrt{2} \times 20\text{V} = 28.2\text{V}$$

二极管可选用 2AP4（16mA、50V）。为了使用安全，二极管的反向工作峰值电压要选得比 U_{DRM} 大一倍左右。

11.2.2 单相桥式整流电路

单相半波整流电路只利用了电源的半个周期，同时整流电压的脉动性也较大。为了克服这些缺点，常采用全波整流电路，其中最常用的是单相桥式整流电路。它是由四个二极管接成电桥的形式构成的，图 11-5 所示的是整流电路的几种画法。

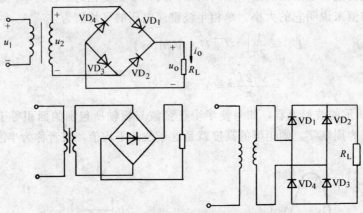

图 11-5 单相桥式整流电路的画法

我们按照图 11-5 中第一种联接形式来分析整流电路的工作情况。

在 u_2 的正半周内，二极管 VD_1、VD_3 承受正向电压而导通，VD_2、VD_4 承受反向电压而截止，负载上得到一个上正下负的半波电压；负半周时，VD_2、VD_4 承受正向电压而导通，VD_1、VD_3 承受反向电压而截止，同样，负载电阻 R_L 得到一个上正下负的半波电压。

显然，四个二极管两两轮流导通，无论是正半周还是负半周都有电流至上而下流过 R_L，从而使输出电压的直流成分提高，脉动成分降低。桥式整流电路的波形如图 11-6b 所示。

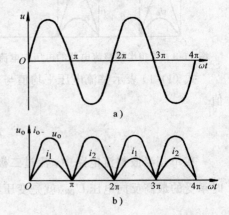

由图可见，桥式整流电路的整流电压平均值 U_0 比半波整流时增加了一倍，即

$$U_0 = 0.9U_2 \tag{11-4}$$

负载电阻中的电流为

$$I_0 = \frac{U_0}{R_L} = 0.9\frac{U_2}{R_L} \tag{11-5}$$

每个二极管每周期导电半周，因此，二极管中流过的平均电流只有负载电流的一半，即

$$I_d = \frac{1}{2}I_0 = 0.45\frac{U_2}{R_L} \tag{11-6}$$

图 11-6 单相桥式整流电路的电压与电流的波形

至于二极管截止时所承受的最高反向电压，从图 11-5 可看出，当 VD_1 和 VD_3 导通时，VD_2（或 VD_4）好似直接并接在变压器副边一样，所以，二极管承受的反向峰值电压（忽略二极管的正向压降）为

$$U_{DRM} = \sqrt{2}\, U_2 \tag{11-7}$$

这一点与半波整流电路相同。

例 2 已知负载电阻 $R_L = 80\Omega$，负载电压 $U_0 = 110V$。今采用单相桥式整流电路。试求（1）负载中平均电流 I_0；（2）二极管中平均电流 I_D；（3）变压器副边电压有效值 U_2；（4）选用晶体二极管。

解 负载电流

$$I_0 = \frac{U_0}{R_L} = 1.4A$$

每个二极管通过的平均电流

$$I_D = \frac{1}{2} I_0 = 0.7A$$

变压器副边电压有效值为

$$U_2 = \frac{U_0}{0.9} = 122V$$

考虑到变压器副边绕组及管子上的压降，变压器副边电压大约要高出 10%，于是

$$U_{DRM} = 1.11 \times \sqrt{2}\, U_2 = 1.11 \times \sqrt{2} \times 122V \approx 189V$$

因此，可选用 2CZ11C 晶体二极管，其最大整流电流为 1A，反向工作峰值电压为 300V。

今将常见的几种整流电路列成表 11-1，以便比较。

表 11-1 常见的几种整流电路

类　型	单相半波	单相全波	单相桥式
电路			
整流电压 u_o 的波形			
整流电压平均值 U_o	$0.45U$	$0.9U$	$0.9U$
流过每管的电流平均值 I_o	I_o	$\frac{1}{2}I_o$	$\frac{1}{2}I_o$
每管承受的最高反向电压 U_{DRM}	$\sqrt{2}\,U = 1.41U$	$2\sqrt{2}\,U = 2.83U$	$\sqrt{2}\,U = 1.41U$
变压器二次侧电流有效值 I	$1.57I_o$	$0.79I_o$	$1.11I_o$

11.3 滤波电路

整流电路虽然可以把交流电转换为直流电，但是所得到的输出电压是单相脉动电压。除了在一些特殊的场合可以直接用作电源外，通常都要求采取一定的措施，一方面尽量降低输出电压中的脉动成分，另一方面又要尽量保留其中的直流成分，使输出电压接近于理想的直流电压。这样的措施就是滤波，下面看几种常用的滤波电路。

11.3.1 电容滤波器

图 11-7 中与负载并联的电容器就是一个最简单的滤波器。电容滤波器是利用电容器的端电压在电路状态改变时不能跃变而工作的。下面分析它的工作情况。

如果在单相半波整流电路中不接电容器，输出电压的波形如图 11-8a 所示，接电容器之后，输出电压的波形如图 11-8b 所示。

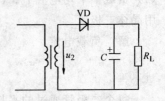

图 11-7　接有电容滤波器的
单相半波整流电路

从图 11-7 中看出，当 u_2 由零逐渐增大时，二极管 VD 导通，一方面供电给负载，同时对电容 C 充电，电容电压 u_c 的极性为上正下负，如图所示。如果忽略二极管的压降，则在 VD 导通时，u_c（即输出电压 U_0）等于变压器负边电压 u_2。u_2 达到最大值以后开始下降，此时电容上的电压 u_c 也将由于放电而逐渐下降。当 $u_2 < u_c$ 时，二极管反向偏置截止，于是 u_c 以一定的时间常数按指数规律下降，直到下一个正半周，当 $u_2 > u_c$ 时，二极管又导通，电容器再被充电，重复上述过程。

桥式整流电容滤波器的原理与半波时相同，其波形见图 11-9 所示。

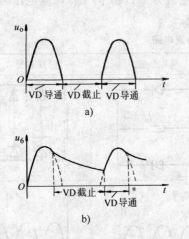

图 11-8　半波整流电容滤波器的波形
a）不接电容器时的波形
b）接电容器时的波形

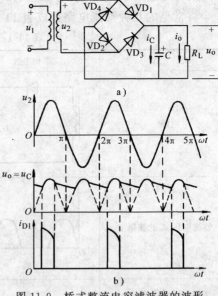

图 11-9　桥式整流电容滤波器的波形

据上分析，对于电容滤波可以得到下面几个结论

① 输出电压的直流成分提高了。从图中可看出，即使二极管截止，由于电容器的电压不跃变，输出电压也不为零，无论是半波整流或桥式整流，加上电容滤波以后，u_o 波形包围的面积显然是增大了，即直流成分提高了。输出电压中的脉动成分减小了。这是由于电容的储能作用造成的。当二极管导电时，电容被充电，将能量储存起来，然后再逐渐放电，将能

量传送给负载，因此输出波形比较平滑。

② 电容放电的时间常数 $\tau = R_L C$ 愈大，放电过程愈慢，则输出电压愈高，同时脉动成分愈少，即滤波效果愈好。为此，应选择大容量的电容作为滤波电容，且要求 R_L 也大，故电容滤波适用于负载电流比较小的场合。

③ 电容滤波电路的输出电压 U_0 随着输出电流 I_0 而变化。当负载电路在忽略二极管的正向压降时，$U_0 = \sqrt{2} U_2$，但是随着负载的增加（R_L 减小，I_0 增大），放电时间常数 $R_L C$ 减小，放电加快，U_0 也就下降。输出电压 U_0 与输出电流 I_0 的变化关系曲线称为电路的外特性，半波整流电路的外特性如图 11-10 所示。与无电容滤波时比较，输出电压随负载电阻的变化有较大的变化，即外特性软，或者说带负载能力较差。

经验上，通常取

$$U_0 = U_2 （半波）$$
$$U_0 = 1.2 U_2 （全波） \qquad (11-8)$$

一般要求

$$R_L C \geqslant (3 \sim 5) \frac{T}{2} \qquad (11-9)$$

式中 T 是电源交流电压的周期。

C 的数值一般在几十微法到几千微法，视负载电流的大小而定，其耐压应大于输出电压的最大值，通常都采用极性电容。

④ 由以上讨论可知二极管的导电时间缩短了，$R_L C$ 愈大，则导电角愈小。由于加 C 滤波后，平均输出电流提高了，而导电角却减小了，因此整流管在短暂的导电时间内流过一个很大的冲击电流，常称为浪涌电流，对管子的寿命不利，所以必须选择较大容量的整流二极管。

至于二极管截止时的 U_{DRM}，如表 11-2 所示。

表 11-2　截止二极管上的最高反向电压

电路	无电容滤波	有电容滤波
单相半波整流	$\sqrt{2} U$	$2\sqrt{2} U$
单相桥式整流	$\sqrt{2} U$	$\sqrt{2} U$

电容滤波电路结构简单，使用方便，但要求输出电压的脉动成分非常小时，势必要求电容器的容量很大，这是很不经济的，甚至很不现实。

11.3.2　RC-π 型滤波电路

$RC\text{-}\pi$ 型滤波电路实质上是在上述电容滤波的基础上再加一级 RC 滤波组成的，电路见图 11-11 所示。

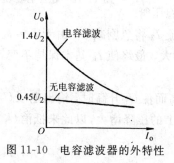

图 11-10　电容滤波器的外特性

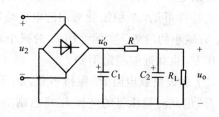

图 11-11　$RC\text{-}\pi$ 型滤波电路

经过第一次电容滤波以后，电容 C_1 两端的电压包含着一个直流分量和一个交流分量。假设其直流分量为 U_0'，交流分量的基波最大值为 U_{01m}'。通过 R 和 C_2 再一次滤波以后，假设在负载上得到的输出电压直流分量和基波最大值为 U_0 和 U_{01m}，则以上电量之间存在下列的关系

$$U_0 = \frac{R_L}{R + R_L} U_0'$$

$$U_{01m} = \frac{R_L}{R + R_L} \cdot \frac{\frac{1}{\omega C_2}}{\sqrt{R'^2 + \left(\frac{1}{\omega C_2}\right)^2}} \cdot U_{01m}' \tag{11-10}$$

其中　$R' = \dfrac{R R_L}{R + R_L}$；$\omega$ 是整流输出脉动电压的基波角频率，在电网频率为 50Hz 和全波整流情况下，$\omega = 628$ rad/s。

通常选择滤波元件的参数，要满足关系 $\dfrac{1}{\omega C_2} \ll R'$，则式（11-10）可简化为

$$U_{01m} = \frac{R_L}{R + R_L} \frac{1}{\omega C_2 R'} U_{01m}' \tag{11-11}$$

由上分析可见，在一定的 ω 值下，R' 愈大，C_2 愈大滤波效果愈好。

RC-π 型滤波电路电路的缺点是在 R 上有直流电压降，因而必须提高变压器的副边电压，而整流管的冲击电流仍然比较大，同时由于 R 上产生压降，外特性更软，只适用于负载电流较小而又要求输出电压脉动很小的场合。

11.4　稳压管稳压电路

经整流和滤波后的电压往往会随交流电源电压的波动和负载的变化而变化。电压的不稳定有时会产生测量和计算的误差，甚至根本无法工作。特别是精密电子测量仪器、自动控制、计算装置及晶体管的触发电路等都要求有很稳定的直流电源供电。最简单的直流稳压电源是采用稳压管来稳定电压的。

图 11-12 是一种稳压管稳压电路，经过桥式整流电路整流和电容滤波器滤波得到直流电压 U_i，再经过限流电阻 R 和稳压管 VD 组成的稳压电路接到负载电阻 R_L 上。这样，负载上得到的就是一个比较稳定的电压，其稳压原理说明如下。

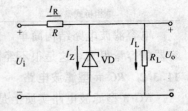

图 11-12　稳压管稳压电路

（1）假设稳压电路的输入电压 U_i 保持不变，当负载电阻 R_L 减小，负载电流 I_0 增大时，由于电流在电阻 R 上的压降升高，输出电压 U_0 将下降。而稳压管并联在输出端，由稳压管的伏安特性可见，当稳压管两端的电压略有下降时，电流 I_Z 将急剧减小，由于 $I_R = I_Z + I_0$，因此 I_R 有减小的趋势。实际上用 I_Z 的减小来补偿 I_0 的增大，最终使 I_R 基本保持不变，从而输出电压 U_0 也就近似稳定不变。

（2）假设负载电阻 R_L 保持不变，由于电网电压升高而使 U_i 升高时，输出电压 U_0 也将随之上升，但此时稳压管的电流 I_Z 将急剧增加，则电阻 R 上的压降增大，以此来抵消 U_i 的升高，从而使输出电压基本保持不变。

选择稳压管时，一般取

$$U_z = U_0$$

$$I_{Zmax} = (1.5 \sim 3) I_{0max}$$

$$U_i = (2 \sim 3) U_0 \tag{11-12}$$

例 3 有一稳压管稳压电路，如图 11-12 所示。负载电阻 R_L 由开路变到了 3kΩ，交流电压经整流滤波后得出 $U_i = 45V$。今要求输出直流电压 $U_0 = 15V$，试计算负载电流最大值 I_{0max}，并选择稳压管。

解 负载电阻 $R_L = 3kΩ$ 时，负载电流最大，即

$$I_{0max} = \frac{U_0}{R_L} = \frac{15V}{3kΩ} = 5mA$$

可以选择 2CW20，其稳定电压 $U_z = (13.5 \sim 17V)$，稳定电流 $I_z = 5mA$，最大稳定电流 $I_{Zmax} = 15mA$。

11.5 串联型晶体管稳压电路

所谓串联型直流稳压电路，就是在输入直流电压和负载之间串入一个三极管，当 U_i 或 R_L 波动引起输出电压 U_0 变化时，U_0 的变化将反映到三极管的输入电压 U_{BE}，然后 U_{CE} 也随之改变，从而调整 U_0，以保持输出电压基本稳定。

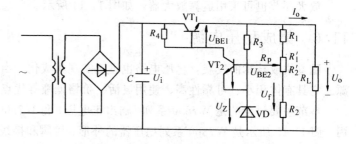

图 11-13 所示的串联稳压电路包括以下四个部分

图 11-13 串联型晶体管稳压电路

1. 采样环节 是由 R_1、R_2、R_P 组成的电阻分压器组成，它将输出电压 U_0 的一部分 U_f 取出送到放大环节。电位器是调节输出电压用的，此时

$$U_f = \frac{R_2 + R_2'}{R_1 + R_2 + R_P} U_0 \tag{11-13}$$

2. 基准电压 由稳压管 VD_Z 和电阻 R_3 构成的电路中取得，即稳压管的电压 U_z，它是一个稳定性较高的直流电压，作为比较的标准。R_3 的作用是保证 VD_Z 有一个合适的工作电流。

3. 放大环节 是一个由晶体管 VT_2 构成的直流放大电路，它的作用是将稳压电路输出电压的变化量进行放大，然后再送到调整管的基极。如果放大电路的放大倍数比较大，则只要输出电压产生一点微小的变化，即能引起调整管的基极电压发生较大的变化，提高稳压效果。因此，放大倍数愈大，则输出电压的稳定性愈高。R_4 是 VT_2 管的负载电阻，同时也是调整管 VT_1 的偏置电阻。

4. 调整环节 一般由工作于线性区的三极管 VT_1 组成，它的基极电流受放大环节输出信号控制。只要控制基极电流 I_{B1}，就可以改变集电极电流 I_{C1} 和集—射极电压 U_{CE1}，从而调整输出电压 U_0。

串联型稳压电路的工作情况如下：假设由于 U_i 增大或 I_L 减小而导致输出电压 U_0 升高时，采样电压 U_f 就增大，VT_2 的基—射电压 U_{BE2} 增大，其基极电流 I_{B2} 增大，集电极电流 I_{C2}

上升，集—射电压 U_{CE2} 下降。因此，VT_1 的 U_{BE1} 减小，I_{C1} 减小，U_{CE2} 增大，输出电压 U_o 下降，结果使 U_o 保持基本不变。这个自动调整过程可以表示如下

$$U_o \uparrow \to U_{BE2} \uparrow \to I_{B2} \uparrow \to I_{C2} \uparrow \to U_{CE2} \downarrow$$

$$U_o \downarrow \leftarrow U_{CE1} \uparrow \leftarrow I_{C1} \downarrow \leftarrow I_{B1} \downarrow \leftarrow U_{BE1} \downarrow$$

当输出电压降低时，调整过程相反。

从调整过程看来，串联稳压电路实质上是通过电压负反馈使输出电压基本稳定的。串联型稳压电路的工作原理可概括为"取样、比较、放大、调整"。

调节电位器 R_P 可得到连续变化的输出电压，调到最上端时输出最小，调到最下端时输出最大，可求得

$$U_{omin} = \frac{R_1 + R_2 + R_P}{R_2 + R_P}(U_Z + U_{BE})$$

$$U_{omax} = \frac{R_1 + R_2 + R_P}{R_2}(U_Z + U_{BE}) \tag{11-14}$$

放大环节也可采用运算放大器，如图 11-14 所示。

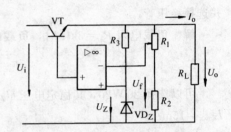

图 11-14　采用运算放大器的串联型稳压电路

11.6　集成稳压电源

随着集成技术的发展，稳压电路也迅速实现集成化。当前已经广泛应用单片集成稳压电源。它具有体积小、可靠性高、使用灵活、价格低廉等优点。

本节主要讨论的是 W7800 系列（输出正电压）和 W7900 系列（输出负电压）稳压器的使用。图 11-15 所示是 W7800 系列稳压器的外形、管脚和接线图，其内部电路是串联型晶体管稳压电路。这种稳压器只有输入端、输出端和公共端三个引出端，故也称为三端集成稳压器。

使用时只需在其输入端和输出端与公共端之间各并联一个电容即可。C_i 用以抵消输入端较长接线的电感效应，防止产生自激振荡，接线不长时也可不用。C_o 是为了瞬时增减负载电流时不致引起输出电压有较大的波动。C_i 一般在 $0.1 \sim 1\mu F$ 之间，如 $0.33\mu F$；C_o 可用 $1\mu F$。W7800 系列输出固定的正电压，有 5V、8V、12V、15V、18V、24V 多种。例如 W7815 的输出电压为 15V；最高输入电压为 35V；最小输入、输出电压差为 $2 \sim 3V$；最大输出电流为 2.2A；输出电阻为 $0.03 \sim 0.15\Omega$；电压变化率为 $0.1 \sim 0.2\%$。W7900 系列输出固定的负电压，其参数与 W7800 基本相同。使用时三端稳压器接在整流滤波电路之后。下面看几种三端集成稳压器的应用电路。

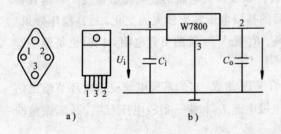

图 11-15　W7800 系列稳压器
a）外形　b）接线图

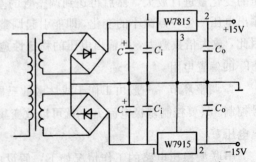

图 11-16　正、负电压同时输出的电路

（1）正、负电压同时输出的电路。能同时输出正、负电压的电路如图 11-16 所示。

（2）提高输出电压的电路。

在原有三端集成稳压器输出电压的基础上加以提高，如图 11-17 所示。图中 U_{xx} 为 W78xx 稳压器的固定输出电压，显然

$$U_0 = U_{xx} + U_Z$$

它是利用稳压管的 U_Z 来提高输出电压的。

（3）扩大输出电流的电路。三端集成稳压器的输出电流有一定的限制，如果希望在此基础上进一步扩大输出电流则可以通过外接大功率三极管的方法实现。如图 11-18 所示。I_2 为稳压器的输出电流，I_C 是功率管的集电极电流，I_R 是电阻 R 上的电流。一般 I_3 很小，可忽略不计，则可得出的关系式，式中 β 是功率管的电流放大系数。设 $\beta = 10$，$U_{BE} = -0.3V$，$R = 0.5\Omega$，$I_2 = 1A$，则由下式可算出 $I_C = 4A$。可见输出电流比 I_2 扩大了。图中电阻 R 的阻值要使功率管只能在输出电流较大时才导通。

$$I_2 \approx I_1 = I_R + I_B = -\frac{U_{BE}}{R} + \frac{I_C}{\beta}$$

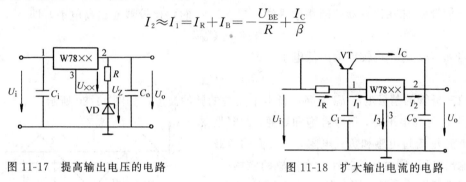

图 11-17　提高输出电压的电路　　　　图 11-18　扩大输出电流的电路

11.7　开关型稳压电路

前面介绍的稳压电路，包括分立元件组成的串联型直流稳压电路以及集成稳压器均属于线性稳压电路，这是由于其中的三极管总是工作在线性放大区。线性稳压电路的优点是结构简单，调整方便，输出电压脉动较小。但是这种稳压电路的主要缺点是效率低，一般只有 20% ～40%。由于三极管消耗的功率较大，有时需要在三极管上安装散热器，致使电源的体积和重量增大，比较笨重。而开关稳压电路则克服了上述缺点，开关型稳压电路中的三极管工作在开关状态，即饱和与截止两种状态。当三极管饱和导电时，虽然流过较大的电流，但饱和管压降很小，当三极管截止时，管子将承受较高的电压，但流过三极管的电流基本等于零。可见，三极管的功耗很小，因此，开关型稳压电路的效率较高，一般可达 65%～90%。另外，开关型稳压电路的体积小、重量轻，对电网电压的要求也不高，在较宽的变化范围内均可正常工作。由于开关型稳压电路的突出优点，使其在计算机、电视机、通信及空间技术等领域得到了越来越广泛的应用。

开关型稳压电路的类型很多，而且可以按不同的方法来分类。如按控制的方式分类，有脉冲宽度调制型（PWM），即开关工作频率保持不变，控制导通脉冲的宽度；脉冲频率调制型（PFM），即开关导通的时间不变，控制开关的工作频率；以及混合调制型，为以上两种控制方式的结合，即脉冲宽度和开关工作频率都将变化。以上三种方式中，脉冲宽度调制型用的较多。

图 11-19 示出了一个最简单的开关型稳压电路的原理示意图。电路的控制方式采用脉冲宽度调制式。

图 11-19 中三极管为工作在开关状态的调整管。由电感 L 和电容 C 组成滤波电路，二极管为续流二极管。脉冲宽度调制电路由一个比较器和一个产生三角波的振荡器组成。运算放大器作为比较放大电路，基准电源产生一个基准电压 U_{REF}，电阻 R_1、R_2 组成采样电阻。

下面分析它的工作原理。由采样电路得到的采样电压 u_F 与输出电压成正

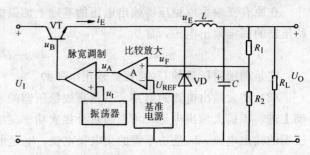

图 11-19 脉冲调宽式开关型稳压电路示意图

比，它与基准电压进行比较并放大以后得到 u_A，被送到比较器的反相输入端。振荡器产生的三角波信号 u_t 加在比较器的同相输入端。当 $u_t > u_A$ 时，比较器输出高电平，即

$$u_B = +U_{oPP}$$

当 $u_t < u_A$ 时，比较器输出低电平，即

$$u_B = -U_{oPP}$$

故三极管的基极电压 u_B 为高、低电平交替的脉冲波形，如图 11-20 所示。

当 u_B 为高电平时，调整管饱和导通，此时发射极电流 i_E 流过电感和负载电阻，一方面向负载提供输出电压，同时将能量储存在电感的磁场中。由于三极管饱和导通，因此其发射极电位 u_E 为

$$u_E = U_I - U_{CES}$$

式中 U_I 为直流输入电压，U_{CES} 为三极管的饱和管压降。u_E 的极性为上正下负，则二极管被反向偏置，不能导通，故此时二极管不起作用。

当 u_B 为低电平时，三极管截止，$i_E = 0$。但电感具有维持流过电流不变的特性，此时将储存的能量释放出来，在电感上产生的反电势使电流通过负载和二极管继续流通，故二极管称为续流二极管。此使调整管发射极的电位为

$$u_E = -U_D$$

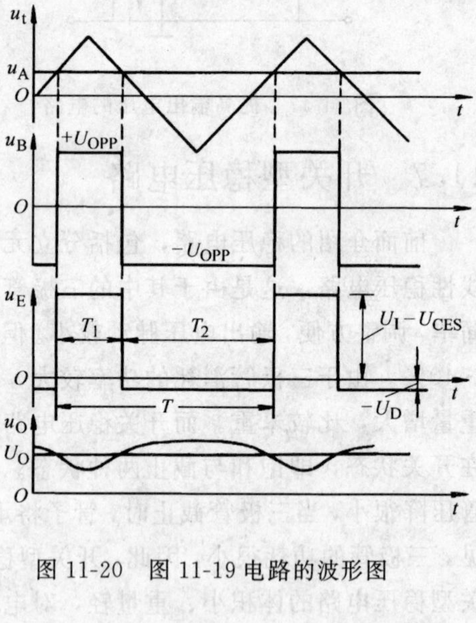

式中 U_D 为二极管的正向导通电压。

图 11-20 图 11-19 电路的波形图

由 11-20 图可见，三极管处于开关工作状态，它的发射极电位 u_E 也是高、低电平交替的脉冲波形。但是，经过 LC 滤波电路以后，在负载上可以得到比较平滑的输出电压 u_o。

理想情况下，输出电压 u_o 的平均值 U_o 即是调整管发射极电压 u_E 的平均值。据 11-20 图中 u_E 的波形可求得

$$U_o = \frac{1}{T}\int_0^T u_E dt = \frac{1}{T}\left[\int_0^{T_1}(U_I - U_{CES})dt + \int_{T_1}^T(-U_D)dt\right]$$

因三极饱和管压降 U_{CES} 以及二极管的正向导通压降 U_D 的值很小,与直流输入压降 U_I 相比通常可忽略,则上式可近似为

$$U_o \approx \frac{1}{T}\int_0^{T_1} u_I \mathrm{d}t = \frac{T_1}{T}U_I = DU_I \qquad (11\text{-}15)$$

式(11-15)中 $D=T_1/T$,称为脉冲波形 u_E 的占空比。由上式可知,通过调整占空比 D,即调整一周期 T 内调整管的导通时间 T_1,便可调节输出电压 U_o,这就是开关型稳压电路的工作原理。

脉冲调宽式开关型稳压电路的工作情况如下:假设由于电网电压或负载电流的变化使输出电压 U_o 升高,则经过采样电阻以后得到的采样电压 u_F 也随之升高,此电压与基准电压 U_{REF} 比较以后再放大得到的电压 u_A 也将升高,u_A 送到比较器的反相输入端,由 11-20 所示的波形图可见,当 u_A 升高时,将使开关三极管基极电压 u_B 的波形中高电平的时间缩短,而低电平的时间将增长,于是三极管在一个周期中饱和导电的时间减少,截止的时间增加,则其发射极电压 u_E 脉冲波形的占空比减小,从而使输出电压的平均值 U_o 减小,最终保持输出电压基本不变。至于其他类型的开关稳压电路,读者可参阅有关文献。

11.8 晶闸管

前面介绍的半导体二极管组成的整流电路通常称为不可控整流电路,当输入的交流电压不变时,这种整流电路输出的直流电压也是固定的,不能任意控制和改变。然而在实际工作中,有时希望整流的直流电压能够根据需要进行调节,例如交、直流电动机的调速、随动系统和变频电源等等。在这种情况下,需要采用可控整流电路,而晶闸管正是可以实现这一要求的可控整流元件。

晶闸管是半导体闸流管的简称,又名可控硅。这是一种大功率的半导体器件,它具有体积小、重量轻、效率高、动作迅速和使用方便许多优点,对于实现生产过程自动化,提高生产效率,降低成本等方面都有显著的效果。

11.8.1 基本结构

晶闸管是在晶体管的基础上发展起来的一种大功率半导体器件。普通晶闸管的外形有两种形式:一种是螺栓式,另一种是平板式,如图 11-21 所示。这两种形式的晶闸管都有三个电极:阳极 A、阴极 K 和控制极 G。螺栓式晶闸管的阳极是一个螺栓,使用时把它拧紧在散热器上,另一端引出两根线,其中较粗的绞线是阴极,另一根较细的导线是控制极。目前 100A 以下的晶闸管多采用这种结构。平板式的中间金属环是控制极,上面是阴极,下面是阳极。区分的方法是阴极距控制极比阳极近。使用时,两个散热器把晶闸管紧紧地夹在中间,这种结构散热效果好,但更换不方便。目前 200A 以上的晶闸管多采用平板式结构。

晶闸管内部是由四层半导体(PNPN)构成,见图 11-22。有三个 PN 结,最上层的 P 引出阳极 A,最下层的 N 引出阴极 K,由中间的 P 引出控制极 G。

11.8.2 导电特性与工作原理

11.8.2.1 导电特性

1. 导通条件 晶闸管由关断状态变为导通时必须同时具备以下两个条件:

(1)晶闸管阳极电路加正向电压;

(2)控制极加适当的正向电压(实际工作中,控制极加正触发脉冲信号)。

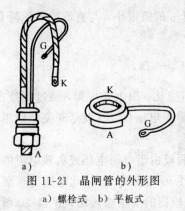

图 11-21 晶闸管的外形图

a) 螺栓式 b) 平板式

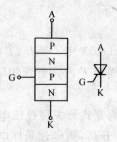

图 11-22 晶闸管的结构和符号

2. 截止条件 晶闸管在导通状态下，阳极电流逐渐减小到某个数值（维持电流 I_H）以下时自行关断。

3. 控制特性 晶闸管导通后，控制极便不起作用，即晶闸管一旦导通，便失去控制。

11.8.2.2 工作原理

为什么晶闸管会有上述导电特性呢? 为了说明晶闸管的工作原理，按晶闸管的结构我们把它可以看成是由 PNP 和 NPN 型两个晶体管联接而成，每一个晶体管的基极与另一个晶体管的集电极相联，如图 11-23 所示。阳极 A 相当于 PNP 型晶体管 VT_1 的发射极，阴极 K 相当于 NPN 型晶体管 VT_2 的发射极。

如果晶闸管的阳极和阴极之间加正向电压，即 A 接电源的正极，K 接负极。控制极也加正向电压，如图 11-24 所示。那么两个三极管都处于放大状态。E_G 产生的控制极电流 I_G 就是 VT_2 的基极电流 I_{B2}，VT_2 的集电极电流 $I_{C2}=\beta_2 I_G$。而 I_{C2} 又是晶体管 VT_1 的基极电流，VT_1 的集电极电流 $I_{C1}=\beta_1 I_{C2}=\beta_1\beta_2 I_G$。此电流又流

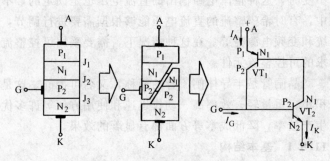

图 11-23 晶闸管等效为两个三极管

入 VT_2 的基极，若 $\beta_1\beta_2>1$，这样循环下去，形成了强烈的正反馈，使两个晶体管很快达到饱和导通。这就是晶闸管的导通过程。导通以后，管子两端的压降很小，约 1V 左右，电源电压几乎全部加在负载上，晶闸管中就流过负载电流。

此外，在晶闸管导通之后，只要 $I_{C1}>I_G$，即使控制极电流变为零，晶闸管仍然处于导通状态，它的导通状态完全依靠管子本身的正反馈作用来维持。所以控制极的作用仅仅是触发晶闸管的导通，导通之后，控制极就失去控制作用了。要想关断晶闸管，必须将阳极电流减小到使 $\beta_1\beta_2<1$，即将晶体管集电极电流减小到一定程度，也就是减小阳极电流到某值以下，晶闸管便关断。

综上所述，晶闸管是一个可控的单向导电开关。它与具

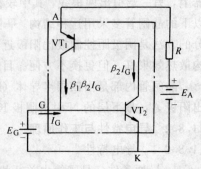

图 11-24 用两个晶体管的相互作用
说明晶闸管的导电原理

有一个 PN 结的二极管相比，其差别在于晶闸管正向导电受控制极电流的控制；与具有两个 PN 结的晶体管相比，其差别在于晶闸管对控制极电流没有放大作用，只是用一个较小的控制极电流 I_G 控制了较大的阳极电流 I，而阳极电流 I 的大小完全取决于阳极回路外参数。

11.8.3 伏安特性

晶闸管的阳极电压 U、阳极电流 I 及控制极电流 I_G 它们之间的关系，称为晶闸管的伏安特性曲线，图 11-25 所示的伏安特性曲线是在 $I_G=0$ 的条件下作出的。

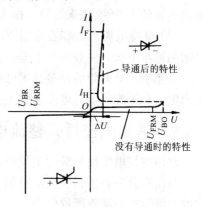

当晶闸管的阳极和阴极之间加正向电压时，由于控制极未加电压，晶闸管内有一个 PN 结（图 11-23）VT_2 处于反向偏置，因此其中只有很小的电流流过，这个电流称为正向漏电流。这时晶闸管阳极和阴极之间表现出很大的内阻，处于阻断状态，图 11-25 中曲线的下部所示。当正向电压增加到某一数值时，漏电流突然增大，晶闸管由阻断状态突然导通。晶闸管导通以后，可以通过很大的电流，而它本身管压降只有 1V 左右，因此特性曲线靠近纵轴而且陡直。晶闸管由阻断状态转为导通状态所对应的电压称为正向转折电压 U_{BO}。晶闸管导通后，若减小正向电压，正向电流减小到某一数值时，晶闸管又从导通状态转为阻断状态，这时所对应的最小电流称为维持电流 I_H。

图 11-25　晶闸管的伏安特性曲线

当晶闸管的阳极和阴极之间加反向电压时（控制极仍不加电压），其伏安特性与二极管类似，电流也很小，称为反向漏电流。当反向电压增加到某一数值时，反向漏电流急剧增大，使晶闸管反向导通，这时所对应的电压称为反向转折电压 U_{BR}。

从图 11-25 的晶闸管正向伏安特性可见，当阳极正向电压高于转折电压时元件将导通。但是这种导通方法很容易造成晶闸管的不可恢复性击穿而使元件损坏，在正常工作时是不采用的。晶闸管的正常导通受控制极电流 I_G 的控制。为了正确使用晶闸管，必须了解其控制极特性。

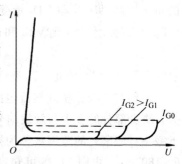

当控制极加正向电压时，控制极电路就有电流 I_G，晶闸管就容易导通，其正向转折电压降低，特性曲线左移。控制极电流愈大，正向转折电压愈低，如图 11-26 所示。

图 11-26　控制极电流对晶闸管转折电压的影响

规定：当晶闸管的阳极与阴极之间加上 6V 直流电压，能使元件导通的控制极最小电流（电压）称为触发电流（电压）。例如晶闸管 KP50，触发电压 $\leqslant 3.5V$，触发电流为 $8 \sim 150mA$。

11.8.4 主要参数

普通晶闸管的主要参数及意义如下：

（1）正向重复峰值电压 U_{FRM}。指当控制极断路，器件的结温为额定值时，允许重复加在器件上的正向峰值电压。一般规定此电压为正向转折电压 U_{BO} 的 80%。

（2）反向重复峰值电压 U_{RRM}。指当控制极断路，结温为额定值时，允许重复加在器件上的反向峰值电压。一般规定此电压为反向转折电压 U_{BR} 的 80%。

通常把 U_{FRM} 和 U_{RRM} 中的较小者作为该型号器件的额定电压。其范围 $100\sim300V$。选用晶闸管时，额定电压应为正常工作时峰值电压的 $2\sim3$ 倍，作为允许的电压余量。

（3）正向平均电流 I_F。指在环境温度不大于 $40\,^\circ\!C$ 和标准散热及全导通的条件下，晶闸管可以连续通过的工频正弦半波电流（在一个周期内）的平均值，通常说多少安的晶闸管，就是指这个电流。

在选用晶闸管时，应考虑冷却条件、环境温度、元件导通角等因素的影响。按实际最大平均电流的 $1.5\sim2$ 倍来选择，作为过电流的安全余量。

（4）维持电流 I_H。指在室温下，当控制极开路时，晶闸管被触发导通以后，维持导通所必需的最小电流。一般为几十至一百多毫安。

近年来，晶闸管的制造技术已有很大提高，在电流、电压等指标上有了重大突破，已制造出电流在千安以上，电压达到上万伏的晶闸管，使用频率高达几十千赫。

11.9　单相半控桥式整流电路

常用的接电阻性负载的半控桥式整流电路如图 11-27 所示。

与二极管单相桥式整流电路相比，只是其中两个臂中的二极管被晶闸管所取代。

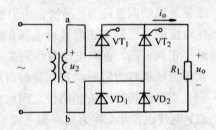

在变压器副边电压 u_2 的正半周（a 端为正）时，VT_1 和 VD_2 承受正向电压。这时如对晶闸管 VT_1 引入触发信号，则 VT_1 和 VD_2 导通，电流的通路为

$$a\rightarrow VT_1\rightarrow R_L\rightarrow VD_2\rightarrow b$$

这时 VT_2 和 VD_1 都因承受反向电压而截止。同样，在 u_2 的负半周时，VT_2 和 VD_1 承受正向电压。如对晶闸管 VT_2 引入触发信号，则 VT_2 和 VD_1 导通，电流的通路为

图 11-27　接电阻性负载的单相
半控桥式整流电路

$$b\rightarrow VT_2\rightarrow R_L\rightarrow VD_1\rightarrow a$$

这时 VT_1 和 VD_2 截止。当整流电路接电阻性负载时，电路中各处波形如图 11-28 所示。

显然与二极管桥式整流电路（图 11-6 所示）的波形相比，u_o 波形每半周前侧缺少了一部分，缺少部分的多少与触发信号 u_g 来的早晚（角度 α 的大小）有关，晶闸管在正向阳极电压下截止（阻断）的范围被称为控制角 α，也叫移相角，而导通的范围用导通角 θ 表示，显然，$\theta=180°-\alpha$。由图 11-28 可知，导通角 θ 愈大，输出电压愈高，其输出电压的平均值 U_o 可由定义求得

$$U_o=0.9U_2\times\frac{1+\cos\alpha}{2}\tag{11-16}$$

从式（11-16）可见，U_o 与 α 大小有关。当 $\alpha=0$（$\theta=180°$）时，晶闸管在 u_2 的正半周全导通，此时 $U_o=0.9U_2$，输出电压最高，相当于二极管桥式整流电路；若 $\alpha=180°$（$\theta=0$），晶闸管全关断，$U_o=0$。因此，调整 α 的大小，即可调整 U_o 的大小。

例 4　有一纯电阻负载，需要可调的直流电源：电压 $U_o=0\sim180V$，电流 $I_o=0\sim6A$。现采用单相半控桥式整流电路（图 11-27），试求交流电压的有效值，并选择整流元件。

解　设晶闸管导通角 θ 为 $180°$（控制角 $\alpha=0$）时，$U_o=180V$，$I_o=6A$。交流电压的有效

值

$$U_2 = \frac{U_o}{0.9} = \frac{180}{0.9}\text{V} = 200\text{V}$$

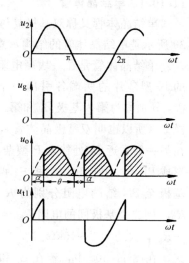

实际上还要考虑电网电压波动，管压降以及导通角 α 常常到不了 $180°$，一般只有（$160°\sim170°$左右）等因素，交流电压要比上述计算而得到的值适当加大 10% 左右，即大约为 220V。因此，在本例中可以不用整流变压器，直接接到 220V 的交流电源上。

晶闸管所承受的最高正向电压 U_{FM}、最高反向电压 U_{RM} 和二极管所承受的最高反向电压相等，为

$$U_{\text{FM}} = U_{\text{RM}} = \sqrt{2}\,U_2 = 1.41 \times 220\text{V} = 310\text{V}$$

流过晶闸管和二极管的平均电流

$$I_{\text{T}} = I_{\text{D}} = \frac{1}{2}I_o = \frac{6}{2} = 3\text{A}$$

图 11-28　图 11-27 所示电路的
电压与电流波形

为了保证晶闸管在出现瞬时电压时不致损坏，通常按下式选取晶闸管的峰值电压

$$U_{\text{RRM}} \geqslant （2\sim3）U_{\text{FM}} = （2\sim3）\times 310\text{V} = （620\sim930）\text{V}$$

$$U_{\text{RRM}} \geqslant （2\sim3）U_{\text{RM}} = （2\sim3）\times 310\text{V} = （620\sim930）\text{V}$$

根据以上计算，晶闸管可选用 KP5—7（5A，700V）型，二极管可选用 2CZ5/300 型。因为二极管的反向工作峰值电压一般是取反向击穿电压的一半，已有较大余量，所以选 300V 已足够。

晶闸管虽有许多优点，但也有缺点，如过电压和过电流能力差。因此，在电力电子装置中，必须采取保护措施。晶闸管过电流和过电压保护方法很多，图 11-29 所示电路是串接快速熔断器的过电流保护和并入阻容吸收电路的过电压保护电路。

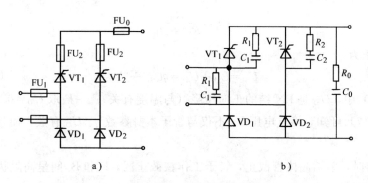

图 11-29　晶闸管的保护

a）过流保护　b）过压保护

11.10　单结晶体管及其触发电路

由前面的分析可知，要使晶闸管导通，必须在控制极加正触发信号，下面介绍产生该触发信号的单结晶体管触发电路。

11.10.1　单结晶体管

单结晶体管又称双基极晶体管。它的外形和普通三极管相似，但只有一个 PN 结。图 11-29 所示是单结晶体管的结构示意图、表示符号、等效电路和特性曲线。

单结晶体管是在一块高电阻率的 N 型硅片的两端各引出一个电极，分别称为第一基极 B_1 和第二基极 B_2（所以也叫双基极晶体管），而在另一侧靠近 B_2 处掺入 P 型杂质，形成 PN 结，并引出发射极 E。两个基极至 PN 结的电阻分别为 R_{B1} 和 R_{B2}，则二个基极间的电阻 $R_{BB}=R_{B1}+R_{B2}$，大约为 2～15kΩ。

在图 11-30c 中，若在 B_2 和 B_1 两端外加电压 U_{BB}，在发射极加可调的电压 U_E，则可测得 U_E 与 I_E 的关系曲线即单结晶体管的伏安特性曲线如图 11-30d 所示，其伏安特性曲线分为截止区、负阻区和饱和区。特性曲线中的 P 点称为峰点，V 点称为谷点。

由图 11-30c 可知

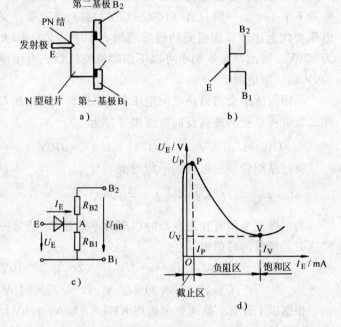

图 11-30　单结晶体管
a）结构　b）符号　c）等效电路　d）特性曲线

$$U_A=\frac{U_{BB}}{R_{B1}+R_{B2}}R_{B1}=\frac{R_{B1}}{R_{BB}}U_{BB}=\eta U_{BB}$$

其中　η 称为分压比，与管子的结构有关，一般为 0.5～0.9。

$$\eta=\frac{R_{B1}}{R_{B1}+R_{B2}}$$

则峰点电压为

$$U_P=U_A+U_D=\eta U_{BB}+U_D \tag{11-17}$$

式（11-17）中，U_D 是 PN 结的正向压降（与温度有关）。一般取 $U_D=0.7V$。

由式（11-17）可知，峰点电压 U_P 不仅与管子本身参数 η、U_D 有关，而且还与外加电压 U_{BB} 有关。

当 $U_E<U_P$ 时，单结晶体管截止，管子工作在截止区，E 和 B_1 间呈高阻状态，I_E 是一个很小的反向漏电流。

当 $U_E=U_P$ 时，单结晶体管导通，即 PN 结导通，发射区（P 区）向基区发射大量的空穴载流子，E 和 B_1 间呈低阻状态，R_{B1} 迅速减小，使 I_E 增长很快，而 E 和 B_1 间电压 U_E 也随着下降，即动态电阻 $\Delta U_E/\Delta I_E$ 为负值，因此称这一段为负阻区。

当 I_E 上升，U_E 下降到谷点电压 U_V 时，若使 I_E 继续增大，U_E 略有上升，但上升不明显，所以谷点右边的特性曲线称为饱和区。

由上分析可知：当 $U_E=U_P$ 时单结晶体管导通，而导通后 $U_E<U_V$ 时，管子又恢复截止。常用单结晶体管的谷点电压约在 $2\sim5\mathrm{V}$。在触发电路中，常选用 η 大、I_V 大和 U_V 低的单结管，以增大触发脉冲的幅度。

11.10.2 单结晶体管触发电路

图 11-31 所示，虚线以上为主电路，虚线以下为触发电路（也叫控制电路）。主电路就是被触发的半控桥式整流电路，其工作原理前面已经分析过。这里主要介绍触发电路的工作原理。

单结晶体管，电容 C，可调电阻 R_P，电阻 R、R_1、R_2 组成了弛张振荡电路。其中 R_1、R_2 是外接电阻，与图 11-30c 中的 R_{B1} 和 R_{B2} 不同。

假设接通电源前电容 C 上的初始电压 u_C 为零，单结晶体管截止。接通电源后电压 u_o 击穿 VD_Z 使 u_Z 稳定在 U_Z 上，经 R_P 和 R 给电容 C 充电，充电时间常数为 $(R_P+R)C$。当 u_C 上升到峰值电压 U_P 时，单结晶体管导通，R_{B1} 急剧下降，电容通过 R_1 放电，由于 R_1 阻值较小，放电很快，于是在 R_1 上形成一个尖脉冲 u_g，其放电时间常数主要由 R_1C 决定，波形见图 11-32 所示。当电容电压 u_C 下降到管子的谷点电压 U_V 时，单结晶体管截止。u_Z 再次经 (R_P+R) 给电容充电，就这样周而复始。于是就在 R_1 上得到一个又一个的尖脉冲 u_g。每半周的第一个脉冲触发晶闸管导通后，后面的脉冲便不起作用。阳极电压过零时，晶闸管关断，触发电路和主电路在电源变压器控制下同步工作。

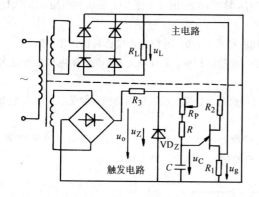

图 11-31 由单结晶体管触发的单相
桥式半控整流电路

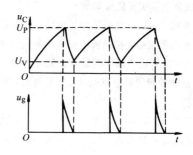

图 11-32 触发脉冲 u_g 的波形

改变 R_P 可以调节电容电压 u_C 上升到峰点电压 U_P 的时间，从而调节第一个脉冲到来的时刻，即调节控制角 α 的大小，因此调节了主电路输出电压 u_L 的大小。

调节电阻 R_1 的大小即改变了电容的放电时间常数，从而可以调节输出尖脉冲 u_g 的幅度和宽度。

电阻 R_2 起温度补偿作用，它补偿了因温度上升导致 U_D 下降的值，从而使峰点电压 U_P 保持不变。

R_3 和 VD_Z 将整流后的电压 u_o 稳定在 u_Z 上，使 u_g 的幅度和每半个周期产生的第一个 u_g 脉冲的时间不受电源电压波动的影响（使每半个周期产生的 α 相同），即保证可控硅每周期导通的起始时刻相同。图 11-31 各处的电压波形如图 11-33 所示。

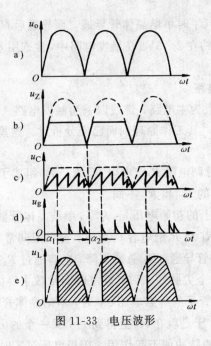

图 11-33　电压波形

复习思考题

1. 在图 11-5 所示的单相桥式整流电路中，如果 (1) VD_3 接反，(2) 因过电压 VD_3 被击穿短路，(3) VD_3 断开，试分别说明其后果如何？

2. 在图 11-12 的稳压管稳压电路中，电阻起什么作用？如果 $R=0$，电路是否也仍起稳压作用？

3. 在晶闸管中，控制极电流是小的，阳极电流是大的，在晶体管中，基极电流是小的，集电极电流是大的。两者有何不同？晶闸管是否也能放大电流？

4. 晶闸管导通的条件是什么？导通时，其中电流的大小由什么决定？晶闸管阻断时，承受电压的大小由什么决定？

5. 在图 11-34 中，已知 $R_L=80\Omega$，直流伏特计 V 的读数为 110V。试求：(1) 直流安培计 A 的读数。(2) 整流电流的最大值。(3) 交流伏特计 V_1 的读数（二极管的正向压降忽略不计）。

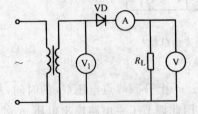

图 11-34　习题 5 图

6. 有一电压为 110V，电阻为 55Ω 的直流负载，采用单相桥式整流（不带滤波器）电路供电，试求变压器副绕组电压和电流的有效值，并选用二极管。

7. 今要求负载电压 $U_o=30V$，负载电流 $I_o=150mA$。采用单相桥式整流电路，带电容滤波器。已知交流频率为 50Hz，试选用管子型号和滤波电容器，并与单相半波整流电路比较，带电容器滤波后，管子承受的最高反向电压是否相同？

8. 在图 11-11 所示的具有 π 型 RC 滤波器的整流电路中，已知交流电压 $U=6V$，今要求负载电压 $U_o=$

6V，负载电流 $I_o=100\text{mA}$，试计算滤波电阻 R。

9. 有一整流电路如图 11-35 所示，（1）试求负载电阻 R_{L1} 和 R_{L2} 整流电压的平均值 U_{o1} 和 U_{o2}，并标出极性；（2）试求二极管 VD_1、VD_2 和 VD_3 中的平均电流 I_{D1}、I_{D2} 和 I_{D3} 以及各管所承受的最高反向电压。

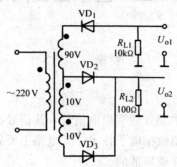

图 11-35 习题 9 图

10. 在图 11-9 的桥式整流电容滤波电路中，$U_2=20\text{V}$（有效值），$R_L=40\Omega$，$C=1000\mu\text{F}$。试问

(1) 正常时 $U_o=?$

(2) 如果电路中有一个二极管开路，U_o 是否为正常值的一半？$U_o=?$

(3) 如果测得 U_o 为下列数值，可能出了什么故障：

    a) $U_o=18\text{V}$；b) $U_o=9\text{V}$；c) $U_o=28\text{V}$。

11. 电路如图 11-13 所示。已知 $U_Z=5.3\text{V}$，$R_1=R_2=R_P=3\text{k}\Omega$；电源电压为 220V。电路输出端接负载电阻 R_L，要求负载电流 $I_o=0\sim50\text{mA}$。（1）计算电压输出范围；（2）若 VT_1 管的最低管压降为 3V，计算变压器副边电压的有效值 U。

12. 用两个 W7815 稳压器能否构成输出 ±15V 的电源？试画出电路图。

13. 有一电阻性负载，它需要可调的直流电压 $U_o=0\sim60\text{V}$，电流 $I_o=0\sim10\text{A}$。现采用单相半控桥式整流电路，试计算变压器副边的电压有效值 U_2，并选用整流元件。

第 12 章 基本逻辑门电路

12.1 概述

12.1.1 脉冲信号

在模拟电子技术中，电路主要处理模拟电信号，其信号特点是在时间上和数值上都是连续变化的。从本章开始，将介绍数字电子技术，其电路主要处理脉冲电信号，其信号特点为在时间上和数值上都是断续变化或离散的。

脉冲信号是表示数字量的信号。通常，脉冲信号只有两个离散量。若有脉冲信号时，表示数字"1"（或逻辑"1"）；若无脉冲信号时，表示数字"0"（或逻辑"0"）。因此，脉冲信号又称为数字信号或二进制信号。

由于脉冲信号只有"0"和"1"两个数字量，因此，它很容易用电子器件来产生。例如，用开关的"开"表示"1"，那么，开关的"关"就可以表示"0"；若晶体管的"截止"表示"1"，则晶体管的"饱和"就表示"0"等等；同样，脉冲信号也很容易用电子器件来处理。用以产生和处理脉冲信号的电子器件是十分可靠的。

在数字电子技术中，脉冲信号是指突然变化的电压或电流信号。常用的脉冲信号有矩形波、尖峰波和锯齿波等，如图 12-1 所示。从图中的波形可以看出，它们与前面介绍的模拟电信号有着很大的区别，它们是不连续的，突然变化的，也就是离散的。

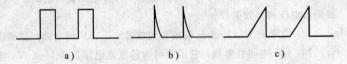

图 12-1 常用的脉冲信号

a）矩形波 b）尖峰波 c）锯齿波

在实际应用中，脉冲信号并非完全规整。因此，我们以一个实际矩形波的图形为例，如图 12-2 所示，引用一些参数来说明脉冲信号的变化情况。

1）脉冲幅度 A_m。它是脉冲信号变化的最大值。具体指电压（或电流）变化的最大值，可用 V_m（或 I_m）表示。基本单位：V（伏特）（或 A（安培））。

2）脉冲上升时间 t_r。它是脉冲幅度从 $0.1A_m$ 上升到 $0.9A_m$ 所需时间，用于反映脉冲信号上升时过渡过程的快慢。基本单位：s（秒）。

3）脉冲下降时间 t_f。它是脉冲幅度从 $0.9A_m$ 下降到 $0.1A_m$ 所需时间，用于反映脉冲信号下降时过渡过程的快慢。单位同 t_r。

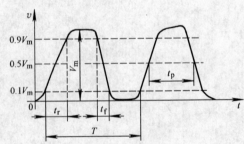

图 12-2 实际矩形波及其参数

4）脉冲宽度 t_p。它是同一脉冲内两次到达 $0.5A_m$ 的时间间隔，单位同 t_r。

5）脉冲周期 T。它是脉冲信号在周期性变化过程中，相邻两个脉冲波形相位相同之间的时间间隔。单位同 t_r。

6）脉冲频率 f。它是脉冲信号在周期性变化过程中，每秒出现脉冲波形的次数。基本单位：Hz（赫兹）。同前面内容一样，频率和周期是互为倒数关系，即

$$f = \frac{1}{T} \quad 或 \quad T = \frac{1}{f}$$

7）占空比 D。它是脉冲宽度 t_p 与脉冲重复周期 T 的比值，用于反映脉冲重复变化的疏密程度，即

$$D = \frac{t_p}{T}$$

12.1.2　数制和码制

1. **数制**　数制是计数进位制的简称。在日常生活中，人们最熟悉使用的是十进制数。而在数字系统中常采用二进制计数方法，它只有两个基数 0 和 1，运算规则是"逢二进一，借一当二"。任意二进制正数的一般表达式为

$$(N)_2 = \sum_m^n K_i \times 2^i$$

其中，K_i 为 i 位权 2^i 的系数，可以为 1，也可以为 0；m，n 都属于（$-\infty$，∞）的整数。二进制和十进制虽然是不同数制，但它们之间可以相互转换，下面举例说明它们的转换关系。

例 1　将二进制数 $(N)_2 = (11101.01)_2$ 转换成十进制数 $(N)_{10}$

解　由二进制的一般表达式按权相加可转换成十进制数，概括为"按权展开求和法"。

$(N)_2 = (110101.01)_2 = 1 \times 2^5 + 1 \times 2^4 + 0 \times 2^3 + 1 \times 2^2 + 0 \times 2^1 + 1 \times 2^0 + 0 \times 2^{-1} + 1 \times 2^{-2} = (53.25)_{10}$

例 2　将十进制数 $(N)_{10} = (27.35)_{10}$ 转换成二进制数 $(N)_2$

解　转换需要分成整数和净小数两部分来进行。

整数部分 $(27)_{10}$ 的转换采用除 2 取余法，直到商等于零为止，概括为"2 除取余，先得低位"。

$$
\begin{array}{l}
2 \underline{|27} \quad \cdots\cdots 余数 = 1 = k_0 \\
2 \underline{|13} \quad \cdots\cdots 余数 = 1 = k_1 \\
2 \underline{|6} \quad \cdots\cdots 余数 = 0 = k_2 \\
2 \underline{|3} \quad \cdots\cdots 余数 = 1 = k_3 \\
2 \underline{|1} \quad \cdots\cdots 余数 = 1 = k_4 \\
\quad 0
\end{array}
$$

即 $(27)_{10} = (11011)_2$

净小数部分 $(0.35)_{10}$ 的转换采用乘 2 取整法，直到满足规定的位数（一般取六位）为止。净小数的转换可概括为"2 乘取整，先得高位"。

$$
\begin{array}{ll}
0.35 \times 2 = 0.7 & 整数 = 0 = k_{-1} \\
0.7 \times 2 = 1.4 & 整数 = 1 = k_{-2} \\
0.4 \times 2 = 0.8 & 整数 = 0 = k_{-3} \\
0.8 \times 2 = 1.6 & 整数 = 1 = k_{-4} \\
0.6 \times 2 = 1.2 & 整数 = 1 = k_{-5}
\end{array}
$$

$$0.2 \times 2 = 0.4 \qquad 整数 = 0 = k_{-6}$$

$$\vdots \qquad\qquad \vdots$$

即 $(0.35)_{10} \approx (0.010110)_2$

将整数部分 $(27)_{10}$ 和净小数部分 $(0.35)_{10}$ 的转换结果按 k_4（高位）到 k_{-6}（低位）的次序排列，就得到总的转换结果

$$(N)_{10} = (27.35)_{10} \approx (11011.010110)_2$$

2. 码制 码制是指编制代码的规则。在数字系统中，常将有特定意义的信息（如数字等）用一定规则的二进制代码来表示。

十进制数的代码常用四位二进制数的各种编码规则进行编码，通常将这些代码称为二—十进制代码，简称 BCD 码。几种常见的 BCD 代码，如表 12-1 所示。

表 12-1　几种常见的 BCD 代码

编码种类 十进制数	8421 码	5421 码	余 3 码
0	0000	0000	0011
1	0001	0001	0100
2	0010	0010	0101
3	0011	0011	0110
4	0100	0100	0111
5	0101	1000	1000
6	0110	1001	1001
7	0111	1010	1010
8	1000	1011	1011
9	1001	1100	1100
权	8421	5421	

8421 码是 BCD 码中最常用的一种。它每一位的权是固定不变的，分别为 8（即 2^3）、4（即 2^2）、2（即 2^1）、1（即 2^0）。8421BCD 码和十进制数之间的转换，可直接按位（或按组）转换。

例 3 将 $(307)_{10}$ 转换成 8421BCD 码。

解 将 307 中各位数 3、0、7 分别转换成 8421BCD 码，按高位到低位的次序由左到右排列，就是 8421BCD 码。即 $(307)_{10} = (0011\ 0000\ 0111)_{8421BCD码}$

5421 码也是一种有固定权的 BCD 码。它每一位的权分别为 5、4、2、1。5421BCD 码和十进制数之间的转换与 8421 码 BCD 相似，可直接按位（或按组）转换。

余 3 码的编码规则和上述的有权码不同，是无权码，但它是有规律的。与 8421BCD 码相比，对应同样的十进制数字，它比 8421BCD 码多出 3（即 0011），因此称为余 3 码。

12.1.3　数字电路分类

数字电路的种类很多，一般可以按以下几个方面来分类

1）按电路组成的结构来分类，可分为分立元件电路和集成电路。

分立元件电路是指用导线连接元件和器件的电路；而集成电路是将元件、器件和导线均用半导体工艺集成制作在同一块芯片上所构成的电路。

2）按其集成度的大小来分类，可分为小规模（SSL）、中规模（MSL）、大规模（LSL）和超大规模集成电路（VLSL）。分类情况如表 12-2 所示。

表 12-2　集成电路按集成度的分类表

类　　别	集　成　度	电路规模与应用
小规模集成电路（SSL）	1～10 门/片或 10～100 元件/片	通常为逻辑单元电路 例如：逻辑门电路、集成触发器等
中规模集成电路（MSL）	10～100 门/片或 100～1000 元件/片	通常为逻辑功能部件 例如：译码器、计数器、寄存器等
大规模集成电路（LSL）	100～1000 门/片或 1000～10000 元件/片	通常为一个小的数字逻辑系统 例如：微处理器、存储器、串并行接口电路等
超大规模集成电路（VLSL）	1000 门/片以上或 1 万元件/片以上	通常为一个完整的数字逻辑系统 例如：微处理机等

3）按构成电路的半导体器件来分类，可分为双极型电路和单极型电路。

以双极型晶体管为基本器件的集成电路有输入端输出端都为晶体三极管结构的逻辑门（TTL）、射极耦合逻辑门（ECL）和集成注入逻辑门（I²L）等。

以 MOS 单极型晶体管为基本器件的集成电路有 NMOS、PMOS 和 CMOS 等。

4）按电路是否有记忆功能来分类，可分为组合逻辑电路和时序逻辑电路。

组合逻辑电路是一种无"记忆"功能的逻辑电路。它在某一时刻的输出仅与该时刻电路的输入有关，而与电路过去的输入情况无关。如全加器、译码器等都属于组合逻辑电路。

时序逻辑电路是一种有"记忆"功能的逻辑电路。它在任何时刻的输出不仅取决于该时刻电路的输入，还与电路过去的输入情况有关。如计数器、寄存器等都属于时序逻辑电路。

在数字电路中，实现逻辑运算功能的电路称之为逻辑门电路，简称门电路。它有分立元件门电路和集成门电路两大类。

12.2　分立元件门电路

12.2.1　三种基本逻辑运算

门电路是构成数字电路的基本单元。每一个门电路的输出与输入之间，都有一定的逻辑（运算）关系。最基本的逻辑关系有"与"、"或"、"非"三种。下面我们举几个日常生活的例子来说明这三种基本逻辑关系。

1. 与逻辑运算　如果决定某一事件的所有条件都成立时，这个事件才发生，否则这个事件就不发生。这样的逻辑关系，称为与逻辑（或称逻辑乘）。

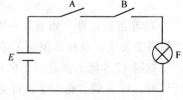

图 12-3　与逻辑运算的电路举例

如图 12-3 所示是一个开关串联电路。如果规定开关的"闭合"表示为逻辑"1"、开关的"断开"表示为逻辑"0"，；灯"亮"表示为逻辑"1"、灯

"灭"表示为逻辑"0"。从图12-3所示电路可以看出,必须是开关A"与"B同时满足"闭合"条件(即A=1,B=1),灯F才"亮"(即F=1)。如果开关A、B有一个或两个"断开"(即A=0,B=1或A=1,B=0或A=0,B=0),灯F就不会"亮"(即F=0)。F和A、B之间这种逻辑关系,称为"与"逻辑或称逻辑乘。

根据上述的与逻辑关系,F与A、B各种取值的一一对应情况,若用表格形式来反映,就称为"真值表",如表12-3所示。

如果把A和B看作输入变量,F看作输出变量。那么,输出变量与输入变量之间的"与"逻辑关系,还可以用逻辑函数表达式表示为

$$F = AB$$

与逻辑运算规则如下

$$0 \times 0 = 0 \qquad 0 \times 1 = 0 \qquad 1 \times 0 = 0 \qquad 1 \times 1 = 1$$

表 12-3　与逻辑的真值表

A	B	F
0	0	0
0	1	0
1	0	0
1	1	1

2. 或逻辑运算　如果决定某一事件的条件中只要有一个或一个以上成立时,这个事件就发生,否则这个事件就不发生。这样的逻辑关系,称为"或"逻辑(或称逻辑加)。

如图12-4所示是一个开关并联电路。从图12-4所示电路可以看出,当开关A和B只要有一个或一个以上满足"闭合"条件(即A=0,B=1或A=1,B=0或A=1,B=1),灯F就"亮"(即F=1)。只有开关A、B两个全部"断开"(即A=0,B=0),即两个"闭合"条件都不满足时,灯F才不会"亮"(即F=0)。可见,F和A、B之间的逻辑关系是"或"逻辑或称逻辑加。

根据上述的"或"逻辑关系,F与A、B各种取值的一一对应情况,也可以用真值表来表示,如表12-4所示。

表 12-4　或逻辑的真值表

A	B	F
0	0	0
0	1	1
1	0	1
1	1	1

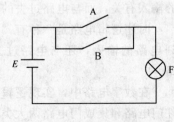

图 12-4　或逻辑运算
的电路举例

或逻辑函数表达式为

$$F = A + B$$

或逻辑运算规则如下

$$0 + 0 = 0 \qquad 0 + 1 = 1 \qquad 1 + 0 = 1 \qquad 1 + 1 = 1$$

3. 非逻辑运算　如果某一事件的条件成立时,这个事件不发生;而该条件不成立时,这个事件就发生。这样的逻辑关系,称为非逻辑。

如图12-5所示也是一个简单开关电路。开关A"闭合"时,灯F就"灭";开关A"断开"时,灯F就"亮"了。可见,F和A之间的逻辑关系是"非"逻辑。

F与A的对应关系也可用真值表来表示,如表12-5所示。

非逻辑函数式为

$$F = \overline{A}$$

表 12-5 非逻辑的真值表

A	F
0	1
1	0

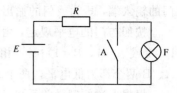

图 12-5 非逻辑运算的
电路举例

非逻辑运算规则如下

$$\overline{0} = 1 \qquad \overline{1} = 0$$

12.2.2 二极管与门

实现与逻辑运算的电路就称为与门，它是最基本的逻辑门电路之一。

最简单的与门可以由二极管和电阻组成，如图 12-6 所示。图中 A、B 为与门的输入端，F 为与输出端。若 A、B 输入端的高、低电平分别为 3 和 0V，二极管正向导通的压降为 0.7V，$V_{CC} = 5V$。那么，由图 12-6a 电路可知，只要 A、B 有一个为低电平 0V 时，就有一个相应的二极管导通，使输出端 F 为低电平 0.7V。只有当 A、B 全为高电平 3V 时，两个二极管都不会导通，输出端 F 才为高电平

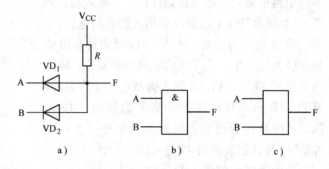

图 12-6 与门电路及其符号

a) 二极管与门电路　b) 国标符号　c) 常用符号

3.7V。将输出与输入的逻辑电平关系列表，如表 12-6 所示。

表 12-6 图 12-6 电路的逻辑关系表

A/V	B/V	F/V
0	0	0.7
0	3	0.7
3	0	0.7
3	3	3.7

如果规定 3V 以上为高电平，用"1"表示；0.7V 以下为低电平，用"0"表示，那么，表 12-6 可以写成真值表，和表 12-3 一样。

由于 F 和 A、B 是"与"逻辑，故其逻辑函数表达式为

$$F = AB$$

12.2.3 二极管或门

实现或逻辑运算的电路就称为或门，它也是最基本的逻辑门电路之一。

如图 12-7 所示的或门电路，也是由二极管和电阻构成。图中 A、B 为或

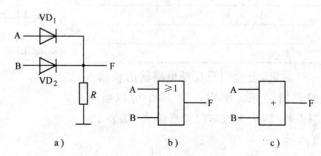

图 12-7 或门电路及其符号

a) 二极管或门电路　b) 国标符号　c) 常用符号

门的输入端，F 为或门的输出端。

按照与门的电平规定，由图 12-7a 电路可知，当 A、B 只要有一个为高电平（即 A＝1 或 B＝1 或 A＝1，B＝1）时，相应的二极管就导通，输出端 F 就为高电平（即 F＝1）；只有当 A、B 两个都为低电平，两个二极管都不导电，输出端 F 才为低电平（即 F＝0）。

根据上述的逻辑关系得到的或门的真值表，和表 12-4 一样。

同理，由于 F 和 A、B 是"或"逻辑，其逻辑函数也可以表达为

$$F = A + B$$

12.2.4 晶体管非门

实现非逻辑运算的电路称为非门，它是最基本门电路中最简单的一种，只有一个输入端。如图 12-8 所示是一个由晶体管构成的非门电路。

当输入 A 为低电平（0V）时，可以计算出基极电位为低电平（$V_B < 0V$），晶体管截止，输出为高电平（$V_{OH} = V_{CC}$）；输入为高电平（3V）时，可以计算出基极电流大于临界饱和值（$I_B > I_{BS}$），使晶体管饱和，输出为低电平（$V_{OL} = 0.3V$）。其真值表同表 12-5 一致。

它的逻辑函数表达式为

$$F = \overline{A}$$

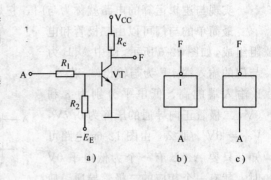

图 12-8　非门电路及其符号

a）晶体管非门电路　b）国标符号　c）常用符号

12.2.5 复合门电路

门电路除了上面讨论的与门、或门、非门这三种基本门电路外，还有其他常用的复合门电路。例如将与门和非门级联，就构成与非门；将或门和非门级联，就构成或非门等等。

1. 与非门电路　如图 12-9 所示是与非门电路。它由（二极管）与门和（晶体管）非门级联构成。

由于与非门电路是"与"和"非"的结合，因此，其逻辑关系显然是先"与"再"非"。若将与门的输出用 L 表示，非门的输出用 F 表示，而 L 又是非门的输入。那么，L 和 A、B 的"与"及 F 和 L 的"非"逻辑列成表，如表 12-7 所示。

表 12-7　与非门电路的逻辑关系表

A	B	L	F
0	0	0	1
0	1	0	1
1	0	0	1
1	1	1	0

通常，复合门只反映电路输出和输入的逻辑关系。所以，表 12-7 可以省略"L"列，转化为与非门的真值表，如表 12-8 所示。

与非门逻辑函数表达式为

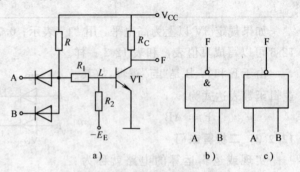

图 12-9　与非门电路及其符号

a）与非门　b）国标符号　c）常用符号

$$F = \overline{AB}$$

表 12-8 与非门的真值表

A	B	F
0	0	1
0	1	1
1	0	1
1	1	0

表 12-9 或非门的真值表

A	B	F
0	0	1
0	1	0
1	0	0
1	1	0

2. 或非门电路 如图 12-10 所示是或非门电路。它由（二极管）或门和（晶体管）非门级联构成。

或非门的逻辑关系是先"或"再"非"。类似与非门的分析方法，不难得到或非门的真值表，如表 12-9 所示。

或非门逻辑函数表达式为

$$F = \overline{A + B}$$

此外，复合门电路除有与非门、或非门外，还有与或非门、异或门和同或门等。

常用门电路的逻辑符号及逻辑函数表达式，归纳列出如表 12-10 所示。

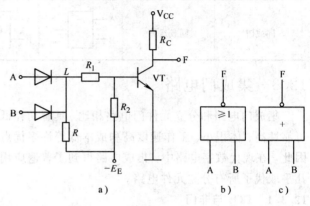

图 12-10 或非门电路及其符号
a）或非门 b）国标符号 c）常用符号

表 12-10 常用门的符号及表达式

名 称	逻辑功能	国标符号	常用符号	国外符号	逻辑表达式
与 门	与运算				$F = AB$
或 门	或运算				$F = A + B$
非 门	非运算				$F = \overline{A}$
与非门	与非运算				$F = \overline{AB}$
或非门	或非运算				$F = \overline{A + B}$
与或非门	与或非运算				$F = \overline{AB + CD}$

（续）

名　　称	逻辑功能	国标符号	常用符号	国外符号	逻辑表达式
异或门	异或运算	A B = 1 F	A B ⊕ F	A B F	$F = A\overline{B} + \overline{A}B$
同或门	同或运算	A B = F	A B ⊕ F	A B F	$F = AB + \overline{A}\ \overline{B}$

12.3　集成门电路

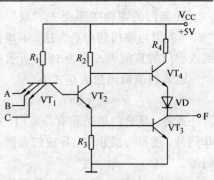

图 12-11　TTL 与非门电路

集成门电路和分立元件门电路相比，具有功耗低、可靠性高、体积小、工作速度高和成本低等许多优点。因此，在现代数字电路中，集成电路得到了普遍应用，几乎取代了所有分立元件电路。

12.3.1　TTL 与非门

TTL 的基本形式是与非门。

1. 电路结构　TTL 与非门的典型电路，如图 12-11 所示。它分为输入级、中间级和输出级三个部分。

1）输入级由多发射极晶体管 VT_1 和电阻 R_1 组成，其等效电路如图 12-12 所示。从等效电路图可知，VT_1 看作三个发射极独立而基极和集电极分别并联在一起的晶体管，它用来实现与逻辑功能。其基极电位 $v_{BI} = v_{BEI} + v_I$，v_I 为输入电压。

2）中间级由晶体管 VT_2 和电阻 R_2、R_3 组成，从发射极和集电极互补输出（即电压升降方向相反），故中间级又称为倒相级。

3）输出级由晶体管 VT_3、VT_4 和二极管 V_D 及电阻 R_4 组成推拉式输出电路。即 VT_3 导通时，VT_4 和 V_D 截止；而 VT_4 和 V_D 导通时，VT_3 截止。

2. 逻辑功能分析

1）输入全为高电平时，输出为低电平。当输入端 A、B、C 全为高电平

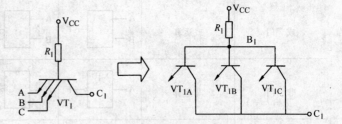

图 12-12　输入级的等效电路

（约为 3.6V）时，VT_1 管的几个发射极都处于反向偏置，电源 V_{CC} 通过 R_1 和 VT_1 管的集电极向 VT_2 管提供足够的基极电流，使 VT_2 管处于饱和状态；VT_2 管的饱和电流在 R_3 上产生的电压也使 VT_3 管饱和导通，输出电压 V_o 为低电平 0.3V。

因为 VT_2 管和 VT_3 管都饱和导通，则 VT_2 管的集电极电位 V_{C2} 被箝位在 1V，即

$V_{C2} = V_{CE2} + V_{BE3} = 0.7V + 0.3V = 1V$，所以，$VT_4$ 和 V_D 都截止。

由于 VT_4 管截止，当接上负载后，VT_3 管的集电极电流全部由外接负载门灌入，这种电流称为灌电流。

2）输入有低电平时，输出为高电平。当输入端 A、B、C 中，至少有一个输入端接低电

平 $V_{\text{IL}}=0.3\text{V}$ 时，VT_1 管的相对应的发射结因加上正向偏置而导通，其基极电位被箝位在 1V（即 $V_{\text{B1}}=V_{\text{BE1}}+V_{\text{IL}}=0.3\text{V}+0.7\text{V}=1\text{V}$）。显然，$\text{VT}_2$ 管和 VT_3 管都因 V_{BE1} 为 1V 而截止。VT_2 的截止使其集电极电位升高则 VT_4 和 V_D 都导通，因为 R_4 阻值较小，能够使输出电压为高电平 $V_\text{o}=3.6\text{V}$。

由于 VT_3 管截止，当接上负载后，电源 V_{CC} 经 R_4 和 VT_4、V_D 向每个外接负载门输出电流，这种电流称为拉电流。

综上所述，该门电路是一个与非门。其输出电压和输入电压的关系列成表，如表 12-11 所示。

表 12-11 TTL 与非门输出电压和输入电压的关系表 （单位：V）

v_A （V）	v_B （V）	v_C （V）	v_O （V）
0.3	×	×	3.6
×	0.3	×	3.6
×	×	0.3	3.6
3.6	3.6	3.6	0.3

表中"×"符号表示任意，可以为 0.3V，也可以为 3.6V。

若把高电平记为"1"，低电平记为"0"，由表 12-11 可以转换得到 TTL 与非门的真值表，如表 12-12 所示。

TTL 与非门电路的逻辑函数式为

$$F = \overline{\text{ABC}}$$

表 12-12 TTL 与非门的真值表

输入变量 A B C	F	输入变量 A B C	F
0 0 0	1	1 0 0	1
0 0 1	1	1 0 1	1
0 1 0	1	1 1 0	1
0 1 1	1	1 1 1	0

由于这种类型的门电路，两个输出管总是一个导通，另一个截止，这就有效地降低了输出级的功耗并提高了驱动负载的能力。

3. 电压传输特性　如果 TTL 与非门的一个输入端接上可变电压 V_I，其余接高电平时，对输出电压 V_o 随输入电压 V_I 的变化进行测试，并用曲线来描绘，就可得到电压传输特性，如图 12-13 所示。

现将电压传输特性曲线分为四个区段加以说明。

1）在 AB 段上，当输入电压 $V_\text{I}<0.6\text{V}$ 时，由于 $V_{\text{BE1}}<1.3\text{V}$，使 VT_3 截止，输出 V_o 保持为高电平，输出电压 V_o 不随 V_I 变化。故这一段称为截止区。

2）在 BC 段上，由于 $V_\text{I}>0.7\text{V}$ 但低于 1.3V，所以 VT_3 仍然截止，而 VT_4 导通并处于放大状态。此时，输出电压 V_o 随着 V_I 的升高而线性地下降。故这一段称为线性区。

3）在 CD 段上，由于 V_I 趋于 1.4V，使 VT_2、VT_3 将同时导通，VT_4 截止，输出电压 V_o 随着输入 V_I 的升高而急剧地下降为低电平。CD 段中点对应的输入电压叫阈值电压或门槛电

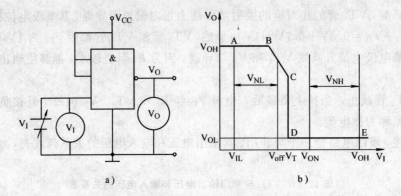

图 12-13　TTL 与非门的电压传输特性

a) 测试电路　b) 电压传输特性曲线

压，用 V_T 表示，一般 V_T 为 1.4V。这一段称为过渡区。

4）在 DE 段上，$V_I > 1.4V$ 以后，VT_1 管处于倒置的工作状态，VT_2 管和 VT_3 管都饱和导电，输出电压保持为低电平 0.3V。故这一段称为饱和区。

从电压传输特性曲线上可得到如下参数

1）输出高电平 V_{OH}，是电路处于截止时的输出电平，典型值为 3.6V。

2）输出低电平 V_{OL}，是电路处于导通时的输出电平，典型值为 0.3V。

3）输入高电平 V_{IH}，是输入逻辑 1 对应的电平，典型值为 3.6V。通常规定输入高电平 V_{IH} 的最小值为开门电平 V_{ON}，一般 $V_{ON} \leqslant 1.8V$。

4）输入低电平 V_{IL}，是输入逻辑 0 对应的电平，典型值为 0.3V。通常规定输入低电平 V_{IL} 的最大值为关门电平 V_{off}，一般 $V_{off} \approx 0.8V$。

为了保证电路可靠地工作，应该给输入信号规定一个允许的波动范围（即干扰容限）。例如在输入低电平 V_{IL} 上叠加干扰电压后，只要 $V_I \leqslant V_{off}$ 时，则电路输出状态不受影响。所以，输入低电平噪声容限 $V_{NL} = V_{off} - V_{IL} = 0.8V - 0.3V = 0.5V$；同理，输入高电平噪声容限 $V_{NH} = V_{IH} - V_{ON} = 3.6V - 1.8V = 1.8V$。显然，$V_{NL}$ 和 V_{NH} 允许的波动范围越宽，电路抗干扰能力就越强。

在产品手册上，除了提供上述参数外，读者还可以从中了解其它性能参数，例如反映带负载能力的扇出系数、功耗和工作速度等，这里不再细述。

12.3.2　TTL 三态门

三态门是一种特殊的门电路，它有三种输出状态，即在原有输出高电平、输出低电平二种工作状态的基础上，多了一种高阻抗状态。输出高阻抗状态时，表示其输出端悬浮，其输出端与输入端状态无关。

1. 电路结构　TTL 三态门的电路是在 TTL 与非门中增加控制电路所构成的，典型电路如

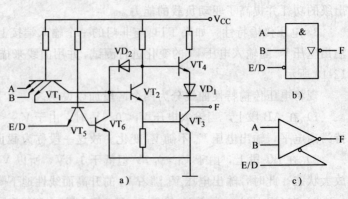

图 12-14　TTL 三态门电路

a) 电路结构　b) 国标符号　c) 常用符号

图 12-14 所示。其中，由 VT_5、VT_6 和 VD_2 组成控制电路，E/D 为三态门的使能输入控制端，其符号上的小圆圈，表示低电平有效。

2. 工作原理

1）E/D＝0 时，电路处于与非门工作状态。若控制端 E/D＝0 时，控制电路的 VT_5 饱和导通，使 VT_6 和 VD_2 都截止，则控制电路对 TTL 与非门的工作没有影响。因此，电路处于与非门工作状态，可输出高电平或输出低电平，即 $F=\overline{AB}$。

2）E/D＝1 时，电路处于高阻抗状态。若控制端 E/D＝1 时，控制电路的 VT_5 退出饱和而进入放大状态（即 VT_5 集电极电位 V_{C5} 上升），一方面使 VT_6 饱和导通，其集电极电位 V_{C6} ≈0.3V，相当于与非门输入级的一个输入端接上了低电平，因此，VT_2 管、VT_3 管都截止；另一方面 VD_2 因 VT_6 饱和而导通，使 VT_2 的集电极电位 V_{C2} 箝位在 1V（即 $V_{C2}=V_{C6}+V_{D2}=$ 0.3V＋0.7V＝1V），让 VT_4 和 VD_1 都截止。此时，三态门输出端因 VT_3、VT_4、VD_1 的截止而悬浮，即电路处于高阻抗状态。

根据上述分析，得到 TTL 三态门电路的真值表，如表 12-13 所示。

表 12-13 TTL 三态门电路的真值表

输 入		输 出	功能说明
E/D	A B	F	
0	0 0	1	
0	0 1	1	与非门
0	1 0	1	$F=\overline{AB}$
0	1 1	0	
1	× ×	高阻	高阻抗状态

三态门另一种控制输入的逻辑符号如图 12-15 所示。在图 12-15 中，当 E/D＝1 时，表示该三态门处于与非门的工作状态，输出 $F=\overline{AB}$；当 E/D＝0 时，表示该三态门输出处于高阻抗状态。

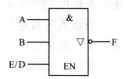

3. 三态门的应用 三态门的基本应用是在数字系统中构成总线。

1）用三态门构成单向总线。如图 12-16 所示为用三态门构成的单向数据总线，图中的总线是由 N 个三态门的输出连接而成。在任何时刻，仅允许其中一个三态门的输入控制端 E/D 为 0，使输入数据 D_i 经

图 12-15 三态门另一种控制输入的逻辑符号

过这个三态门反相后，单向送到总线上；而其它的 E/D 都为 1，使它们的三态门都处于高阻态，对传送的数据没有影响。

这里要提醒一下，在某一时刻不允许电路同时有二个或二个以上的 E/D 为 0，否则，总线传送的数据就会出错。

2）用三态门构成双向总线。如图 12-17 所示是为用三态门构成的双向总线，图中用了二个不同控制输入的三态门。

当 E/D＝1 时，G_1 三态门处于与非门工作态，G_2 三态门处于高阻态，外来输入的数据 D_1 通过 G_1 反相后，送到数据总线上；当 E/D＝0 时，G_2 三态门处于与非门工作态，G_1 三态门处于高阻态，数据总线上的数据通过 G_2 反相后，送经 D_2 输出。可见，通过改变 E/D 的控制信号，可实现数据的分时双向传送。

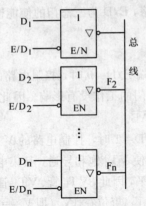

图 12-16　三态门构成的单向总线

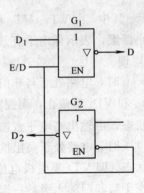

图 12-17　用三态门构成的双向总线

12.3.3　MOS 反相器

MOS 的基本单元是反相器,目前数字电路应用的主要有 NMOS 和 CMOS 两种。

1. NMOS 反相器

1) 电路结构。如图 12-18 所示为一个 NMOS 反相器。图中 VT_1 是工作管,VT_2 为负载管,其栅极和漏短接,实际上相当于 VT_1 的负载电阻,VT_1 和 VT_2 管都是增强型 NMOS 管。

2) 逻辑功能分析。设 VT_1 和 VT_2 的开启电压分别为 V_{T1} 和 V_{T2},典型值为 4V。由于 VT_2 栅极接在电源的正端,所以 VT_2 总是导通的。

当输入为低电平 ($V_I=1V$) 时,由于输入 $V_I<V_{T1}$,因此,VT_1 管截止。故输出 $V_o=V_{DD}-V_{T2}$ 为高电平,典型值为 8V。

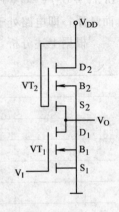

图 12-18　NMOS 反相器电路

当输入为高电平 ($V_I=8V$) 时,由于输入 $V_I>V_{T1}$,因此,VT_1 管饱和导通,输出电压 $V_o=V_{DS1}\approx1V$ 为低电平。

可见,NMOS 反相器电路实现了非的逻辑功能。

2. CMOS 反相器

1) 电路结构。如图 12-19 所示,是一个由 NMOS 管 VT_1 和 PMOS 管 VT_2 构成的互补 MOS 反相器电路。图中 VT_1 是增强型 NMOS 工作管,它的源极直接接地,开启电压 V_{T1} 为正值 (典型值为 3V);VT_2 是一个增强型 PMOS 负载管,它的源极直接接电源 V_{DD} (典型值为 10V),开启电压 V_{T2} 为负值 (典型值为负 3V);VT_1 和 VT_2 的栅极接在一起作为反相器的输入端,漏极接在一起作为反相器的输出端。

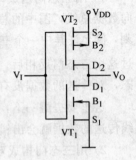

图 12-19　CMOS 反相器电路

2) 逻辑功能分析。当输入为低电平 ($V_I=0V$) 时,由于输入 $V_I<V_{T1}$,因此,VT_1 管截止;同时,$V_{GS2}=V_I-V_{DD}=0V-10V=-10V$,则 $V_{GS2}<V_{T2}$ (负值),使 VT_2 饱和导通。故输出 $V_o=V_{DD}-V_{T2}\approx V_{DD}$ 为高电平,典型值为 10V。

当输入为高电平 ($V_I=V_{DD}$) 时,由于输入 $V_I>V_{T1}$,因此,VT_1 管饱和导通 (VT_2 管截止),输出电压 $V_o=V_{DS1}\approx0V$ 为低电平。

可见,CMOS 反相器电路实现了非的逻辑功能。

由 MOS 反相器为基本单元，可以构成 MOS 的与非门、或非门等各种门电路。MOS 门电路的抗干扰能力和带负载能力都比 TTL 门电路强，但工作速度一般比 TTL 门电路慢。

MOS 门电路的 MOS 管，其栅源之间绝缘，输入阻抗很高，容易静电击穿。因此，要注意正确的使用方法，必要时应采取一些保护措施。例如平时用铝箔包装、焊接用烙铁断电时的余热进行、不用的输入端不能悬空（即接高电平或低电平，或和其它使用脚相连）等。

在数字电路中，通常规定高电平为逻辑"1"，低电平为逻辑"0"，这就称为正逻辑；反之，若规定低电平为逻辑"1"，高电平为逻辑"0"，就称为负逻辑。对于同一个电路，在作正、负不同逻辑规定时，往往具有不同的逻辑功能。所以，如果没有特别说明，都是指正逻辑规定下的逻辑功能。

复习思考题

1. 脉冲信号和模拟信号的主要区别是什么？

2. 脉冲信号有哪些主要参数？各有何意义？

3. 已知 $A=(1011010)_2$、$B=(101111)_2$、$C=(1010100)_2$，按二进制计数规则求 $(A+B)$，$(A-B)$，$C \times B$。

4. 将下列二进制数转换成十进制数。

1) $(110100)_2$ 2) $(111100.01)_2$

3) $(001010.10011)_2$ 4) $(0.1101)_2$

5. 将下列二进制数转换成八进制数。

1) $(110100)_2$ 2) $(111100.01)_2$

3) $(001010.10011)_2$ 4) $(0.1101)_2$

6. 将下列十进制数转换成二进制数。

1) $(76)_{10}$ 2) $(138)_{10}$

3) $(0.362525)_{10}$ 4) $(13.25)_{10}$

7. 将下列代码数转换成十进制数。

1) $(1100\ 0101\ 1011)_{余3BCD码}$ 2) $(0011\ 0110\ 1011)_{8421BDC码}$

8. 请举出生活中有关"与"、"或"、"非"的逻辑概念？并各举二个例子说明？

9. 由二极管组成的门电路如图 12-20 所示，请分析各电路的逻辑功能，写出其表达式。

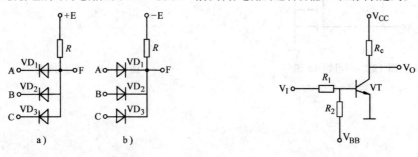

图 12-20 习题 9 图   图 12-21 习题 10 图

10. 在如图 12-21 所示的反相器中，若 $V_{CC}=5V$，$V_{BB}=-8V$，$R_C=1k\Omega$，$R_1=3.3k\Omega$，$R_2=10k\Omega$，$\beta=20$，输入的高、低电平分别为 $V_{IH}=5V$、$V_{IL}=0V$，忽略晶体管的饱和压降。计算输入高、低电平时对应的输出电平，并说明电路参数的设计是否合理。

11. 什么是 TTL 与非门的电压传输特性？其传输特性曲线上可以了解哪些参数？

12. 在实际应用中，有时将与非门多余的输入端与输入的信号端并接使用，这对前级与非门有无影响？

13. 请说明能否将与非门当作非门使用？如果可以，输入端应如何连接？

14. 如图 12-22 所示是 TTL 非门输入端的各种接法，请指出各门电路输出电压 V_O。

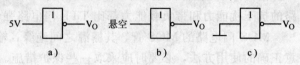

图 12-22 习题 14 图

15. 如图 12-23 所示是 TTL 门电路的各种接法，请指出各门电路的输出状态。

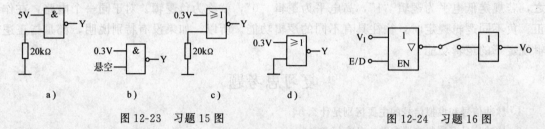

图 12-23 习题 15 图   图 12-24 习题 16 图

16. 如图 12-24 所示是 TTL 与非门和 TTL 三态门的电路连接，请求出下列情况的输出电压值 V_O。

(1) 开关打开时；(2) 开关闭合，E/D 接高电平，V_I 接低电平时；(3) 开关闭合，E/D 接低电平，V_I 接高电平时。

17. 八输入 TTL 或非门在使用中，有多余的五个输入端，应作如何处理。

18. 用 TTL 门电路驱动 CMOS 门电路时，如何解决驱动电平不匹配问题。

19. 请分析图 12-25 所示 CMOS 电路的逻辑功能，写出其逻辑函数表达式。

提示：图中 VT_3、VT_4 为负载管，VT_1、VT_2 为工作管。

20. 有一个三输入端 A、B、C 与非门，输入波形如图 12-26 所示，试画出其输出端 F 的波形。

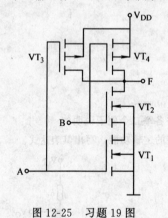

图 12-25 习题 19 图

图 12-26 习题 20 图

第 13 章　组合逻辑电路

数字电路可分为组合逻辑电路和时序逻辑电路两大类,它们输入和输出间的逻辑关系,都是通过逻辑代数这个基本的数学工具,进行数学表达和运算的。因此,我们先介绍逻辑代数的基本知识。

13.1　逻辑代数的基本知识

逻辑代数是英国数学家乔治·布尔创立的,所以又称作布尔代数。前面已介绍了与、或、非等的基本逻辑运算,下面我们进一步介绍逻辑代数的基本公式,为分析和设计数字电路提供方便。

13.1.1　逻辑代数的基本公式

逻辑代数的基本公式如表 13-1 所示。

表 13-1　逻辑代数的基本公式表

序号	定律名称	基　本　公　式	
1	0—1 律	$A \cdot 0 = 0$	$A + 1 = 1$
2	互补律	$A \cdot \overline{A} = 0$	$A + \overline{A} = 1$
3	自等律	$A \cdot 1 = A$	$A + 0 = A$
4	交换律	$A \cdot B = B \cdot A$	$A + B = B + A$
5	结合律	$A(BC) = (AB)C$	$A + (B+C) = (A+B) + C$
6	分配律	$A(B+C) = AB + AC$	$A + (BC) = (A+B)(A+C)$
7	重叠律	$A \cdot A = A$	$A + A = A$
8	还原律	$\overline{\overline{A}} = A$	$\overline{\overline{A}} = A$
9	反演律	$\overline{AB} = \overline{A} + \overline{B}$	$\overline{A+B} = \overline{A} \cdot \overline{B}$
10	吸收律	$A + AB = A$ $A + \overline{A}B = A + B$ $AB + \overline{A}C + BC = AB + \overline{A}C$	$A(A+B) = A$ $A(\overline{A}+B) = AB$ $(A+B)(\overline{A}+C)(B+C) = (A+B)(\overline{A}+C)$

上述公式的正确性,常用真值表法来检验。由公式分别求得等式两边的真值表,只要结果是相同的,即证明了该公式是正确的;否则,该公式不成立。例如证明分配律:$A(B+C) = AB + AC$,其真值表如表 13-2 所示。

由表 13-2 可以看出,对于任何一组 A、B、C 的取值,结果是等式左边 A (B+C) 的值等于等式右边 AB+AC 的值,故公式 A (B+C) =AB+AC 是正确的。

对于任何一个逻辑函数式 F,若将其中所有"+"换成"·","·"换成"+","0"换成"1","1"换成"0",并保留原先运算符号的优先顺序,所得到的另一个函数 F' 和原函数 F 是对偶关系,这就是对偶规则,它在逻辑代数中也会经常用到。

例如　原函数　　　　　$F = A(B+C)$

对偶函数　　　　$F' = A+BC$

对偶规则对我们记忆逻辑函数的公式是很有帮助。表13-1中左右两边的公式是按对偶规则列出的，只要记住一半，另一半可运用对偶规则推出。

表 13-2　A（B+C）＝AB+AC 的真值表

变量取值			等 式 的 左 边		等 式 的 右 边		
A	B	C	B+C	A（B+C）	AB	AC	AB+AC
0	0	0	0	0	0	0	0
0	0	1	1	0	0	0	0
0	1	0	1	0	0	0	0
0	1	1	1	0	0	0	0
1	0	0	0	0	0	0	0
1	0	1	1	1	0	1	1
1	1	0	1	1	1	0	1
1	1	1	1	1	1	1	1

13.1.2　逻辑函数的公式化简法

1. 逻辑函数的最简表达式　同一个逻辑函数可以用不同的逻辑函数表达式来表示，但这些函数式的繁简程度往往各不相同。

例如　一个与非门的逻辑函数可有两种表达式

$$F = \overline{A}\,\overline{B} + \overline{A}B + A\,\overline{B} \qquad\qquad 与或表达式$$

$$F = \overline{AB} \qquad\qquad 与非表达式$$

显然，后一种表达式比前一种表达式简单。因此，经常需要对逻辑函数式进行化简，以得到其最简表达式，这不仅使所表示的逻辑关系明显，也有利于用简单电路来实现这个逻辑函数。

逻辑函数的与或表达式是最常用的，其它类型的表达式很容易由它推导得到。判断最简与或表达式的条件是：

1）通常，凡是乘积项（即与项）个数最少的与或表达式，可称为最简与或表达式；

2）若乘积项个数相等时，每个乘积项中的变量个数最少的与或表达式，是最简与或表达式。

化简逻辑函数的方法通常有公式化简法和卡诺图化简法两种。

2. 逻辑函数的公式化简法　公式化简法就是综合应用逻辑函数的基本公式，消去逻辑函数中的多余项和多余因子，得到最简与或表达式。

例 1　化简函数 $F = ABC + \overline{A}BE + \overline{C}\,\overline{D}\,\overline{E} + B\,\overline{C}E + B\,\overline{C}D + A\overline{B}$

解

$$
\begin{aligned}
F &= ABC + \overline{A}BE + \overline{C}\,\overline{D}\,\overline{E} + B\,\overline{C}E + B\,\overline{C}D + \overline{A}B \\
&= B(\overline{A} + \overline{A}E + AC) + \overline{C}(\overline{D}\,\overline{E} + BE + BD) \qquad\qquad (分配律) \\
&= B(\overline{A} + AC) + \overline{C}(\overline{D}\,\overline{E} + BE + BD) \qquad\qquad (吸收律) \\
&= B(\overline{A} + C) + \overline{C}[\overline{D}\,\overline{E} + B(E+D)] \qquad\qquad (吸收律及分配律) \\
&= \overline{A}B + BC + \overline{C}(\overline{D}\,\overline{E} + B\,\overline{\overline{D}\,\overline{E}}) \qquad\qquad (反演律)
\end{aligned}
$$

$$= \overline{A}B + BC + \overline{C}\ (\overline{D}\ \overline{E} + B)$$ (吸收律)

$$= \overline{A}B + BC + \overline{C}\ \overline{D}\ \overline{E} + B\ \overline{C}$$ (分配律)

$$= \overline{A}B + B + \overline{C}\ \overline{D}\ \overline{E}$$ (吸收律)

$$= B + \overline{C}\ \overline{D}\ \overline{E} \quad \text{（F 为最简与或表达式）}$$ (吸收律)

例 2 化简函数 $F = A\overline{C} + \overline{A}C + \overline{A}B + A\overline{B}$

解
$$F = A\overline{C}\ (B + \overline{B}) + \overline{A}C + \overline{A}B\ (C + \overline{C}) + A\overline{B} \quad \text{（用互补律配项）}$$

$$= AB\overline{C} + A\overline{B}\overline{C} + \overline{A}C + \overline{A}BC + \overline{A}B\overline{C} + A\overline{B} \quad \text{（分配律）}$$

$$= (AB\overline{C} + \overline{A}B\overline{C}) + (A\overline{B}\overline{C} + A\overline{B}) + (\overline{A}C + \overline{A}BC) \quad \text{（结合律）}$$

$$= B\overline{C} + A\overline{B} + \overline{A}C \quad \text{（F 为最简与或表达式）} \quad \text{（吸收律）}$$

由于公式化简法需要较高的技巧性，一般难于熟练掌握。因此，我们介绍较容易掌握的卡诺图化简法。

13.1.3 卡诺图化简法

1. **最小项** 在一组具有 n 个变量的函数中，若 m 为包含 n 个因子的一个乘积项，这 n 个变量均以原变量或反变量的形式在 m 中出现一次，且仅出现一次，则称 m 为该组变量的一个最小项。n 个变量的最小项总数为 2^n 个。

例如，A、B、C 三个变量有 $\overline{A}\ \overline{B}\ \overline{C}$、$\overline{A}\ B\ \overline{C}$、$\overline{A}B\overline{C}$、$\overline{A}BC$、$A\ \overline{B}\ \overline{C}$、$A\ \overline{B}C$、$AB\overline{C}$、$ABC$ 总共 8 个最小项。除这 8 个乘积项是最小项外，其它的乘积项如 $\overline{A}\ \overline{B}$、$(A+B)C$ 等不符合上述最小项的定义，故都不是最小项。

为了方便，我们常对最小项进行编号。因为最小项的值和变量取值相对应，所以最小项的号码（m_i）对应于变量取值的十进制数（i），如表 13-3 所示。

表 13-3 最小项的编号

变量取值 ABC	值为 1 的最小项	对应的十进制数（i）	编号 m_i
0 0 0	$\overline{A}\ \overline{B}\ \overline{C}$	0	m_0
0 0 1	$\overline{A}\ \overline{B}C$	1	m_1
0 1 0	$\overline{A}B\ \overline{C}$	2	m_2
0 1 1	$\overline{A}BC$	3	m_3
1 0 0	$A\ \overline{B}\ \overline{C}$	4	m_4
1 0 1	$A\ \overline{B}C$	5	m_5
1 1 0	$AB\ \overline{C}$	6	m_6
1 1 1	ABC	7	m_7

上述编号原则，可以应用于任意 n 个变量。

最小项是标准乘积项，由最小项构成的逻辑函数式称为标准与或表达式。一般的与或表达式都可以通过公式中的互补律，进行配项而演变成标准与或表达式。

注意，标准与或表达式和最简与或表达式概念不同，不要混淆。

例 3 将一般与或表达式 $F = AB + \overline{B}C$ 转化为标准与或表达式

解
$$F = AB + \overline{B}C$$

$$= AB\ (C + \overline{C}) + \overline{B}C\ (A + \overline{A}) \quad \text{（用互补律配项）}$$

$$= ABC + AB\overline{C} + A\overline{B}C + \overline{A}\ \overline{B}C \quad \text{用变量表示的标准与或表达式}$$

$$=m_1+m_5+m_6+m_7 \qquad \text{用编号表示的标准与或表达式}$$
$$=\Sigma\,(1,5,6,7) \qquad \text{简化表示的标准与或表达式}$$

如果一个逻辑函数是标准与或表达式，就可以方便地用卡诺图表示。

2. 卡诺图　由代表最小项的小方格按相邻原则排列构成的最小项方块图，称为卡诺图。

1）卡诺图构成　卡诺图的构成必须遵循相邻原则。相邻原则是指最小项方块图中，几何上相邻的小方格所代表的最小项，只有一个变量是互为反变量，其它变量都相同。这种情况也称为逻辑相邻。

卡诺图中小方格的个数等于最小项总数，即变量数为 n 时，小方格数为 2^n 个。例如 n=2，小方格数为 4（2^2）；n=3，小方格数为 8（2^3）。

卡诺图行列两侧标注的变量取值对应于方格中最小项编号的关系，与上述编号原则一致。

如图 13-1 所示画出了二至四变量最小项的卡诺图。

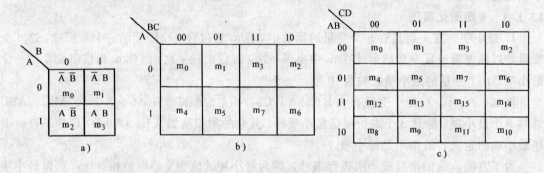

图 13-1　二至四变量最小项的卡诺图

a) 两变量卡诺图　b) 三变量卡诺图　c) 四变量卡诺图

2）用卡诺图表示逻辑函数　如果已知一个逻辑函数是标准与或表达式，则在卡诺图中对应于给定最小项的方格上填入1，其余的方格上填入0，所得到的卡诺图就表示了该逻辑函数。

例 4　画出 $F=\Sigma\,(1,5,6,7)$ 的卡诺图。

解　在三变量卡诺图对应于编号 1，5，6，7 最小项的方格上填入1，其余的方格上填入0，可得到 $F=\Sigma\,(1,5,6,7)$ 的卡诺图，如图 13-2 所示。

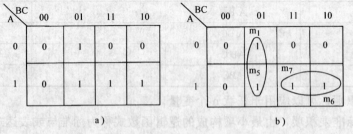

图 13-2　$F=\Sigma\,(1,5,6,7)$ 的卡诺图及化简

a) $F=\Sigma\,(1,5,6,7)$ 的卡诺图　b) $F=\Sigma\,(1,5,6,7)$ 的卡诺图化简

3）用卡诺图化简逻辑函数　因为卡诺图是按相邻原则排列的，所以，若逻辑函数有 2^n 个为1的最小项相邻时，可以画出一个包围圈将它们合并为一项，消去 n 对相异变量，结果中只包含相同变量。

下面举例来说明用卡诺图化简逻辑函数的过程。

例 5 用卡诺图化简 F＝Σ（1，5，6，7）逻辑函数

解 首先画出 F＝Σ（1，5，6，7）的卡诺图，如图 13-2a 所示。从图 13-2a 中可以看出，最小项 m_1m_5 相邻，m_6m_7 也相邻，可以各自画出一个包围圈，如图 13-2b 所示，然后将它们分别合并，消去 $\overline{A}$、A 和 C、$\overline{C}$ 两对相异变量，结果 F＝$\overline{B}$C＋AB，它是最简与或表达式。

用卡诺图化简逻辑函数，关键是画好包围圈。因此，选取包围圈应遵守以下原则

① 包围圈要大，但每圈内相邻的"1"方格数应为 2^n 个（即 2、4、8、…、2^n）；

② 包围圈个数要少，但不遗漏任何"1"方格；

③ 每圈至少有一个新的"1"方格。

例 6 用卡诺图化简 F＝ABC＋BCD＋BC$\overline{D}$＋B$\overline{D}$＋B$\overline{C}$$\overline{D}$＋$\overline{A}$CD＋A$\overline{B}$$\overline{C}$D 逻辑函数

解 先将 F 函数化为标准与或表达式（用互补律配项）

$$F＝ABC（D＋\overline{D}）＋BCD（A＋\overline{A}）＋BC\overline{D}（A＋\overline{A}）＋B\overline{D}（A＋\overline{A}）＋B\overline{C}\overline{D}（A＋\overline{A}）$$
$$\qquad＋\overline{A}CD（B＋\overline{B}）＋A\overline{B}\overline{C}D$$

$$＝ABCD＋ABC\overline{D}＋\overline{A}BCD＋\overline{A}BC\overline{D}＋AB\overline{D}（C＋\overline{C}）＋\overline{A}B\overline{D}（C＋\overline{C}）＋AB\overline{C}\overline{D}$$
$$\qquad＋\overline{A}B\overline{C}\overline{D}＋\overline{A}BCD＋A\overline{B}\overline{C}D$$

$$＝\overline{A}BCD＋\overline{A}B\overline{C}\overline{D}＋\overline{A}BC\overline{D}＋\overline{A}BCD＋A\overline{B}\overline{C}D＋AB\overline{C}\overline{D}＋ABC\overline{D}＋ABCD$$

$$＝Σ（3，4，6，7，9，12，14，15）$$

画出 F 对应的卡诺图。

在 3、4、6、7、9、12、14、15 最小项方格中填入 1，其余方格填入 0，如图 13-3 所示。

按照选取包围圈的原则画出包围圈。

从图 13-3 可以看出，m_6、m_7、m_{14}、m_{15} 相邻，m_4、m_{12}、m_6、m_{14} 相邻，各画出一个大包围圈；m_3、m_7 相邻，画出一个中包围圈；m_9 单独画出一个小包围圈，如图 13-3 所示。

最后将每个包围圈合并结果相加，就可得到 F 的最简与或表达式为

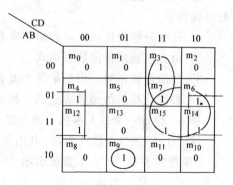

图 13-3 例 6 的卡诺图

$$F＝BC＋B\overline{D}＋\overline{A}CD＋A\overline{B}\overline{C}D$$

13.2 组合逻辑电路的分析与设计方法

13.2.1 组合逻辑电路的分析

组合逻辑电路的分析，就是根据给定的逻辑电路图，通过一定的方法步骤，得到该电路的逻辑功能。一般步骤如下

① 由给定的逻辑电路图，逐级写出输出表达式，得到电路的逻辑函数式；

② 化简电路的逻辑函数式；

③ 确定电路的逻辑功能。

例 7 分析图 13-4 所示的组合逻辑电路

解 ① 逐级写出输出表达式

$$X1＝\overline{A}B \qquad X2＝\overline{A}C \qquad X3＝B\overline{C}$$
$$F＝\overline{A}B＋\overline{A}C＋B\overline{C}$$

② 化简电路的逻辑函数式

$$F = \overline{A}B + \overline{AC} + B\overline{C}$$
$$= \overline{A}B + \overline{A} + \overline{C} + B\overline{C}$$
$$= \overline{A} + \overline{C}$$
$$= \overline{AC}$$

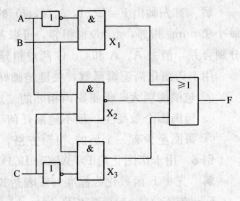

图 13-4　例 7 的组合逻辑电路

③ 确定电路的逻辑功能

从化简后得到的逻辑函数式可以看出，该电路是一个与非门。

有时逻辑功能难于用简练语言来描述，此时，只列出其真值表即可。

到此，我们可以知道，一个逻辑函数可以用逻辑函数表达式、真值表、卡诺图或逻辑图来表示，它们之间也可以相互转换。为了直观地反映输入变量和输出变量之间的逻辑关系，逻辑函数还可以用波形图来表示。

13.2.2　组合逻辑电路的设计

组合逻辑电路的设计就是根据提出的逻辑问题，求出实现这一逻辑功能的逻辑电路。一般步骤如下

1）仔细分析设计要求，列出相应真值表。

2）由真值表求得函数表达式。

3）化简逻辑函数，得到最简与或表达式。

4）根据化简后的函数表达式，画出逻辑电路图。

例 8　设计一个三人多数表决电路。

解　① 仔细分析设计要求，列出相应真值表。根据设计要求，设定三人为输入变量 A、B、C，如果赞成表示"1"，不赞成表示"0"；电路输出变量为 F，如果多数赞成表示"1"，否则表示"0"。这样，由输入变量 A、B、C 的八种组合取值，按照题意，可以列出相应真值表，如表 13-4 所示。

表 13-4　例 8 的真值表

A B C	F	A B C	F
000	0	100	0
001	0	101	1
010	0	110	1
011	1	111	1

② 由真值表求得函数表达式。取 F=1 对应的最小项，构成标准与或表达式

$$F = \overline{A}BC + A\overline{B}C + AB\overline{C} + ABC$$
$$= \Sigma\ (3,\ 5,\ 6,\ 7)$$

③ 化简逻辑函数，得到最简与或表达式。用卡诺图化简，如图 13-5 所示。

最简与或表达式为 F=AC+BC+AB

④ 画出逻辑电路图。由最简与或表达式看出，其中有三个与项，可用三个与门和一个或门来实现，如图 13-6 所示。

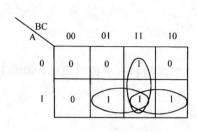

图 13-5　例 8 的卡诺图化简

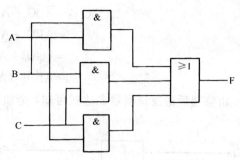

图 13-6　例 8 的逻辑电路图

13.3　加法器

实现二进制数加法运算的电路称为加法器，它是数字电路的基本部件。

13.3.1　半加器

半加是只求本位两个一位二进制数（A、B）的和，不考虑低位的进位数，其真值表如表 13-5 所示。表中 S 为和数，C_{i+1} 为向高位的进位数。

表 13-5　半加器的真值表

A B	S C_{i+1}
0 0	0 0
0 1	1 0
1 0	1 0
1 1	0 1

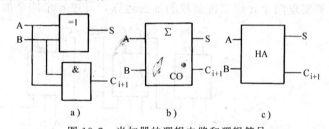

图 13-7　半加器的逻辑电路和逻辑符号

a）半加器的逻辑图　b）国标逻辑符号　c）常用逻辑符号

由真值表可直接写出逻辑函数式

$$S = \overline{A}B + A\overline{B}$$

$$C_{i+1} = AB$$

由逻辑函数式看出，可以用一个异或门和一个与门组成半加器，其电路和逻辑符号如图 13-7 所示。

13.3.2　全加器

在实际运算中，如果考虑低位 C_i 送来的进位，这就是全加运算，其真值表如表 13-6 所示。表中 S（和）是 A、B 及 C_i 三个数相加。

表 13-6　全加器的真值表

A B C_i	S C_{i+1}	A B C_i	S C_{i+1}
000	0 0	100	1 0
001	1 0	101	0 1
010	1 0	110	0 1
011	0 1	111	1 1

根据真值表可以写出其逻辑函数表达式

$$S = \overline{A}\,\overline{B}C_i + \overline{A}B\,\overline{C_i} + A\,\overline{B}\,\overline{C_i} + ABC_i$$

$$= A \oplus B \oplus C_i$$

$$C_{i+1}=\overline{A}BC_i+A\overline{B}C_i+AB\overline{C_i}+ABC_i$$
$$=\overline{A}BC_i+A\overline{B}C_i+AB$$
$$=(\overline{A}B+A\overline{B})C_i+AB$$
$$=AB+(A\oplus B)C_i$$

由整理后的逻辑函数表达式可知，全加器可用二个半加器和一个或门组成，如图 13-8 所示。

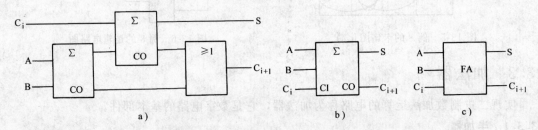

图 13-8　全加器的逻辑电路和逻辑符号

a) 全加器的逻辑图　b) 国标逻辑符号　c) 常用逻辑符号

要实现两个 n 位二进制数的加法运算，可用 n 个全加器连接如图 13-9 所示。

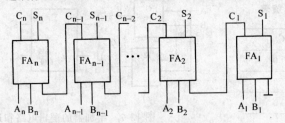

图 13-9　两个 n 位二进制数的加法运算的全加器连接图

多位二进制数加法运算通常是采用集成电路来完成，例如集成芯片 CT7483 内部是由四个全加器来完成四位二进制数的加法运算。

13.4　译码器

译码器和编码器是最常见的组合逻辑电路，译码和编码过程相反。

13.4.1　编码器及其概念

一般地说，人们日常生活中用数字或某种文字符号来表示一个对象或某种信号的过程，可称为编码。在数字电路中，通常使用的是二进制编码，则十进制数字或文字符号的编码就难于用电路来实现。因此，编码器就专门用于将输入的数字信号或文字符号，按照一定规则编成若干位的二进制代码信号，以便于数字电路进行处理。

一位二进制代码有 0 和 1 两种，可以表示两个信号；两位二进制代码有 00、01、10 和 11 四种，可以表示四个信号；n 位二进制代码有 2^n 种，可以表示 2^n 个信号。几种常见的 BCD 代码，如表 12-1 所示，这种二进制编码很容易用电路实现。

下面以 8421BCD 码为例说明其编码过程。

8421BCD 码编码器输入是十进制 0～9 数码，相应有 10 个输入端，输出是四位二进制信号，因此，在任何时刻 $D_9 \sim D_0$ 当中，仅有一个取值为 1，则输出和输入的真值表，如表 13-7

所示。

表 13-7　8421BCD 码编码器的真值表

输				入						输		出	
D_9	D_8	D_7	D_6	D_5	D_4	D_3	D_2	D_1	D_0	Y_3	Y_2	Y_1	Y_0
0	0	0	0	0	0	0	0	0	1	0	0	0	0
0	0	0	0	0	0	0	0	1	0	0	0	0	1
0	0	0	0	0	0	0	1	0	0	0	0	1	0
0	0	0	0	0	0	1	0	0	0	0	0	1	1
0	0	0	0	0	1	0	0	0	0	0	1	0	0
0	0	0	0	1	0	0	0	0	0	0	1	0	1
0	0	0	1	0	0	0	0	0	0	0	1	1	0
0	0	1	0	0	0	0	0	0	0	0	1	1	1
0	1	0	0	0	0	0	0	0	0	1	0	0	0
1	0	0	0	0	0	0	0	0	0	1	0	0	1

由上述真值表可写出逻辑表达式

$$Y_0 = D_1 + D_3 + D_5 + D_7 + D_9$$
$$Y_1 = D_2 + D_3 + D_6 + D_7$$
$$Y_2 = D_4 + D_5 + D_6 + D_7$$
$$Y_3 = D_8 + D_9$$

由逻辑表达式可画出 8421BCD 码编码器电路，如图 13-10 所示，它由四个或门组成。

现在编码器也有不少的集成芯片可供选择，不必用分立元件来设计，读者可查找有关产品手册加以使用，这里不再细述。

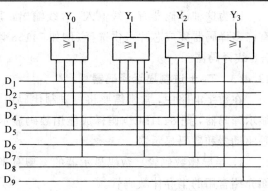

图 13-10　8421BCD 码的编码器电路

13.4.2　二进制译码器

人们对数字电路输出的二进制代码往往难于识别其含意，因此，还要将输入的二进制代码翻译为表示代码原意的信号或十进制数码，这一过程称为译码。

以三位二进制的译码为例，输入有三个变量 A、B、C，取值组合应有 8 种，则表示代码原意的输出变量对应有 8 个，分别用 $Y_0 \sim Y_7$ 表示，其真值表如表 13-8 所示。

表 13-8　三位二进制译码器的真值表

输	入		输				出			
A	B	C	Y_0	Y_1	Y_2	Y_3	Y_4	Y_5	Y_6	Y_7
0	0	0	1	0	0	0	0	0	0	0
0	0	1	0	1	0	0	0	0	0	0
0	1	0	0	0	1	0	0	0	0	0
0	1	1	0	0	0	1	0	0	0	0
1	0	0	0	0	0	0	1	0	0	0
1	0	1	0	0	0	0	0	1	0	0
1	1	0	0	0	0	0	0	0	1	0
1	1	1	0	0	0	0	0	0	0	1

由表 13-8 看出，在输入 A、B、C 的任一取值下，只有一个输出为 1，其余都为 0；并且可写出逻辑表达式

$$Y_0 = \overline{A}\,\overline{B}\,\overline{C} \qquad Y_1 = \overline{A}\,\overline{B}C \qquad Y_2 = \overline{A}B\overline{C} \qquad Y_3 = \overline{A}BC$$

$$Y_4 = A\,\overline{B}\,\overline{C} \qquad Y_5 = A\,\overline{B}C \qquad Y_6 = AB\overline{C} \qquad Y_7 = ABC$$

由逻辑表达式可画出逻辑电路图，如图 13-11 所示。

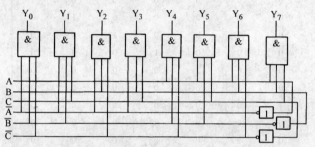

图 13-11　三位二进制译码器的逻辑电路图

因为这种译码器有 3 线输入，8 线输出，所以也称为 3 线—8 线译码器。在实际应用中，有许多译码器集成芯片可供选择。例如 74138 译码器，是以上述译码器为主干电路构成的 3 线—8 线译码器。

13.4.3　二-十进制显示译码器

在数字电路中，常常需要将二进制代码用十进制数直观地显示出来。这就要用二-十进制显示译码器，把 8421BCD 码译成能用数码显示器件显示的十进制数。显示译码器通常包含译码驱动器和数码显示器。

1. 半导体数码管　数码显示器的类型有半导体数码管、荧光数码管和液晶数码管等。下面介绍常用的半导体数码管。

半导体数码管是分段式数码显示器件，它将十进制数码分成七个字段，每段为一个半导体发光二极管，简称 LED 管。如图 13-12 所示是半导体数码管 BS201A 的外形图和等效电路。图中 D.P 是一个小数点的发光二极管。

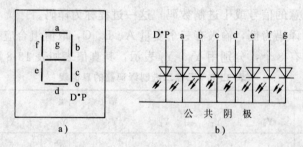

图 13-12　半导体数码管 BS201A

a) BS201A 的外形图　b) BS201A 的等效电路

当发光二极管的 PN 结加上正向电压时，半导体数码管的对应段就会发光，选择不同字段发光，可显示出不同的数码。

由于半导体数码管采用分段显示方式，故常用集成芯片 7448 译码驱动器来配合显示。

2. 7448 译码驱动器　7448 译码驱动器的主要功能是把 8421BCD 码译成对应于数码管的

七字段信号，驱动数码管，显示相应的十进制数码。其常用逻辑符号如图 13-13 所示。图中 $A_3A_2A_1A_0$ 是四位二进制数输入信号；Ya～Yg 是七段译码输出信号；$\overline{LT}$、$\overline{RBI}$、$\overline{BI/RBO}$ 是使能端，起辅助控制作用。

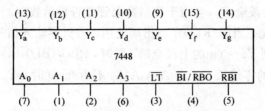

图 13-13　7448 译码驱动器的常用逻辑符号

7448 译码驱动器的真值表 13-9 所示。

表 13-9　7448 译码驱动器的真值表

数字	输 入				输 出							字 形
	A_3	A_2	A_1	A	Ya	Yb	Yc	Yd	Ye	Yf	Yg	
0	0	0	0	0	1	1	1	1	1	1	0	
1	0	0	0	1	0	1	1	0	0	0	0	
2	0	0	1	0	1	1	0	1	1	0	1	
3	0	0	1	1	1	1	1	1	0	0	1	
4	0	1	0	0	0	1	1	0	0	1	1	
5	0	1	0	1	1	0	1	1	0	1	1	
6	0	1	1	0	0	0	1	1	1	1	1	
7	0	1	1	1	1	1	1	0	0	0	0	
8	1	0	0	0	1	1	1	1	1	1	1	
9	1	0	0	1	1	1	1	0	0	1	1	
10	1	0	1	0	0	0	0	1	1	0	1	
11	1	0	1	1	0	0	1	1	0	0	1	
12	1	1	0	0	0	1	0	0	0	1	1	
13	1	1	0	1	1	0	0	1	0	1	1	
14	1	1	1	0	0	0	0	1	1	1	1	
15	1	1	1	1	0	0	0	0	0	0	0	

7448 译码驱动器除了译码功能外，还具有几个辅助功能。

244

1) 灯测试（$\overline{\text{LT}}$）功能。当$\overline{\text{BI}}/\overline{\text{RBO}}$端为高电平，$\overline{\text{LT}}$端输入低电平时，不管其它输入是何状态，Ya～Yg的七段全亮，数码管正常应显示"8"字形。平时，$\overline{\text{LT}}$端应置为高电平。

2) 灭灯（$\overline{\text{BI}}/\overline{\text{RBO}}$）功能。当$\overline{\text{BI}}/\overline{\text{RBO}}$作输入端使用，且$\overline{\text{BI}}$输入低电平时，不管其它输入是何状态，Ya～Yg的七段全暗，可用于控制数码管是否显示数字。

3) 灭零（$\overline{\text{RBI}}$）功能。当$\overline{\text{BI}}/\overline{\text{RBO}}$作输出端使用，若灭零输入信号$\overline{\text{RBI}}$为低电平，且输入$A_3A_2A_1A_0$为0000时，则Ya～Yg的七段全暗，同时，$\overline{\text{RBO}}$（$\overline{\text{BI}}/\overline{\text{RBO}}$作输出用）输出低电平，表示已将本来应该显示的零熄灭了。若$A_3A_2A_1A_0$不为0000时，Ya～Yg的七段正常显示，$\overline{\text{RBO}}$输出高电平。

用7448译码器驱动数码管BS201A的基本接法，如图13-14所示。

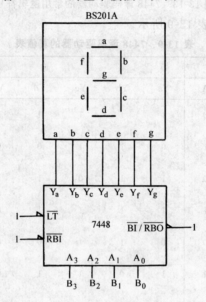

图13-14　7448驱动BS201A的基本接法

复习思考题

1. 逻辑函数有哪几种表示法？它们各自如何表示？
2. 什么是逻辑函数的最简与或表达式？它可以通过哪些方法获得？
3. 什么是最小项？如何得到标准的与或表达式？
4. 什么是卡诺图？卡诺图化简应遵循哪些原则？
5. 什么是译码？什么是编码？
6. 7448译码驱动器有哪些功能？
7. 什么是半加器？什么是全加器？
8. 用公式法化简下列函数
1) $F=A+B+C+\overline{AB}$
2) $F=\overline{A}\,\overline{B}+AC+BC+\overline{B}\,\overline{C}\,\overline{D}+B\overline{C}+\overline{BC}$
3) $F=(\overline{A\oplus B})C+ABC+\overline{A}\,\overline{B}$
4) $F=(A+B+C)(\overline{A}+\overline{B}+\overline{C})+ABC$
9. 用卡诺图化简下列函数为最简与或表达式：
1) $F(A,B,C)=\Sigma(1,3,5,7)$

2) F（A，B，C）=Σ（0，2，4，7）

3) F（A，B，C，D）=Σ（0，2，4，7，8，10，15）

4) F（A，B，C，D）=Σ（1，3，4，5，7，9，11，12，13，14，15）

10. 用卡诺图化简下列函数

1) F=ABC+$\overline{A}$BC+A$\overline{B}$C+B$\overline{C}$

2) F=A$\overline{B}$+B$\overline{C}$+$\overline{A}$C+$\overline{A}$B+$\overline{B}$C+A$\overline{C}$

3) F=（A⊕B）C+（$\overline{A+B}$）C

4) F=$\overline{\overline{A}+BC}$+A$\overline{C}$+CD

11. 用三输入端的"与非"门组成下列逻辑门

1) 与门：F=ABC

2) 或门：F=A+B+C

3) 非门：F=$\overline{A}$

4) 与或门：F=AB+CD

5) 或非门：F=$\overline{A+B+C}$

12. 根据下列函数，画出其逻辑电路图。

1) F=（A+B）C

2) F=AB+$\overline{A}$B

3) F=（A+B）C+BC

4) F=AB+$\overline{A}$$\overline{C}$+$\overline{B}$

13. 根据已知的输入波形，画出下列门电路的输出波形，如图 13-15 所示。

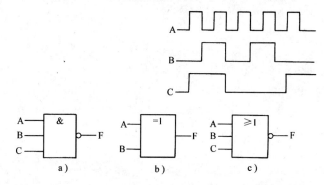

图 13-15　习题 13 图

14. 分析下列电路的逻辑功能，如图 13-16 所示。

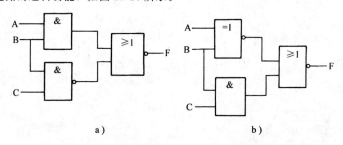

图 13-16　习题 14 图

15. 如图 13-17 所示是一个密码锁控制电路。当拨动 ABCD 为正确密码时，开锁信号 F 为 1，将锁打开；否则，报警信号 W 为 1，接通警铃，平时 ABCD 置于 0000 码位上。

16. 输入端 A 和 B 同时为 1 或同时为 0 时，输出为 1，否则输出为 0。列出这种逻辑关系的真值表，写

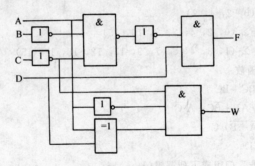

图 13-17 习题 15 图

出其逻辑函数，并用"与非"门画出实现这个逻辑函数的逻辑图。

17. 用与非门实现符合下列条件的逻辑电路。设 ABCD 是 8421BCD 码的四位输入信号，F 为输出信号，BCD 码对应的数字为 X。

1) $0 \leqslant X < 7$

2) $9 < X \leqslant 15$

18. 用三个全加器实现二个二进制数 $A = A_2 A_1 A_0$ 和 $B = B_2 B_1 B_0$ 的加法运算，画出其逻辑电路图（提示：全加器可用符号图表示）。

19. 设计一个一位二进制数的全减器，其中输入被减数为 A，减数为 B，低位的借位信号为 C_0，向高位的借位信号为 C_1，输出的差值信号为 F（提示：仿效全加器来设计）。

20. 用二极管与门电路来设计一个 3 线—8 线译码器。

第14章 触发器与时序逻辑电路

数字电路包括组合逻辑电路和时序逻辑电路两大类。组合逻辑电路是由门电路组成的,它的输出变量状态完全由当时的输入变量的状态来决定,而与电路的原来状态无关,即组合逻辑电路不具有记忆功能。时序逻辑电路是由触发器组成的,它的输出状态不仅取决于当时的输入状态,而且还与电路的原来状态有关,即时序电路具有记忆功能。首先我们讨论触发器的类型、功能及其触发器功能间的相互转换等。

14.1 触发器

触发器可分为双稳态触发器、单稳态触发器、无稳态触发器（多谐振荡器）。通常所说的触发器是指双稳态触发器,按逻辑功能分为 RS 触发器、JK 触发器、D 触发器,T 触发器和 T′ 触发器等多种类型；按其电路结构分为主从型触发器和维持阻塞型触发器等。

时序逻辑电路中的触发器是存放二进制数字信号的基本单元,因此触发器起码应具有下述功能：其一,有两个稳定状态—0 状态和 1 状态；其二,能接收、保持和传递信号。

14.1.1 RS 触发器

14.1.1.1 基本 RS 触发器

基本 RS 触发器可由两个"与非"门交叉联接组成,图 14-1 所示是它的逻辑图和逻辑符号。图中 D1、D2 代表两个集成的"与非"门,Q 与 $\overline{Q}$ 是基本触发器的两个输出端。两者的逻辑状态在正常条件下能保持相反。即触发器有两个稳定状态：一个状态是 $Q=1$,$\overline{Q}=0$ 称触发器处于"1"态；另一个状态是 $Q=0$,$\overline{Q}=1$ 称触发器处于"0"态。

$\overline{S}_D$ 输入端称为直接置位端或置 1 端,$\overline{R}_D$ 输入端称为直接复位端或置 0 端。

下面分四种情况来分析基本 R-S 触发器输出与输入间的逻辑关系。

(1) $\overline{S}_D=1$,$\overline{R}_D=0$。当 $\overline{S}_D=1$,即 $\overline{S}_D$ 端加高电平,$\overline{R}_D=0$,即 $\overline{R}_D$ 端加低电平,此时,"与非"门 D2 有一个输入端为"0",其输出 $\overline{Q}$ 为 1；而"与非"门 D1 的两个输入端全为"1"、其输出 Q 为 0。因此触发器被置 0。

(2) $\overline{S}_D=0$,$\overline{R}_D=1$。当 $\overline{S}_D$ 端加低电平,$\overline{R}_D$ 端加高电平时,此时"与非"门 D1 有一个输入端为"0",其输出 Q 为 1,而"与非"门 D2 的两个输入全为"1",其输出 $\overline{Q}$ 为 0。因此触发器被置 1。

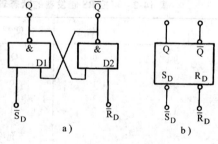

图 14-1 基本 RS 触发器
a) 逻辑图 b) 逻辑符号

(3) $\overline{S}_D=1$,$\overline{R}_D=1$。设触发器的初始状态为"0"态,即 $Q=0$,$\overline{Q}=1$,这时"与非"门 D2 有一个输入端为"0"其输出 $\overline{Q}$ 为"1",而"与非"门 D1 的两个输入端全为"1",其输出 Q 为"0"；同样的分析方法可知当触发器的原始状态 $Q=1$,$\overline{Q}=0$ 时,在 $\overline{R}_D=1$,$\overline{S}_D=1$ 时触发器的新状态还是 $Q=1$,$\overline{Q}=0$,即 $\overline{S}_D=1$,$\overline{R}_D=1$ 时触发器保持原状态不变。

(4) $\overline{S}_D=0$,$\overline{R}_D=0$。当 $\overline{S}_D$ 端和 $\overline{R}_D$ 端同时加负脉冲时,当 $\overline{S}_D=\overline{R}_D=0$ 时,两个"与非"门

输出端都为"1",这就达不到 Q 与 $\overline{Q}$ 的状态应该相反的逻辑要求。当两负脉冲同时除去后,即变为 $\overline{S}_D=\overline{R}_D=1$ 时,由于"与非"门的传输时间不同,输出状态是随机的,可能是 1 态,也可能是 0 态。因此这种输入情况,在使用中应严禁出现。

从上述可知:基本 RS 触发器有两个稳定状态—置位或复位,并具有接收输入信号以及存储或记忆的功能,其状态表见表 14-1。

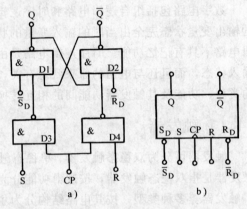

表 14-1　基本 RS 触发器的状态表

S_D	R_D	Q
1	0	0
0	1	1
1	1	不变
0	0	不允许

图 14-2　可控 RS 触发器
a) 逻辑图　b) 图形符号

14.1.1.2　可控 RS 触发器

图 14-2a 是可控 RS 触发器的逻辑图。图中,"与非"门 D1 和 D2 构成基本 RS 触发器,"与非"门 D3 和 D4 构成导引电路。R 和 S 是置 0 和置 1 信号输入端。R_D 和 S_D 是直接复位和直接置位端,用于在工作之前,预先使触发器处于某一给定状态,不使用时让它们处于高电平。受 CP 脉冲控制的输入端 R、S 称为同步输入端,而不受 CP 脉冲控制的输入端 R_D、S_D 称为异步输入端(也叫直接复位、置位端)。

表 14-2　可控 RS 触发器的状态表

S	R	Q^{n+1}
0	0	Q^n
0	1	0
1	0	1
1	1	不允许

CP 是时钟脉冲输入端,时钟脉冲通过引导电路来实现对输入端 R 和 S 的控制,故称为可控 RS 触发器。当时钟脉冲来到前,即 CP=0 时,不论 R 和 S 端的电平如何变化,D3、D4 门的输出均为"1"基本触发器保持原状态不变,这时称触发器被禁止,不接收同步输入信号。当时钟脉冲来到后,即 CP=1 时触发器才按 R、S 端的输入状态来决定其输出状态,这时称触发器被使能。

触发器的输出状态与 R、S 端输入状态的关系列在表 14-2 中。

状态表中,Q^n 表示时钟脉冲来到之前触发器的输出状态,称为现态,Q^{n+1} 表示时钟脉冲来到之后的状态,称为次态。可控 RS 触发器实现表 14-2 的逻辑功能,需在可控脉冲的作用下实现。

14.1.2　JK 触发器和 D 触发器

14.1.2.1　JK 触发器

JK 触发器有主从型和边沿型两类。其逻辑符号如图 14-3b 所示。J、K 是输入端,CP 为脉冲输入端，CP 引线上的小圆圈表示触发器的使能由下降沿触发（如果没有小圆圈则表示触发器由上升沿触发），S_D、R_D 分别为异步置"1"、置"0"输入端。

主从型 JK 触发器的逻辑图如图 14-3a 所示，它由两个可控 RS 触发器组成，分别被称为主触发器和从触发器。主、从触发器之间的脉冲控制端通过一个"非"门联系起来。这样工作时，时钟脉冲先使主触发器翻转，后使从触发器翻转，故称主从 JK 触发器。

表 14-3　JK 触发器的状态表

J	K	Q^n	Q^{n+1}
0	0	0	0
0	0	1	1
0	1	0	0
0	1	1	0
1	0	0	1
1	0	1	1
1	1	0	1
1	1	1	0

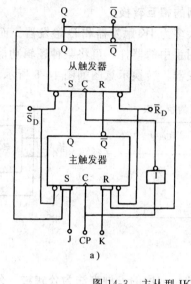
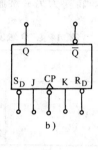

图 14-3　主从型 JK 触发

a）逻辑图　b）逻辑符号

JK 触发器工作过程分析如下

主从触发器在时钟脉冲到来前（CP＝0），使得主从触发器状态一致；CP 由 0 变为 1 时，"非"门的输出为"0"故从触发器的状态不变，而主触发器使能，其状态由 J、K 输入端输入信号所决定，这样，输入信号暂存在主触发器中，再到时钟脉冲由"1"跳变为"0"即下降沿到来时，从触发器使能，接收暂存在主触发器中的信号，使从触发器翻转或保持原态。因此使用主从 JK 触发器时，若遵守 CP＝1 期间 J、K 的状态保持不变，图 14-3 所示主从 JK 触发器的工作过程归结为：上升沿接收，下降沿触发。

反映 JK 触发器的 Q^{n+1} 和 Q^n、J、K 之间的逻辑关系的状态表，如表 14-3 所示。由状态表可得到 JK 触发器的特性方程为：

$$Q^{n+1}=J\overline{Q^n}+\overline{K}Q^n \quad \text{CP 下降沿到来后有效}$$

需要说明的是，JK 触发器也有 CP 上升沿到来后触发使能的，特性方程与上式相同。

由其特性方程或状态表可知 JK 触发器的逻辑功能为

当 J＝1，K＝1 时，来一个 CP 脉冲后，触发器的状态保持不变，即具有"保持"功能；当 J＝0，K＝1 时，来一个 CP 脉冲后，触发器置 0，即具有"置 0"功能；当 J＝1，K＝0 时，来一个 CP 脉冲后，触发器置 1，即具有"置 1"功能；当 J＝1，K＝1 时，来一个 CP 脉冲后，触发器的状态翻转，即具有"翻转"功能。

14.1.2.2　D 触发器

D 触发器有主从型和维持阻塞型两类。D 触发器具有"置 0"和"置

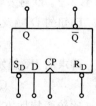

图 14-4　D 触发器的逻辑符号

1"功能，其逻辑符号如图 14-4 所示。

图示 D 触发器的逻辑功能为：在 CP 上升沿到来时，若 D＝1，则触发器置 1；若 D＝0，则触发器置 0，D 触发器的特性方程为

$$Q^{n+1}=D \quad CP \text{ 上升沿到来后有效}$$

图 14-4 所示的 D 触发器是上升沿触发的，也有下降沿触发的 D 触发器。

14.1.3　触发器功能间的相互转换

市场上的触发器大多为 JK 触发器和 D 触发器。而实际数字电路中各种类型的触发器都可能用到，为充分利用手中的器件，可将某种逻辑功能的触发器经过改接或附加一些门电路后，转换为另一种触发器，转换示意图如图 14-5 所示。

表 14-4　D 触发器的状态表

D	Q^{n+1}
0	0
1	1

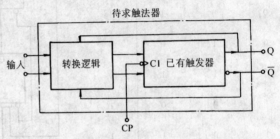

图 14-5　转换示意图

转换的方法有多种，常用的一种方法为公式法，公式法就是联立求解特性方程求出转换逻辑，下面举例说明。

14.1.3.1　将 JK 触发器转换为 D 触发器

已知的 JK 触发器的特性方程为

$$Q^{n+1}=J\overline{Q^n}+\overline{K}Q^n$$

待求的 D 触发器的特性方程为

$$Q^{n+1}=D$$

上式转换为

$$Q^{n+1}=D(\overline{Q^n}+Q^n)=D\overline{Q^n}+DQ^n$$

与 JK 触发器的特性方程联立求解，得

$$J=D$$

$$K=\overline{D}$$

转换成的逻辑图如图 14-6 所示。

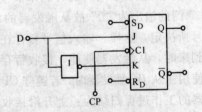

图 14-6　JK 触发器转换成
D 触发器的逻辑图

14.1.3.2　D 触发器转换为 JK 触发器

已知的 D 触发器的特性方程

$$Q^{n+1}=D$$

待求的 JK 触发器的特性方程

$$Q^{n+1}=J\overline{Q^n}+\overline{K}Q^n$$

比较两特性方程得转换逻辑

$$D=J\overline{Q^n}+\overline{K}Q^n=\overline{\overline{J\overline{Q^n}}\cdot\overline{\overline{K}Q^n}}$$

转换的逻辑图如图 14-7 所示。

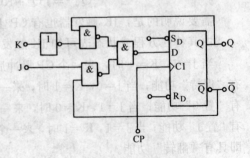

图 14-7　D 触发器转换为
JK 触发器的逻辑图

14.1.3.3 JK 触发器转换为 T 触发器

若使 JK 触发器的输入信号 J＝K＝T，如图 14-8 所示，则触发器的次态表达式为

$$Q^{n+1} = J\overline{Q}^n + \overline{K}Q^n$$
$$= T\overline{Q}^n + \overline{T}Q^n$$
$$= T \oplus Q^n$$

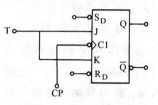

可见，当 T＝0 时，CP 脉冲作用后，$Q^{n+1} = Q^n$，即触发器具有"保持"功能；当 T＝1 时，CP 脉冲作用后，$Q^{n+1} = \overline{Q}^n$，即触发器具有"翻转"功能。具有这种"保持"和"翻转"功能的触发器称为 T 触发器。

图 14-8　JK 触发器转换为
T 触发器的逻辑图

若总是保持 T＝1 时，则触发器仅具有"翻转"功能，即来一个 CP 脉冲，触发器状态翻转一次，称这种触发器为 T' 触发器。

14.2　寄存器

寄存器就是用来暂时存放数据和运算结果等二进制数码的。一个触发器可存储一位二进制代码，要存多位二进制代码，需用多个触发器。常用的寄存器有四位、八位、十六位等。

将数码存放到寄存器或由寄存器取出的方式均有串行和并行两种方式。串行输入方式就是数码从一个输入端逐位输入到寄存器中，并行输入方式就是数码各位从对应输入端同时输入到寄存器；在串行输出方式中，被取出的数码在一个输出端逐位取出，而在并行输出方式中，被取出的数码各位同时输出。

寄存器常分为数码寄存器和移位寄存器两种。

14.2.1　数码寄存器

数码寄存器也称为基本寄存器，图 14-9 所示是由 D 触发器组成的四位数码寄存器的逻辑图，其工作原理如下

当存入数码时，将要存的数码送到相应的位置后，再来一个 CP 脉冲（即存入指令下达后），各位触发器均使能而接收输入数据并存入寄存器中。例如，要输入的二进制数为"1011"，则先将数送到，即使 $d_3d_2d_1d_0 = 1011$，然后，当"寄存指令"来到时，各触发器均使能而就有 $Q_3Q_2Q_1Q_0 = D_3D_2D_1D_0 = d_3d_2d_1d_0 = 1011$，即将数码"1011"存入了寄存器，只要没有新的存数指令，寄存器所存数据永远不变。

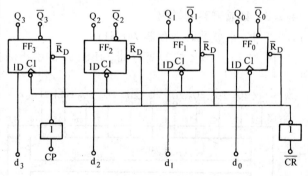

图 14-9　数码寄存器的逻辑图

当外部电路需要这组数码时，可从寄存器的各 Q 输出端同时读出。由上分析可见，此数码寄存器为并行输入并行输出的寄存器。

14.2.2　移位寄存器

移位寄存器就是在移位脉冲的控制下串行输入、输出数码。根据移位情况不同分为单向移位寄存器和双向移位寄存器两大类，单向移位寄存器又分为左移和右移两种。下面对单向

移位寄存器加以介绍。

图 14-10 所示是用 D 触发器构成的四位移位寄存器，CP 为移位脉冲输入端。

其工作原理分析如下

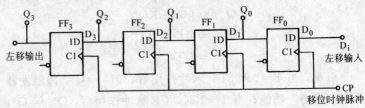

图 14-10　移位寄存器的逻辑图

设要寄存的数码为 1101，且各触发器的起始状态均为 0。首先将最高位的"1"送到输入端，此时各触发器输入端 $D_3D_2D_1D_0=0001$，第一个移位脉冲到来后，FF_0 状态变为"1"，FF_1、FF_2、FF_3 状态不变，移位寄存器状态为 $Q_3Q_2Q_1Q_0=0001$；再送次高位的"1"到输入端，此时 $D_3D_2D_1D_0=0011$，第二个移位脉冲到来后，$Q_3Q_2Q_1Q_0=0011$；再送"0"到输入端，此时 $D_3D_2D_1D_0=0110$，第三个移位脉冲到来后，$Q_3Q_2Q_1Q_0=0110$；最后送最低位的"1"到输入端，此时 $D_3D_2D_1D_0=1101$，第四个移位脉冲到来后，$Q_3Q_2Q_1Q_0=1101$。这样经过 4 个 CP 脉冲后，要存的数码便被存入了寄存器中。移位过程可用表 14-5 表示。

表 14-5　移位寄存器的状态表

输入		寄存器中数码				清零
D_i	CP	Q_3	Q_2	Q_1	Q_0	
×	×	0	0	0	0	
1	↑	0	0	0	1	左移一位
1	↑	0	0	1	1	左移二位
0	↑	0	1	1	0	左移三位
1	↑	1	1	0	1	左移四位

若要把移位寄存器的数码取出，则再经 4 个移位脉冲所存数据从 Q_3 端就可逐位移出。

14.2.3　集成寄存器举例

14.2.3.1　集成数码寄存器 74LS116

图 14-11 为双 4 位 D 寄存器 74LS116 的引出端排列图和逻辑功能图。此芯片中集成了两

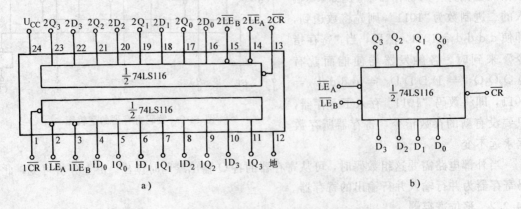

图 14-11　74LS116 的引出端排列图和逻辑功能图

a) 引出端排列图　b) 逻辑功能示意图

个彼此独立的 4 位寄存器，$\overline{CR}$是清零端，$\overline{LE_A}$、$\overline{LE_B}$是送数控制端。$D_3 \sim D_0$ 是数码并行输入端，$Q_3 \sim Q_0$ 是并行输出端。

74LS116 的功能如表 14-6 所示，其功能说明如下

1）清零功能。$\overline{CR}=0$ 时清零，即清零端加负脉冲寄存器各位置零。

2）送数功能。当 $\overline{CR}=1$ 时，若 $\overline{LE_A}+\overline{LE_B}=0$，则加在数据输入端 $d_3 \sim d_0$ 的数码存入寄存器中，即

$$Q_3^{n+1}Q_2^{n+1}Q_1^{n+1}Q_0^{n+1}=d_3d_2d_1d_0$$

3）保持功能。当 $\overline{CR}=1$，$\overline{LE_A}+\overline{LE_B}=1$ 时，寄存器保持内容不变。

表 14-6　74LS116 的功能表

输　　入			输　　出				注
$\overline{CR}$	$\overline{LE_A}+\overline{LE_B}$	$D_3D_2D_1D_0$	Q_3^{n+1}	Q_2^{n+1}	Q_1^{n+1}	Q_0^{n+1}	
0	×	××××	0	0	0	0	清零
1	0	$d_3d_2d_1d_0$	d_3	d_2	d_1	d_0	送数
1	1	××××	保　　持				

14.2.3.2　集成移位寄存器 74LS164

（1）8 位单向移位寄存器 74LS164。其引出端排列图和逻辑功能示意图如图 14-12 所示。图中 D_{SA}、D_{SB}是数码串行输入端，$\overline{CR}$为清零端，$Q_0 \sim Q_7$ 是数码并行输出端，CP 是移位脉冲输入端。

（2）逻辑功能。74LS164 移位寄存器的功能表如表 14-7。

74LS164 具有下列功能

1）清零功能。当 $\overline{CR}=0$ 时，移位寄存器清零

2）保持功能。当 $\overline{CR}=1$，CP=0 时移位寄存器状态不变

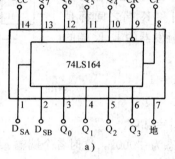 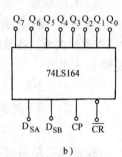

图 14-12　8 位单向移位寄存器 74LS164
a）引出端排列图　b）逻辑功能示意图

3）送数功能。当 $\overline{CR}=1$ 时，CP 上升沿将加在 $D_{SA} \cdot D_{SD}$ 端的二进制数码依次送入移位寄存器。

表 14-7　74LS164 移位寄存器的功能表

输　　入			输　　出								注
$\overline{CR}$	$D_{SA} \cdot D_{SB}$	CP	Q_7^{n+1}	Q_6^{n+1}	Q_5^{n+1}	Q_4^{n+1}	Q_3^{n+1}	Q_2^{n+1}	Q_1^{n+1}	Q_0^{n+1}	
0	×	×	0	0	0	0	0	0	0	0	清零
1	×	0	Q_7^n	Q_6^n	Q_5^n	Q_4^n	Q_3^n	Q_2^n	Q_1^n	Q_0^n	保持
1	1	↑	Q_6^n	Q_5^n	Q_4^n	Q_3^n	Q_2^n	Q_1^n	Q_0^n	1	输入 1
1	0	↑	Q_6^n	Q_5^n	Q_4^n	Q_3^n	Q_2^n	Q_1^n	Q_0^n	0	输入 0

14.3 计数器

在数字电路中，把能够记忆输入脉冲个数操作的电路叫计数器，它是数字电路中最常用的逻辑部件之一。计数器按其进制不同分，有二进制计数器、十进制计数器、N 进制计数器；按其计数规律分，有加法计数器，减法计数器，可逆计数器；按计数器中使用元件分，有 TTL 计数器和 CMOS 计数器；按计数器中触发器的使能次序分，有同步计数器和异步计数器等。

计数器的规格品种很多，下面首先介绍二进制计数器。

14.3.1 二进制计数器

二进制只有 0 和 1 两个数码，其加法运算规则是"逢二进一"而一个触发器只能表示一位二进制数，所以如果要表示 n 位二进制数就需用 n 个触发器。

下面介绍两种二进制加法计数器

14.3.1.1 同步二进制加法计数器

1. 电路组成　用三个 JK 触发器组成的同步二进制加法计数器的逻辑电路如图 14-13 所示。

2. 工作原理　由图 14-13 中触发器有多个 J 端和 K 端，J 端之间和 K 端之间都是"与"逻辑关系。各位 JK 触发器的 J、K 端的逻辑表达式为

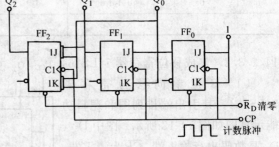

$$FF_0 \quad J_0 = K_0 = 1$$
$$FF_1 \quad J_1 = K_1 = Q_0^n$$
$$FF_2 \quad J_2 = K_2 = Q_1^n Q_0^n$$

图 14-13　同步二进制加法计数器

设逻辑电路的初始状态为"000"，这时各个端输入为

$$J_0 = K_0 = 1 \quad J_1 = K_1 = 0 \quad J_2 = K_2 = 0$$

此时，当第一个 CP 时钟脉冲作用后，各触发器的状态为 $Q_2 Q_1 Q_0 = 001$。由此又得到 JK 触发器的各 J、K 端输入为

$$J_0 = K_0 = 1 \quad J_1 = K_1 = 0 \quad J_2 = K_2 = 0$$

当第二个 CP 时钟脉冲作用后，各触发器的状态为 $Q_2 Q_1 Q_0 = 010$，同样方法一直分析下去，到第八个 CP 脉冲作用后，计数状态则完成一个循环，各触发器的状态回到初始状态"000"。计数过程如表 14-8 所示，由表可见，图 14-13 是一个 3 位二进制加法计数器，又各触发器均是由计数脉冲 CP 触发的，故为同步计数器。其工作波形图如图 14-14 所示。

表 14-8　二进制同步加法计数器的状态表

CP	Q_2^n	Q_1^n	Q_0^n
0	0	0	0
1	0	0	1
2	0	1	0
3	0	1	1
4	1	0	0
5	1	0	1
6	1	1	0
7	1	1	1
8	0	0	0

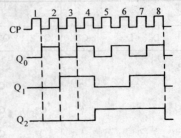

图 14-14　图 14-13 所示电路的工作波形

14.3.1.2 异步二进制加法计数器

1. 电路组成 由三个主从 JK 触发器组成的三位异步二进制加法计数器如图 14-15 所示。图中 FF_0 触发器的触发脉冲是输入的计数脉冲，其它触发器则由相邻低位触发器的 Q 输出端来触发。

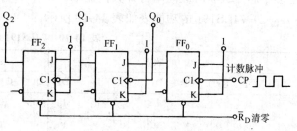

图 14-15 三位异步二进制加法计数器

2. 工作原理 图 14-15 中，各位 JK 触发器的 J、K 端的输入为：

$$J_0=K_0=1 \quad J_1=K_1=1 \quad J_2=K_2=1$$

即每个触发器都转换成为了 T' 触发器。对于第一位触发器 FF_0 来讲，每来一个 CP 脉冲就翻转一次；第二位触发器 FF_1 则在 Q_0 由"1"变"0"时，即 Q_0 出现下降沿时翻转；当 Q_1 由"1"变"0"时，即 Q_1 出现下降沿时就会触发第三位触发器 FF_2 而翻转。

该计数器的状态表如表 14-9 所示。由表可见，经过八个计数脉冲循环一次，且触发脉冲不是同时加入各触发器的，故为异步 3 位二进制加法计数器。工作波形图如图 14-16。

表 14-9 二进制异步加法计数器的状态表

CP	Q_2^n	Q_1^n	Q_0^n
0	0	0	0
1	0	0	1
2	0	1	0
3	0	1	1
4	1	0	0
5	1	0	1
6	1	1	0
7	1	1	1
8	0	0	0

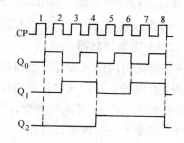

图 14-16 图 14-15 所示电路的工作波形

14.3.1.3 集成二进制计数器举例

74LS191 是集成四位二进制同步可逆计数器，所谓可逆计数就是能够按照要求做加法计数，也可做减法计数，它的引出端排列图和逻辑功能示意图如图 14-17 所示。

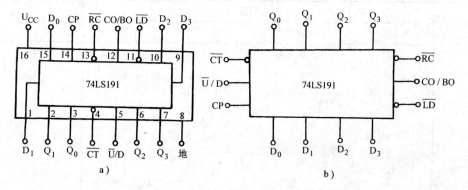

图 14-17 集成计数器 74LS191

a) 引出端排列图确 b) 逻辑功能示意图

（1）74LS191 的引脚。$\overline{U}/D$ 为加/减计数控制端，$\overline{CT}$ 是使能端，$\overline{LD}$ 是异步置数控制端，$D_3 \sim D_0$ 是并行数据输入端，$Q_3 \sim Q_0$ 是计数器状态输出端，CO/BO 是进位/借位信号输出端，$\overline{RC}$

是多个芯片级联时级间串行计数使能端。

（2）74LS191 的功能表如表 14-10 所示。

表 14-10　74LS191 的功能表

输　入								输　出				注
$\overline{LD}$	$\overline{CT}$	$\overline{U}/D$	CP	D_0	D_1	D_2	D_3	Q_3^{n+1}	Q_2^{n+1}	Q_1^{n+1}	Q_0^{n+1}	
0	×	×	×	d_0	d_1	d_2	d_3	d3	d2	d1	d0	并行异步置放
1	0	0	↑	×	×	×	×	加法计数				$C_0/B_0=Q_3^n Q_2^n Q_1^n Q_0^n$
1	0	1	↑	×	×	×	×	减法计数				$C_0/B_0=\overline{Q_3^n}\,\overline{Q_2^n}\,\overline{Q_1^n}\,\overline{Q_0^n}$
1	1	×	×	×	×	×	×	保持				

（3）74LS191 的功能说明

1）同步可逆计数功能。当 $\overline{LD}=1$、$\overline{CT}=0$、$\overline{U}/D=0$ 时，在 CP 上升沿的操作下，计数器进行加法计数；当 $\overline{LD}=1$、$\overline{CT}=0$、$\overline{U}/D=1$ 时，在 CP 上升沿的操作下，计数器进行减法计数。

2）保持功能。当 $\overline{LD}=\overline{CT}=1$ 时，计数器保持原来状态不变。

3）异步并行计数功能。当 $\overline{LD}=0$ 时，并行输入数据 $D_3 \sim D_0$ 进入计数器，可以借助 $D_3 \sim D_0$ 异步并行置入数据 0000 实现对计数器的间接清零，只要使 $d_3 d_2 d_1 d_0 = 0000$ 即可实现。

14.3.2　二-十进制计数器

十进制数是用四位（或者多于四位）二进制数码来表示十进制数的"0、1、2……9"这 10 个数码。所以按十进制规律计数的计数器称为二-十进制计数器，简称十进制计数器。十进制计数器有加法、减法、可逆等类型，下面介绍的是常用的采用 8421BCD 码的十进制计数器。

14.3.2.1　同步十进制加法计数器

采用 8421 编码方式的十进制加法计数器的状态表如表 14-11 所示。可见，若由"0000"状态开始计数，每 10 个脉冲一个循环，也就是第 10 个脉冲到来时，由"1001"变为"0000"，实现了"逢十进一"。其时序图（工作波形图）如图 14-18 所示。

表 14-11　十进制加法计数器的状态表

计数脉冲	二进制数				十进制数
	Q_3^n	Q_2^n	Q_1^n	Q_0^n	
0	0	0	0	0	0
1	0	0	0	1	1
2	0	0	0	0	2
3	0	0	0	1	3
4	0	1	0	0	4
5	0	1	0	1	5
6	0	1	1	0	6
7	0	1	1	1	7
8	1	0	0	0	8
9	1	0	0	1	9
10	0	0	0	0	进位

图 14-19 所示逻辑图就是一个 8421BCD 同步十进制加法计数器。

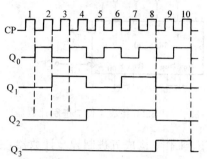

图 14-18 同步十进制加法计数器的时序图

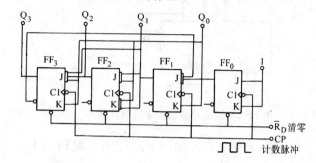

图 14-19 同步十进制加法计数器的逻辑图

14.3.2.2 集成十进制计数器举例

74LS290 是集成二一五一十进制异步计数器。

74LS290 的引出端排列图、逻辑功能示意图、结构框图如图 14-20 所示。

（1）74LS290 的引脚。R_{0A} 和 R_{0B} 是清零输入端，S_{9A} 和 S_{9B} 是置 9 输入端，CP_0 和 CP_1 是计数脉冲输入端。

（2）74LS290 的功能表。74LS290 的功能表如表 14-12 所示。

（3）74LS290 的功能说明

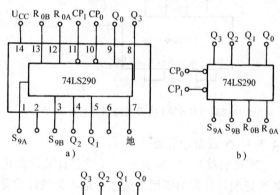

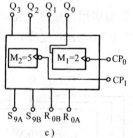

图 14-20　74LS290

a）引出端排列图　b）逻辑功能示意图　c）结构框图如图

表 14-12　74LS290 的功能表

输　　入					输　　出				注
R_{0A}	R_{0B}	R_{9A}	R_{9B}	CP	Q_0^{n+1}	Q_1^{n+1}	Q_2^{n+1}	Q_3^{n+1}	
1		0	×	0	0	0	0		清零
×		1	×	1	0	0	1		置 9
0		0	↓	计　　数					$CP_0=CP$ $CP_1=Q_0$

1）清零功能。当 $S_{9A}S_{9B}=0$ 时，若 $R_{0A}R_{0B}=1$，则清零，与 CP 无关。

2）置"9"功能。当 $S_{9A}S_{9B}=1$ 时，计数器置"9"即被置成 1001 状态。

3）计数功能。计数功能有下列四种情况

a）把输入计数脉冲 CP 加在 CP_0 端，即 $CP_0=CP$，把 Q_0 与 CP_1 从外部联接起来，即 $CP_1=Q_0$ 则构成按 8421BCD 码进行异步加法十进制计数器，接线如图 14-21 所示。

b）将 CP 接在 CP_0 端，而 CP_1 与 Q_0 不联接，则计数器的 FF_0 触发器工作，从 Q_0 输出，构成 1 位二进制计数器，Q_0 变化的频率是 CP 频率的二分之一，称二分频。FF_1、FF_2、FF_3 不工作。接线如图 14-22 所示。

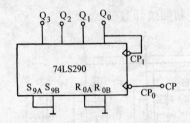

图 14-21　74LS290 接成异步加法十进制计数器

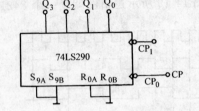

图 14-22　74LS290 接成 1 位二进制计数器

c）把 CP 接在 CP_1 端，FF_0 不工作，而 FF_1、FF_2、FF_3 工作，构成五进制异步计数器，其接线如图 14-23 所示。

d）按 $CP_1=CP$、$CP_0=Q_3$ 联线，将构成十进制异步计数器，其计数规律是按 5421BCD 码加法计数的，接线如图 14-24 所示。

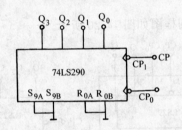

图 14-23　74LS290 接成五进制异步计数

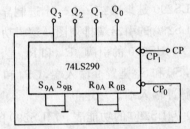

图 14-24　74LS290 接成 5421 码加法计数器

14.3.3　N 进制计数器

N 进制就是"逢 N 进一"，N 进制计数器就是指其计数器状态每经 N 个脉冲循环一次。获得 N 进制计数器的实用方法之一是将集成计数器适当改接，利用其清零端进行反馈置"0"。

例如，用两片 74LS290 级联，可以构成计时钟需用的 60 进制计数器，联接图如图 14-25 所示。

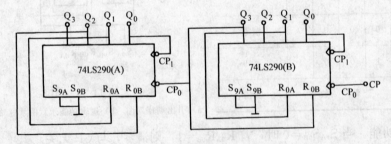

图 14-25　60 进制计数器

六十进制计数器由两位组成，左边一片（A）联成六进制作十位，右边一片（B）联成十进制作个位。

个位十进制计数器经过十个脉冲循环一次，每当第十个脉冲来到后，Q_3 由"1"变为"0"，相当于一个下降沿，使十位六进制计数器计数。个位计数器经过第一次十个脉冲，十位计数器计为"0001"；经过二十个脉冲，十位计数器计为"0010"；依次类推，经过六十个脉冲，十位计数器计为"0110"，此时，由于十进制计数器的 $S_{9A}S_{9B}=0$，$R_{0A}R_{0B}=1$，所以，十进制计数器立即清零。个位和十位都恢复为"0000"，以进行下次的计数循环。

利用计数器的直接清 0 端"$R_{0A}R_{0B}$"和置 9 端"$S_{9A}S_{9B}$"，再适当加上简单门电路，两片 74LS290 可以实现一百及其一百以内的任意进制的计数器。

14.4 555 集成定时器及其应用

555 定时器是一种集模拟和数字为一体的中规模集成电路。它的输入信号可以是模拟信号，也可以是数字信号，它的输出信号是数字逻辑信号。在它外部配上适当阻容元件，可方便地构成脉冲产生和整形电路，如多谐振荡器，单稳态触发器等，在工业控制、定时、防盗报警方面应用很广。下面我们就介绍 555 集成定时器，并举例说明其应用。

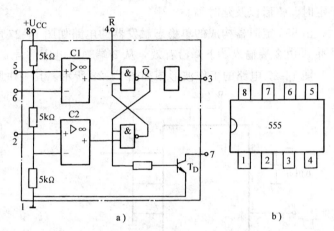

图 14-26 555 集成定时器
a) 555 电路组成 b) 555 引脚排列

14.4.1 555 集成定时器简介

555 集成定时器的电路结构和引线排列图如图 14-26 所示，其功能表如表 14-13 所示。

表 14-13 555 集成定时器的功能表

TH (6)	$\overline{TRIG}$ (2)	$\overline{R}$ (4)	OUT (3)	VT (7)
×	×	L	L	导通
×	$<U_{cc}/3$	H	H	截止
$>2U_{cc}/3$	$>U_{cc}/3$	H	L	导通
$<2U_{cc}/3$	$>U_{cc}/3$	H	不变	不变

各引脚的功能如下

1. 为接地端；

2. 为低电平触发端（$\overline{TRIG}$），在 4 端为"1"的条件下输入电压低于 $\frac{1}{3}U_{cc}$ 时触发有效，使输出端置"1"；

3. 为输出端（OUT），输出电流可达 200mA，因此可直接驱动继电器、发光二极管等；

4. 为复位端（$\overline{R}$），在 4 端加入低电平时，使输出端清"0"；

5. 为电压控制端，在此端加一外加电压，可以改变比较器的参考电压。不用时经 $0.01\mu F$ 的电容接地，以防止干扰的引入；

6. 为高电平触发端（TH），在 4 端为高电平、2 端输入电压高于 $\frac{1}{3}U_{cc}$ 的条件下，当 6 端输入电压高于 $\frac{2}{3}U_{cc}$ 时，高电平触发有效而使输出端置"0"；

7. 为放电端（VT），当输出端为"0"时，7 端与接地端之间导通，当输出端为"1"时，

7 端与接地端之间断路；

8. 为电源端，电源电压为 5～18V。

14.4.2 单稳态触发器

单稳态触发器具有下列特点：它有两个输出状态，一个稳定状态，一个暂稳定状态，在外来触发脉冲作用下，能够由稳定状态翻转到暂稳定状态，而暂稳定状态维持一段时间后，再自动地返回到稳定状态，且暂稳定状态持续的时间长短完全取决于电路本身的参数。它可用于定时、整形以及延时等。

由 555 定时器构成的单稳态触发器的电路如图 14-27 所示。R 和 C 是外接定时元件，触发脉冲 u_i 由 2 端输入，下降沿有效，从 3 端输出电压信号 u_0。

图 14-27 电路的工作波形图如图 14-28 所示。其工作原理分析如下：

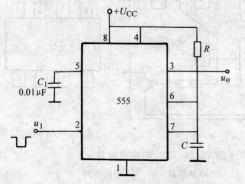

图 14-27　由 555 定时器组成的单稳态触发器　　　　图 14-28　单稳态触发器的工作波形图

当 $t=0$ 时，无触发脉冲，电路工作在稳定状态，此时 u_i 为高电平，其值大于 $\frac{1}{3}U_{CC}$，输出电压 u_0 为低电平，放电端（晶体管 VT）对地导通，电容器 C 上的电压近似为零。

在 t_1 时刻，输入触发脉冲 u_i 的下降沿到来后，其幅度低于 $\frac{1}{3}U_{CC}$，即引脚 2 的电位 $\overline{\text{TRIG}}<\frac{1}{3}U_{CC}$，由表 14-13 可知，低触发端有效，输出则跳变为高电平，放电端（晶体管 VT）对地开路。

由于放电端对地开路，电源对电容器 C 开始充电，充电时间常数为 $\tau_{\text{充}}=RC$，电容电压 u_C 逐步增大；在电容器 C 的充电过程中，t_2 时刻触发脉冲 u_i 由低电平变为高电平，使低触发端不起作用，电容器 C 继续充电；当 u_C 增大到略高于 $\frac{2}{3}U_{CC}$ 时（在 t_3 时刻），由表 14-13 可知，高触发端有效，使输出由高电平跳变为低电平，放电端（晶体管 VT）对地短路，电容电压 u_C 瞬间放电完毕，使高触发端也不起作用，输出保持低电平不变。因此，输出低电平是稳定状态，输出高电平是暂稳定状态。

由上分析可知，只要输入一个触发负脉冲 u_i，在输出端就会得到一个宽度一定的正脉冲，脉冲的宽度取决于电容器 C 上的电压 u_C 充电到 $\frac{2}{3}U_{CC}$ 时所需用的时间，还要求输入的触发脉冲比输出的脉冲窄。

可以证明，输出的脉冲宽度 t_P（即暂稳态持续时间）为

$$t_P=RC\ln 3=1.1RC$$

由上式可见，改变 R 或 C 的大小，则可以改变输出的脉冲宽度 t_P，输出幅度是由 555 器件决定，所以，输出脉冲的宽度和幅度均与输入信号无关。利用这个特性，可以实现定时或信号的整形等。

图 14-29 所示波形就是单稳态触发器整形的例子。在单稳态触发器输入端输入一个不规则的信号 u_i，则在输出端得到了一个幅度、宽度都一定的矩形波信号。

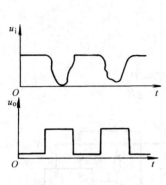

图 14-29　脉冲整形

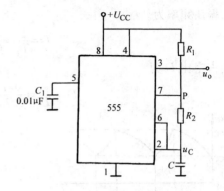

图 14-30　由 555 定时器构成的多谐振荡器

14.4.3　多谐振荡器

14.4.3.1　多谐振荡原理

多谐振荡器是一种自激振荡电路，它没有稳定状态，不须外加触发脉冲，当电路联接好后，只要接通电源，在其输出端便可获得矩形脉冲。且由于矩形波中含有丰富的谐波，故也称为多谐振荡器。触发器和时序电路中的时钟脉冲就是由多谐振荡器产生的。

由 555 定时器构成的多谐振荡器电路如图 14-30 所示。其工作原理分析如下：

接通电源前电容 C 上无初始电压，接通电源瞬间，由于电容器 C 上的电压 $u_C < \frac{1}{3}U_{CC}$，即低触发端 $\overline{\text{TRIG}}$ 有效，而高位触发端 TH 无效，输出则为高电平，放电端（晶体管 VT）对地开路。接下去电容 C 开始充电，充电时间常数 $\tau_{充} = (R_1 + R_2)C$，电容电压 u_C 逐步增大；当 u_C 增大到略高于 $\frac{2}{3}U_{CC}$ 时，高位触发端 TH 有效，而此时（因 $u_C > \frac{1}{3}U_{CC}$）低位触发端 $\overline{\text{TRIG}}$ 无效，输出则为低电平，放电端对地短路而电容器通过 R_2 对地放电，放电时间常数 $\tau_{放} = R_2C$；只要有 $\frac{2}{3}U_{CC} > u_C > \frac{1}{3}U_{CC}$，则两触发端都不起作用，输出电压就保持低电平不变，电容器 C 继续放电。

随着电容器 C 的放电 u_C 逐渐减小，当 u_C 减小到略低于 $\frac{1}{3}U_{CC}$ 时，低位触发端 $\overline{\text{TRIG}}$ 有效，而使输出端由低电平立即跳变为高电平，放电端对地开路。

当输出跳变为高电平后，电容器 C 又开始充电，充电到 u_C 略高于 $\frac{2}{3}U_{CC}$ 时，输出端由高电平立即跳变为低电平，接着电容器 C 又开始放电，放电到 u_C 略低于 $\frac{1}{3}U_{CC}$ 时，输出端又由低电平立即跳变为高电平。就这样周而复始，电容器 C 不断的充电、放电，电路输出端就得到一个连续的矩形波形 u_0。其电路的工作波形如图 14-31 所示。

由上分析可知，u_0 输出高电平的脉冲宽度 t_{P1} 是电容器 C 在一周内的充电时间，而输出低

电平的脉冲宽度 t_{P2} 是电容器 C 在一周内的放电时间。可以证明

$$t_{P1}=(R_1+R_2)\ C\ln2\approx0.7\ (R_1+R_2)\ C$$

$$t_{P2}=R_2C\ln2\approx0.7R_2C$$

所以，输出矩形波形 u_0 的振荡周期 T 为

$$T=t_{P1}+t_{P2}\approx0.7\ (R_1+2R_2)\ C$$

振荡频率为

$$f=\frac{1}{T}=\frac{1}{0.7\ (R_1+2R_2)\ C}$$

占空比 D 为

$$D=\frac{t_{P1}}{T}=\frac{0.7\ (R_1+R_2)}{0.7\ (R_1+2R_2)}=\frac{R_1+R_2}{R_1+2R_2}$$

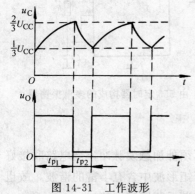

图 14-31 工作波形

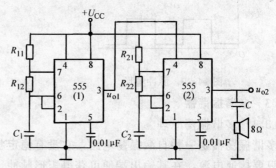

图 14-32 两个多谐振荡器构成的模拟声响电路

14.4.3.2 多谐振荡器应用举例

图 14-32 所示电路是用两个多谐振荡器构成的模拟声响电路，若调节定时元件 R_{11}、R_{12}、C_{11} 使振荡器 1 之 $f_{01}=1\text{Hz}$，调节 R_{21}、R_{22}、C_{22} 使振荡器 2 之 $f_{02}=1\text{kHz}$，那么扬声器会发出呜……呜的声响。因为振荡器的输出电压 u_{01} 接振荡器 2 中 555 定时的复位端 4，当 u_{01} 为高电平时 2 振荡，当为低电平时 555 复位，2 停止振荡。

复习思考题

1. 说明时序电路和组合电路的根本区别是什么？

2. 写出 RS、JK、D 型时钟触发器的特性方程，列出它们的状态表。

3. 多谐振荡器、单稳态触发器、双稳态触发器的输出状态有何异同？

4. JK 触发器的逻辑图及 CP、J、K 的波形如图 14-33 所示，试对应画出 Q 的波形。

5. D 触器的逻辑图及 CP 和 D 的波形如图 14-34 所示，试对应画出 Q 的波形。

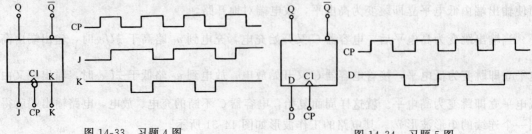

图 14-33 习题 4 图   图 14-34 习题 5 图

6. 设图 14-35 中所示各触发器的初态皆为 "0"，试对应 CP 波形画出 Q 端的波形。

7. 图 14-36 中，已知时钟脉冲 CP 的频率是 4000Hz，试问 Q_2 波形的频率是多少？

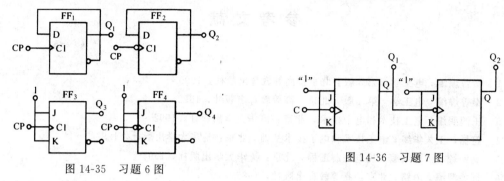

图 14-35　习题 6 图　　　　　　图 14-36　习题 7 图

8. 图 14-37 中，CP 及 A、B 的波形已给出，试对应画出 Q 端的波形。

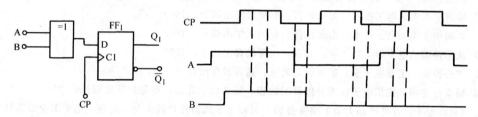

图 14-37　习题 8 图

9. 试画出 D 触发器转换成 T 和 T′ 触发器的电路。

10. 分析图 14-38 所示各计数器，指出它们是几进制。

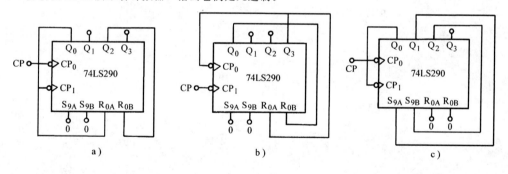

图 14-38　习题 10 图

11. 试画出利用 74LS290 的异步清零端构成的 6 进制计数器的联线图。

12. 试画出用 74LS290 构成 7 进制计数器的联线图。

13. 若将图 14-10 所示的移位寄存器中的输入端 D_0 与最高位触发器输出端 Q_3 联结时，则构成环行计数器。设寄存器的初始状态为 "$D_3D_2D_1D_0 = 0001$"，试分析它构成的是几进制计数器，列出状态表，并对应 CP 移位脉冲画出各 Q 端的波形。

14. 在图 14-27 所示的单稳态触发器电路中，要求输出脉冲宽度在 1～10 秒的范围内连续可调，试选择电路参数。

15. 图 14-39 是一简易触摸开关电路，当手摸金属片时发光二极管亮，经过一定时间发光二极管熄灭。试说明其工作原理，并问发光二极管能亮多长时间？

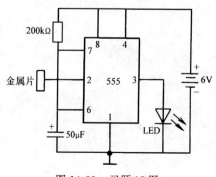

图 14-39　习题 15 图

参 考 文 献

1　秦曾煌编．电工学．第 5 版．北京：高等教育出版社，1999
2　秦曾煌编．电工学．第 4 版．北京：高等教育出版社，1992
3　王鸿明编．电工技术和电子技术．北京：清华大学出版社，1992
4　符磊，王久华编．电工技术和电子技术基础．北京：清华大学出版社，1997
5　高钟毓，王永梁编．机电控制工程．北京：清华大学出版社，1994
6　邱关源编．电路．北京：高等教育出版社，1986
7　《电机工程手册》编辑委员会编．电机工程手册第 5、6 卷，北京：机械工业出版社，1982
8　徐淑华主编．电工技术．山东东营：石油大学出版社，1999
9　刘润华主编．电子技术．山东东营：石油大学出版社，1999
10　沈裕钟编．电工学．第 4 版．北京：高等教育出版社，1997
11　沈裕钟编．工业电子学．第 2 版．北京：高等教育出版社，1997
12　杨素行主编．模拟电子技术基础简明教程．第 2 版．北京：高等教育出版社，1999
13　《最新电子元器件产品大全》编委会编．最新电子元器件产品大全．北京：电子工业出版社，1996
14　蒋德川主编．电工学．北京：高等教育出版社，1992
15　周连贵编．电子技术．北京：机械工业出版社，1994
16　王元熊主编．电工学．上海：上海交通大学出版社，1986

第一批 21 世纪高职高专规划教材目录

高等数学（理工科用）

高等数学学习指导书（理工科用）

高等数学（文科用）

计算机应用基础

应用文写作

经济法概论

C 语言程序设计

工程制图（机械类用）

工程制图习题集（机械类用）

几何量精度设计与检测

工程力学

金属工艺学

机械设计基础

工业产品造型设计

液压与气压传动

电工与电子基础

机械制造基础

数控技术

专业英语（机械类用）

金工实习

数控机床及其使用维修

数控加工工艺及编程

机电控制技术

计算机辅助设计与制造

微机原理与接口技术

机电一体化系统设计

冷冲模设计及制造

塑料模设计及制造

模具 CAD/CAM

汽车构造

汽车电器与电子设备

公路运输与安全

汽车检测与维修

工程制图（非机械类用）

工程制图习题集（非机械类用）

电路基础

单片机原理与应用

电力拖动与控制

可编程序控制器及其应用

工厂供电

微机原理与应用

模拟电子技术

数字电子技术

计算机网络技术

多媒体技术及其应用

操作系统

数据结构

软件工程

微型计算机维护技术

汇编语言程序设计

网络应用技术

数据库基础及其应用

电子商务

电工与电子实验

专业英语（电类用）

秘书学原理及实务

公共关系原理及实务

档案管理学

统计学及统计实务

会计基础

财务会计

成本会计

财务管理

会计电算化

管理会计

会计模拟实验

审计学

中国税制及实务处理

市场营销学

建筑制图

建筑制图习题集

建筑力学

建筑材料

建筑工程测量

钢筋混凝土结构及砌体结构

房屋建筑学

土力学及地基基础

建筑设备

建筑施工

建筑工程概预算

建筑装修装饰材料

建筑装修装饰构造

建筑装修装饰设计

楼宇智能化技术

建设工程监理

建设工程招标与合同管理

房地产法规与案例分析

建设法规与案例分析

钢结构